北纬28°的浓香

刘淼　林锋　主编

中国轻工业出版社

图书在版编目（CIP）数据

北纬28°的浓香/刘淼，林锋主编．—北京：中国轻工业出版社，2024.6

ISBN 978-7-5184-4866-1

Ⅰ．①北…　Ⅱ．①刘…　②林…　Ⅲ．①浓香型白酒—酿酒　Ⅳ．①TS262.3

中国国家版本馆CIP数据核字（2024）第005159号

审图号：GS京（2024）0169号
责任编辑：江　娟　　　封面设计：奇文云海
文字编辑：狄宇航　　　责任终审：劳国强　　　版式设计：锋尚设计
策划编辑：江　娟　　　责任校对：朱燕春　　　责任监印：张　可

出版发行：中国轻工业出版社（北京鲁谷东街5号，邮编：100040）
印　　刷：鸿博昊天科技有限公司
经　　销：各地新华书店
版　　次：2024年6月第1版第2次印刷
开　　本：720×1000　1/16　印张：30
字　　数：518千字
书　　号：ISBN 978-7-5184-4866-1　定价：168.00元
邮购电话：010-85119873
发行电话：010-85119832　010-85119912
网　　址：http://www.chlip.com.cn
Email：club@chlip.com.cn

《北纬28°的浓香》编委会

沿着中国酿酒龙脉 发现北纬 28° 的浓香

酒是风物志，一方水土养一方人，一方物候酿一方美酒。世界上有一些地方因酒而闻名，比如法国的波尔多、德国的慕尼黑、美国的纳帕谷，等等。在中国，四川的泸州，贵州的仁怀，山西的杏花村等，都是顶级美酒的产区，而拥有"中国酒城"之名的，只有泸州。

酒城之名，早已有之。1916年，朱德随蔡锷起兵讨袁，驻扎在泸州。除夕时，朱老总赋诗咏怀，写道："护国军兴事变迁，烽烟交警振阗阗；酒城幸保身无恙，检点机韬又一年。"朱老总第一次在诗文中把泸州称作"酒城"，至今也有百年以上的历史了。

2012年，泸州获得中国文物学会、中国名城委冠名的"中国酒城"称号。

2019年，中国轻工业联合会、中国酒业协会联合授予泸州"中国酒城·泸州"的称号。

泸州之所以能成为唯一的中国酒城，这里面至少有三个核心原因。

首先，泸州是一口天然酿酒窖池。

泸州位于国家三级地理分级的中心，向东毗邻巍峨绵延的大巴山脉，向西远望"世界屋脊"青藏高原，向南与地势起伏、呈典型喀斯特地貌的云贵高原相连，北面则是中西部最低海拔的高原低地川西平原，以及秦岭和中国冷空气的入口河西走廊。西边"世界屋脊"筑起天然地理屏障，来自印度洋上的暖湿气流与太平洋上的东南暖湿气流在此汇合，形成充沛的降雨。

泸州位于长江上游，长江于四川东南缘出川，而把握着其水路关口的正是泸州。浩荡大江奔涌至此，与沱江汇聚，又与赤水河相交，诸多溪流星罗棋布。正是这样的水脉条件，使得泸州时常浓雾深锁、水汽蒸腾。

泸州的山水地貌与自然气候，构成了一个窄口深底的"天然酿酒窖池"，在上万年时光中氤氲酝酿，形成比同纬度其他地区更为温暖湿润的亚热带气候，积温有效性极高，繁衍微生物菌群众多，是酿造美酒的天然宝地。

正是得天独厚的山、水、土壤和空气，滋养了这座酒城。

泸州衔接川、滇、黔、渝，自古便是出蜀入川的黄金路段，它是四川的南大门，川盐、滇铜黔铅、木料等物资在此集散，络绎不绝的车马跋山涉水，一步一步走出了川盐古道的传奇。随着历史进程，泸州因富庶物产和舟楫之利，成为川南经济文化中心，是唐宋时期的全国大都会、4大商业码头之一，商业、手工业都非常发达，这有力促进了本地酿酒技术的发展提升。

泸州酿酒的历史源远流长，中国大曲酿造的技艺就开创于泸州。公元1324年，泸州老窖酿酒宗师郭怀玉经过研究总结，创制了"甘醇曲"，一改过去用的散曲和小曲，用这种块状大曲酿的酒，浓香甘洌，优于回味，从此开启了中国大曲酒的新篇章，也让浓香型白酒传统酿制技艺传承至今700年。

至明代，泸州酿酒技术已达到高度成熟、领先的水平。公元1573年，泸州人舒承宗始创"舒聚源"酒坊，采长江边五渡溪黄泥建泥窖酿酒，开创了人类首次利用土壤中己酸菌等微生物发酵生香的历史。这一整套创新酿酒之法的诞生和运用，意味着中国白酒正式进入"浓香大成"阶段。

当年舒承宗筑建的老窖池群，不间断酿造至今已有450余年之久，已成为国宝级的"活文物"，代表着中国白酒技艺与匠心的传承。更值得一提的是，泸州老窖拥有的百年以上老窖池数量，占白酒行业"国保单位"老窖池总量的90%以上。

作为中国白酒产区中最亮眼的城市名片，泸州老窖将风土起源、自然恩赐、工艺传承、历史底蕴，悉数汇聚于一杯浓香美酒中，呈现出泸州的极致之味，成为"世界唯一"。

正如多年前联合国粮食及农业组织专家给予泸州的评价："在地球同纬度上，只有沿长江两岸的泸州才能酿造出纯正的浓香型白酒。"

第二，泸州是中国酿酒行业的一座灯塔。

泸州不仅出产美酒，更是引领酒业进步发展的"灯塔"产区，这是酒城独有的价值。

中华人民共和国建立之初，白酒种类繁多，私家作坊为主，粮食供应得不到满足，酿造水平参差不齐，行业一直没有统一的操作规程，品质也没有统一的标准。

1952年，泸州老窖在这样的背景下被评为国家名酒，评委会对泸州老窖大曲（泸州老窖特曲）的评价是："四川泸州老窖酒（西南区四川泸州）——泸州老窖酒窖之建立已具三百年以上历史，酒窖用土筑成，与普通一般白酒迥然不同，具特殊之香味，饮用后更觉适宜爽口……他处鲜有此种名贵美酒，所含成分也合于标准……绝非他处所能仿制者。"

这一时期，白酒行业发展不平衡，很多酒厂还停留在作坊式生产阶段，技术落后，无法满足人们饮酒所需。

在这种情况下，1957年，国家组织专家到泸州老窖开展生产工艺的查定总结，开启了中国名白酒工艺查定试点之先河。查定总结的成果编撰为《泸州老窖大曲酒》一书，于1959年由轻工业出版社出版。这是中华人民共和国第一本白酒酿造专业教科书，成为了当时整个白酒酿造行业最全面、最权威、最先进的酿酒技艺成果，并将此成果面向全国推广。

对于白酒行业，这是一个历史性的突破，改变了几百年来"口传心授、手摸脚踢"式的"无字"技艺传承，第一次有了书面操作规程，形成了准确、科学的技术指导，白酒由此开启了现代化、标准化酿造的大门。

之后几十年来，以泸州老窖为摇篮，泸州酒业人才充足，酿酒技术长期领先，对全国各地酒厂开展了广泛的支持合作。

20世纪七八十年代，泸州老窖举办了数十期酿酒技艺培训班，同时还成立了技工学校，面向全国各地招生。据不完全统计，到泸州学习的酒业技术从业人员上万人，接受了泸州老窖培训、指导、支援的规模型白酒厂达到数百家，其中包括很多知名酒厂，获部优、国优产品的就有几十家。

从泸州老窖作为"泸香型"代表入选"四大名酒"，到之后开启泸州老窖查定试点，编写行业教材，"走出去"帮助兄弟企业恢复生产，"请进来"开办各级培训班等，真正奠定了中国白酒"浓香天下"的行业格局。

我们欣然看到，自第二届名酒评选开始，八大名酒中有四个浓香，第三届八大名酒中有五个浓香，第四届"十三中有七"，第五届"十七中有九"。故行业誉泸州老窖为"浓香鼻祖""浓香正宗""酒界黄埔",实至名归。

实际上,在白酒行业发展进程中,泸州一直都是技术与科学的前沿。特别是在长时期里,泸州老窖都在持续围绕"老窖池出好酒"开展大量科学研究。我们深刻地认识到,在超出人类肉眼可及的微观世界里,数以亿万计的微生物时刻在与时间联手,酝酿着浓香的美妙滋味。迄今为止,活着的窖池、会呼吸的窖泥、循环往复的酿造工艺,以及数百年形成的小环境、微环境等,都还有大量的未知领域等待我们去深入探索。

第三,泸州是中国白酒的一面文化旗帜。

大自然的馈赠让泸州具备了得天独厚的酿造基因,而古来有之的千年江阳文脉,赋予了泸州诗酒交融的深厚文化内涵。泸州老窖作为行业拥有"活态双国宝"核心资产的企业,这些"根脉"的深度,筑牢了泸州老窖的品牌厚度。

正如在泸州老窖博物馆,馆内历代酒器、文献、老酒等大量珍贵藏品的展示,让我们可以看到泸州老窖的根,它不仅是人们精神文化的产物,更是长在泸州这片土地上的白酒实迹,是泸州三千年甚至更为久远酿酒历史的脉络。

在新的时代,白酒行业迎来新的出发。

回顾过往几段产业周期,白酒行业呈螺旋式上升发展的轨迹,每每在调整之后,释放出新的动力,实现新的突破。21世纪初,中国酒业在亚洲金融危机造成的困境中,释放出产品力和营销力;2012年,中国酒业顺应新的政策要求,坚定转型,释放出品牌力和品质力。我们有必要思考:中国白酒的下一个动力是什么?

文化,唯有文化,是赋能中国白酒未来的关键力量。

今天,放眼中华大地,文明之光照亮复兴之路,中华文脉在赓续传承中弘扬光大。一个民族的复兴,总是以文化兴盛为强大支撑;一个行业的进步,也是以文化创新为鲜明标识。

当白酒行业思考眼下的若干问题,包括让市场消费更加繁荣活跃,培育新的消费群体,增进人们对白酒的情感,以及开拓国际市场等,这些问题的本源,都能追溯到文化上。

中国是一个有着漫长民族记忆的东方大国,我们以白酒为载体,将白酒文化与民族记忆、时代精神充分融合,与人们共情共鸣,才能扩大消费群体、激发消费活力,唯有文化先行,品牌才能领跑于市场,唯有文化先行,白酒才能雄起于世界,文化的胜利，就是品牌的胜利，就是行业的胜利。

面对这一考题，泸州老窖又该发挥怎样的作用，扮演怎样的角色呢？

长于泸州，扬名世界，我们总能看到"最传统"与"最创新"同时在泸州老窖交相辉映。它可以在承袭泸州老窖封藏大典这样的传统仪制时，展现"浓香鼻祖"的历史积蕴；也能依托泸州白酒产业园区，打造如"灯塔工厂"、国家固态酿造工程技术研究中心、黄舣酿酒生态园等发展新版图，展现"世界名酒"的创新势能。

酒文化是绿色的，它要和山河风物、一窖一池、一草一木对话，中国白酒天然具有绿色品格和绿色价值，通过文化创新，可以让更多人体会到这种魅力。

酒文化应当融入生活，与人们的日常饮食、休闲娱乐、情绪体验密切关联，充分满足于人们对美好生活的需要，更要成为美好生活中的一部分。

酒文化的本质是人文，酒文化之美，本质上是人文之美。酿酒的人、喝酒的人、藏酒的人，他们的经历和故事、追求和情怀，他们的积极、乐观、豁达，都是中国酒文化的本真之美，都值得被书写和讲述。

这是一面文化创新的旗帜，这是一条通往未来的路。

《北纬28°的浓香》正是这条路上的足迹之一，这本书立足行业高度、历史厚度、人文温度和科学态度，以故事、科学、人物、事件等作为切入点，讲述一杯浓香里蕴涵的山川地理、酿造风土与科技人文。

这其中既包括泸酒悠久的酿造历史，也试图揭示浓香的核心酿造奥秘，更涉及泸州作为中国酒城的城市风物。

值此中国浓香700周年之际，让我们从泸州出发，沿着中国酿酒龙脉，发现北纬28°的浓香之美！

是为序！

泸州老窖集团（股份）公司党委书记、董事长

二〇二四年一月三日

讲好中国浓香故事

讲好中国白酒故事，是一个常说常新的话题。但具体用什么形式讲、讲哪些内容、怎么讲好，却并不是一件容易的事，因为这个话题很宏大，也很重要，马虎不得。

面对复杂而神秘的白酒世界，能够向广大消费者讲清楚一个产区、一种香型、一款酒，就已经功莫大焉。所谓讲清楚，当然不单单是告诉消费者这个产区、这个香型、这款酒的基础情况，还要说明白为什么好，更深层地解释其中的原理和内涵。

假如能够在讲清楚的基础上，再讲得生动些，鲜活些，让听者记得住，甚至引发关注和研究的兴趣，就更显难能可贵。

众所周知，中国的白酒香型众多，早期官方认定的有十二种，加上近年来很多企业在香型上的不断创新，又衍生出一些特色香型，总数已然超过了十二种。但流通于市场上的主流香型，却始终稳定在三种，即浓香、清香和酱香。

了解了这三大基础香型，也就基本上了解了中国的白酒生态。而多年来，因浓香在整个中国白酒市场所占据的比例、拥有的消费人群，可以说，一部中国浓香发展史，便是一部中国白酒发展史。了解了浓香，就基本了解了大半个中国白酒。

《北纬28°的浓香》就是一本专门介绍中国浓香型白酒历史、品质、工艺、文化等方面内容的书籍。当然，这本书并非泛谈浓香，而是将笔触更多聚焦在酒城泸州，以及这座城里被誉为"浓香鼻祖""浓香正宗"的泸州老窖。其实如上文所述推论，了解了泸州和泸州老窖，实际上也就基本了解了整个浓香型白酒的奥秘。

这本书的书名，本身就足以令人好奇，进而产生强烈的求知欲。只有当读者了解了北纬28°这条纬线的神奇后，才会惊叹于创作团队的"伟大发现"。

沿北纬28°一线自西向东，从中国大地南部划过去，会发现其将串联起宜宾、泸州、仁怀这几个中国最好的白酒产区。

而进一步观察就会发现，这条纬线附近分布的水系，是中国第一大名酒带——长江名酒经济带，这条名酒带所涉四川、贵州、重庆、湖南、江西等地，都广泛分布着中国的知名白酒。

因此，有人将北纬28°一线比喻为"酿酒龙脉"，这并非没有道理。虽然在这条"酿酒龙脉"上，名酒荟萃、香型众多，但最为显著的仍然要数浓香。泸州和宜宾，几乎撑起了浓香的天下，乃至占据了整个白酒产业的半壁江山。

浓香的故事值得讲述，更值得讲好。

浓香需要讲好自然禀赋。山川地域，自然风物，大自然是最好的酿酒师。大凡名酒、好酒，往往都酿造于高山大河之畔。不同的"水、土、气、微、生"，造就了各地白酒风味的不同。翻开浓香的山水长卷，便能清晰地看到来自大自然的馈赠。

浓香需要讲好原粮、工艺。原粮和工艺的不同，成就了各香型最基础的差异。单粮工艺和多粮工艺都是浓香显著的特征。而原粮本身也是核心，只有源头的品质有了保障，成品酒的品质才能有保障。而好粮有什么特点，其种植有什么要求等，是过往浓香型白酒在传播中偏少却应该重视的内容。

浓香需要讲好科学原理。白酒有没有科学？答案是肯定的。典型表现是微生物，白酒开放的生产环境中，微生物成为了"看不见的酿酒大师"。正是肉眼看不见，却实实在在存在的它们，赋予了浓香型白酒层次丰富、回味悠长的味觉体验。只有了解了这背后的原理，才会对酿酒这门"学科"有更正确的认识。

浓香要讲好人文传承。以泸州老窖1573国宝窖池群举例，其已经连续不间断使用了450余年，这是一项了不起的具有重要历史、文化、科学价值的成就。而这些窖池之所以能够在持续保护中不间断酿造至今，靠的就是一代代的酿酒匠人。浓香型白酒的工艺和文化，在一个个普通的酿酒工、一位位震古烁今的酒业大师手中不断薪火相传。了解了他们的故事，就看懂了浓香型白酒的发展脉络。

浓香要讲好烟火生活。不管是一种技术，一种产品，还是一种产业，其最终的价值，都是服务于人们的日常生活，并使其更加美好。酒城是泸州的名片，当你走进这座城的时候就会发现，每一寸空气中都飘荡着浓浓的酒香。这酒香味伴着泸州人们的早出晚归、走动停歇、一呼一吸。一瓶酒的价值所在，并非在于封闭的收藏，而是其能够真正给饮者带来快乐。了解了一瓶酒给一座城带来的无处不在的影响，便也理解了酒之于人们生活的意义。

总之，浓香型白酒的故事不仅要讲好，还要讲清楚为什么好，从深层次探流溯源。

从上述视角来看，《北纬28°的浓香》一书，很好地涵盖了浓香型白酒的基础内容，较为全面地展现了一个精彩的浓香世界。浓香的故事，本身是一个庞大且复杂的系统，很难用一篇文章、一本书就能完全梳理透彻。但这本书对于那些关注泸州和泸州老窖，或者保有好奇心的读者，提供了一个很好的窗口。

这本书通过清晰的章节布局，从自然到人文到品牌到文化，涵盖广泛，从不同角度讲述了浓香型白酒的价值内涵。同时该书在写作时创作团队参考了大量的文献，保障了内容的专业和严谨。

重要的是，书中文章所用的语言并非晦涩难懂的专业术语，而是在明白晓畅的基础上，兼具科普的严谨和人文的美感。可以说，这既是一本很好的浓香型白酒科普读物，也是一本带有文学性的优美酒类读物。

中国酿酒历史源远流长，浓香技艺博大精深。研究其间奥秘，讲好其中故事，意义深远，是一件值得长期坚守的工作。在传承中弘扬，在开拓中创新，通过翰墨书香，让浓香之韵飘得更广更远，对中国酒业人来说，将是一件极有意义的事，也是一件极浪漫的事。

泸州老窖股份有限公司党委副书记、总经理　林锋

二〇二四年一月四日

目录

如果说每座城市都拥有隐匿的灵魂。那对于泸州而言，其根深蒂固的灵魂底色，从古至今都围绕着一个"酒"字。从古老的街道到现代的酒博会，从浓郁的酒香到清醇的茶香，从非遗的传承到创新，当历史与未来拥抱，共同铸就了泸州独特的文化魅力。

第三章
探源溯流：
好酒的品质密码

长江、沱江二江的交汇，不但带来城市的兴盛，也带来了经济的发达和工业技术的精进。泸州城中，历代工匠不断提升酿造技艺，将川南紫土地上一束束红高粱变成甘霖，让酒在农耕时代便成为此地民生经济的一大重要支柱。土壤、水源、高粱……一方水土一方人，因为一瓶酒紧紧联系到了一起。这是泸州这片土地上的生命足迹，也是造物主给予泸州这片酿酒水土的格外厚爱。

第四章

薪火相传：
口传心授的秘密

对于讲究身手力道的酿酒而言，一手绝活也是酿酒师行走江湖的必备技能。泸州老窖酒传统酿制技艺之所以能够延续数百年，得益于口传心授的师徒传承。而浓香型白酒如今的繁荣景象，亦离不开泸州老窖对浓香技艺的数百年传承之功和将浓香工艺传向全国的推广之功。

第五章

岁月留香：
穿越时空的魅力

450余年"活窖池"持续静默生香，700年"活技艺"从未断代，泸州老窖以一杯浓香佳酿连接过去、现在与未来。作为唯一蝉联五届"中国名酒"称号的浓香型白酒，泸州老窖坚定"浓香鼻祖""浓香正宗"的使命，守护、发扬"活态双国宝"文化遗产，传递中国白酒深厚的文化内涵和浓香一脉的荣光，引领着浓香的未来。

第六章 ——————————————————

探索发现：
不为人知的泸州老窖

无论是镌刻于历史中的考古发现，或是仍活跃于当下的酿造基地和酿制技艺，都可见泸州三千年酿酒历史的完整有序。这些历经千年仍保持活力的白酒背后隐藏的价值与秘密，今人以敬畏与好奇交织的科学探索目光审视，从一方窖泥、一则文物、一滴美酒中寻求答案。

第一章 天赐风物

醉忆 是 泸州

一个城市的位置几乎决定了它的命运。泸州之所以自古就是酒城，既是历史的选择，也缘于地理的塑造。山是龙之势，水为龙之血。当天赐风物与历史人文在泸州交融，诞生出一方酿酒"龙脉"。这个龙脉，有地理之形，更有历史之源、产业之兴，让人流连忘返。因此，泸州，酒城之名，得于酒，又不止于酒。

北纬 28° 的浓香

世界上有没有黄金酿酒纬度？

答案一定是有的。这并非酿酒人为了讲故事而造出来的噱头，而是科学给予白酒的禀赋。

国际烈酒专家Jürgen Deibel曾说，"影响烈酒的风味与品质的主要因素是：蒸馏技术、陈酿方式和调配技艺。"

对威士忌、伏特加等烈酒而言或许如此。于白酒，却不尽然。

白酒与世界上其他烈酒的重要区别，就在于其纯粮固态的发酵方式、开放的生产方式让白酒与自然环境——特别是环境中的酿酒微生物关系更为密切。

任何一点地理因素的差异，都可能导致环境中微生物的千变万化，遑论作为地球气候决定因素之一的纬度。

全球各地区所处纬度位置的不同，造成了气温的不同，而气温是影响气候的主要因素。白酒作为天地人共酿的产物，气候更是品质的先决因素。

纬度之奥秘包罗万象，它凝练地呈现地球与太阳之间的位置关系，让太阳光与不同纬线的角度标记出岁月流转。春分、夏至、秋分、冬至，四季更换皆与纬度相关。

甚至，纬度差异还影响着人的身高、肤色、五官乃至性格特点。

而纬度之于酒的神奇，汇集于北纬28°，以此为轴，形成了中国的酿酒龙脉。

何为酿酒龙脉？

在北纬28°线上，有着许多未解之谜。

其神秘与神奇，在于自然造化，在于文明遗址。而当这条纬线穿越某些特定的地方，这种神奇就演化为白酒的醇美。

在中国大地南部，沿北纬28°自西向东，宜宾、泸州、仁怀三个最佳白酒产区

▲ 北纬28°特有的地理位置

恰好成串相接，于是我们大可以说，这条线正是中国的酿酒龙脉。

纬度每相差1°，距离便会相差111千米左右。

当每条纬线穿越不同经线时，便会呈现出不同的风景，而每一片风景都有着截然不同的地理形貌及气候环境。

这意味着，北纬28°附近，某些特定区域可能是酿酒龙脉，而别的区域则可能是荒芜之地。

18世纪以前，南北纬30°曾被海上贸易人士称为"死马纬度"。

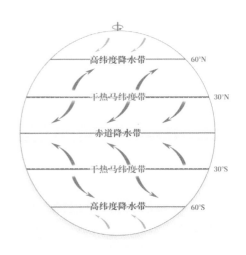

▲ 全球气候带分布图

原因是在人类尚未发明蒸汽机的时代，只能依靠风力扬帆航行于海上。一旦进入干热无风地带，帆船就只能停下来等待，运气不好的话可能会等上几十天。

那时，帆船除装载一般货物外，还装运许多马匹到美洲大陆，当草料和淡水耗尽，马也会相继死掉。后来，航海人士发现，可怕的无风带总是在南北纬30°附近。

从气候上看，北纬25°~35°几乎都处于干热无风带。同一纬度的世界上其他地方，如中东、北非以及北美的部分地区，基本都是干旱的荒漠和沙漠地区。

而在中国，这一区间却处于长江、淮河和黄河流域，分布着中国最好的白酒产区。

这种造化，源自青藏高原的庇佑。

作为"世界屋脊"，平均海拔在4000米以上、面积达250万平方千米的青藏高原，以极为磅礴的姿态在我国西部耸立成一道天然屏障。

夏季，当高原上的空气受热上升，周边印度洋上的西南暖湿气流、南海的越赤道暖湿季风气流，以及西北太平洋上的东南暖湿季风气流就会在高原东侧汇合，形成充沛的季风降雨。

而来自高原北侧的干冷气流与来自海洋的暖湿空气相遇，也会形成东西走向的气流汇合带，从而形成随季节移动的雨带。

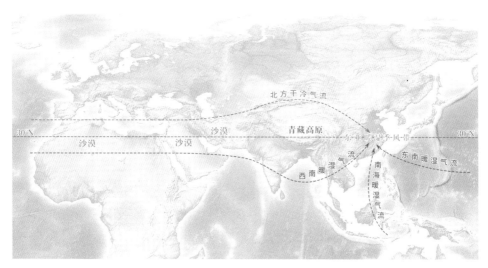

▲ 北纬28°特有的气候形成

于是在青藏高原东侧，地势呈阶梯式逐渐下降，四川盆地、长江中下游平原，就在得天独厚的庇佑下，享有着不同于世界上同纬度其他地区的温暖湿润。

中国的酿酒龙脉，由此醉卧于青藏高原的屏障之下。

龙脉之上，浓香名酒带

如果以水系划分酒系，中国白酒的地理布局大致可以分为长江、黄河、淮河以及赤水河名酒经济带。

北纬28°附近分布的水系，便是中国第一大名酒带——长江名酒经济带。沿着长江这条黄金水道，四川、贵州、湖南、江西等地，都广泛分布着中国的知名白酒。

作为亚洲第一大河，长江孕育出极为厚重的历史文化、农业文明和工业文明，也决定着中国的经济流向，名酒经济带的形成则是多种文明形态和经济形态交织的产物。

由于长江支流众多、流域范围极大，其间容纳了多个白酒流派。

比如长江上的著名支流——赤水河。

赤水河蜿蜒迂回在云贵川高原崇山峻岭之中，独特的地形催生了最适合酿造酱香型白酒的酱香河谷。

自上游的仁怀，到下游的古蔺、习水，赤水河谷核心酿酒地段都不约而同处于北纬28°上。

除了旁逸斜出的赤水河沿岸形成酱香型白酒核心产地外，长江流域还广泛分布着清香、兼香等诸多香型流派的生产基地。

但在这条酿酒龙脉之上，最为香醇的仍然要数浓香。位于此间的泸州和宜宾，几乎撑起了浓香的天下，乃至占据了整个白酒产业的半壁江山。

2022年，四川白酒产量、营收、利润的全国占比分别为51.12%、52%、34%。

中国每两瓶白酒，就有一瓶来自四川。这是川酒的荣耀，也是中国浓香的底色。

浓香之源，何以在泸州？

作为第一个受青藏高原庇佑的对象，四川盆地封而不闭，盆地内沃野千里，滋养出天府之国。

著名民族史学家任乃强曾言："若以四川盆地与黄土之黄河平原比则无亢旱之虞，与冲积之江浙平原比则无卑湿之苦，与三熟之广东平原比则无水潦之患，与肥沃之松辽平原比则无霜雪之灾。"

独特的地形让这里气候恒定、温暖湿润，化身为天然的酿酒发酵池。

其中，位于四川盆地西南腹地的泸州，似乎格外受上天优待，成为浓香型白酒的发源地。

为什么是泸州？

著名白酒专家于桥曾说："在酿酒行业，科学有其尽头，地理才是关键。"泸州作为浓香之源，首先是自然选择的结果。

从地理坐标来看，泸州地处北纬27°40′~29°20′、东经105°09′~106°23′。

作为一座被大江大河浸润的城市，泸州境内有长江、沱江、赤水河、永宁河、濑溪河等众多江河，水系发达，水源充沛，雨量也丰沛。

受长江、沱江等水系和四川盆地边缘山脉共同作用，泸州的气温、湿度明显高于同纬度地区。

与川内成都、宜宾、自贡等城市相比，泸州的年均气温偏高0.2～3℃，达到17.6～18.2℃，最低气温偏高10℃以上，相对湿度偏高5%左右。

据历史学者冯健考证，即使在较为寒冷的唐宋、明清时期，川南、黔北地区的气候仍然温暖湿润——今天的川南泸州地区，还生长着一大片百年以上的古桂圆林、古荔枝林。

▲ 位于四川盆地东南缘的泸州

▲ 泸州张坝桂圆林约有1.5万株百年桂圆树

喜热畏寒的树木，之所以能在这里繁衍千年，生生不息，原因就在于泸州的"小气候"。

中国科学院院士邓子新研究认为，酿酒微生物的最佳繁殖温度是5～25℃。泸州温暖潮湿的气候，为酿酒微生物的繁殖创造了极为适宜的生长环境。

泸州"终年不下零度"的气候特点，也意味着这里不会出现冻土带，从而让"泥窖生香"这一独特的浓香酒工艺从泸州发源。

气候、地形、植被类型的独特性和多样性，也造就了泸州丰富多彩的土壤类型，其中就有极为适宜筑窖和配制窖泥的黄泥。

泸州老窖专用的五渡溪黄泥，也是浓香鼻祖诞生的主要因素之一。

产酒的地方，往往是鱼米之乡。黄庭坚笔下曾有"江安食不足，江阳酒有余"之句，江阳正是泸州的古称。

今天名酒企业酿酒都会选择自己的专用粮。

粮食作物经历了千百年来的物竞天择，形成了自己的稳定特性，农耕时代的人们只能根据粮食的特性及当地的气候来选择酿酒的工艺。

可以说，是事关酿酒的一切——气候、地形、土壤、水质、粮食等，共同选择了泸州。

世上只有一个泸州

所谓"天之美禄，浓香圣地"，浓香型白酒始诞于泸州，从来并非巧合。

若同时以地理和人文的眼光去探索，就会发现，是自然和历史的共同选择，造就了独一无二的泸州。

浓香型白酒的源起，可以从元代中期泸州"大曲酒"的出现开始追溯。

公元1324年，"制曲之父"郭怀玉以小麦为原料，通过中温发酵技术，独家研制出酿酒曲"甘醇曲"，今天中国浓香型大曲酒的名称即来于此。

"甘醇曲"的发明是泸酒发展史上一个辉煌转折，同样也是浓香型白酒的重要开端。

后来，国窖始祖舒承宗于公元1573年创建1573国宝窖池群，从而奠定了浓香型白酒工艺中最为关键的要素——泥窖，开创了人类历史上首次利用土壤微生物

（己酸菌等）酿酒的历史。

古人创造了浓香型白酒工艺的开端，但还不是"浓香"二字的开端。人们发现、认识香型，为其总结、命名，却是近几十年的事。

最早，浓香型白酒也不叫浓香型，而叫"泸型"。

1979年第三届全国评酒会上，首次依据香型和曲种分类评选，将白酒香型划分为浓香型（泸型）、清香型（汾型）、酱香型（茅型）、米香型和其他香型。

作为过去这段历史的铭刻，浓香型白酒的官方英语翻译至今仍然是：Luzhou-flavor Baijiu。

所谓泸型、汾型、茅型，均来自中华人民共和国成立之初的白酒"三大试点"。浓香型白酒之所以叫"泸型"，是因为浓香型白酒工艺发源于泸州，是具有泸州老窖风格特征的一类白酒。

正是这次试点，完成了浓香型白酒最初的工艺梳理。

而1959年出版发行的《泸州老窖大曲酒》，也是中华人民共和国成立以来第一次由专家规范中国白酒的酿制技艺，并向全国白酒企业推广，为后来浓香型白酒走向全国指明了技术方向。

这意味着最早浓香型白酒的标准，就是根据泸州老窖的操作规范来制定的，浓香型白酒技艺的早期推广，也是由泸州老窖推动的。

浓香的种种第一次，都在泸州老窖发生。

无论古今，不拘地理、人文，浓香的源流，都来自酒城泸州。

北纬28°的浓香，也从这里诞生、扩散、繁衍。

博物泸州：天赐的风物

西汉《淮南子》讲："凡四水者，帝之神泉，以和百药，以润万物。"

其意在于，水是生命之源，神泉养百草，百草润万物。正所谓天地生云雨，云雨生万物，不同的地形滋养出万物的不同，方造就这生机勃勃的大千世界。

古人的朴素哲学观直抵大地的真相。广袤的神州大地上，巍峨的高山、辽阔的草原、奔腾的江河，共同勾画出壮丽的神州风采。

单从地形上看四川，西有岷山、邛崃山，北有米仓山、秦岭，东有华蓥山、大巴山，南有大凉山、大娄山，将这片土地环绕成世外天府之国，塑造出这里数千年的富饶与安逸。

而川南的泸州则更为得天独厚，奔腾的长江从重峦叠嶂的横断山脉一路蜿蜒而下，流经川南与沱江相遇，并继续向东南出川，硬生生在群山之间撕开一道口子。

"川南门户"泸州由此诞生。

流水大地刻画神奇泸州

北纬28°的泸州，处于四川盆地与云贵高原的过渡地带，千百万年的地质构造运动褶皱出泸州盆中丘陵和盆周山地的地形地貌，同时又兼具长江、沱江二江冲积

群山屏障下的四川盆地

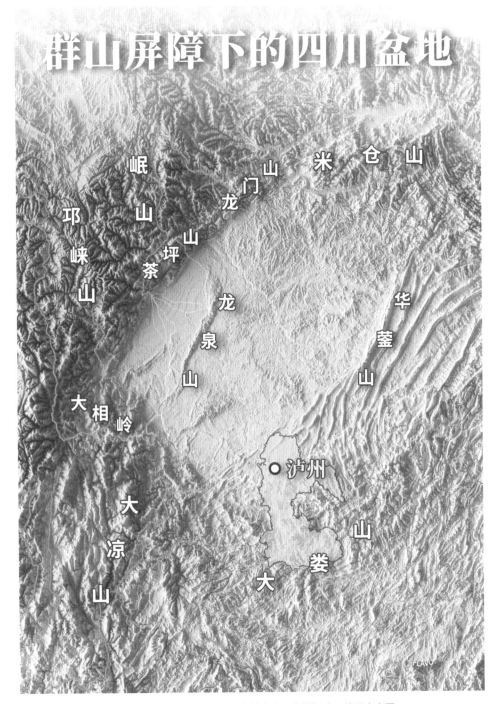

▲ 四川地处盆地，以丘陵地带为主，山多水远，各地名山环绕烘托出一片天府之国

出的沃野千里。

流水和大地的力量在这里刻画山川，润泽万物。

从海拔上看，泸州呈南高北低，以长江为侵蚀基准面，由南向北逐渐倾斜，山脉走向呈东西向、北西向及北东向展布。

大地赋予了川南丰厚的宝藏。这里的平行岭谷因岩层褶皱，在山岭中有红层之下的石灰岩层、含煤岩层出露，发育有喀斯特地貌、温泉等，此地也是矿山集中之地。

仅从煤炭资源看，整个四川现保有煤炭资源量122.7亿吨，其中泸州和宜宾的煤田探明储量就占据70%以上。

大大小小的河流在川南泸州的众多平行岭谷中更显力量，这些河流往往与岭谷相垂直，万古不辍地在山岭中穿插，在丘陵之间侵蚀着河谷平原。

长江与沱江相遇的河谷是泸州海拔最低的区域，两江也冲刷出让泸州受益千年的深水码头，千百年来，川酒、川盐、铅铜、木料，大西南万山之间的富集物资经由车马跋山涉水，再从泸州上船，直下渝州，成就了这里"西南要会"的重镇地位。

大地的褶皱为川南泸州带来了温暖湿润的立体小气候：这里日照充足，雨量充沛，四季分明，无霜期长，春秋暖和，夏季炎热，冬天相比同纬度地区更为温暖。

这也让泸州成为川蜀"鱼米之乡"：在层次错落有致的南部丘陵和相对平缓的北部河谷之间，有着面积广阔且矿质养分丰富的紫色土，千百年来，人们在这里种植水稻、高粱、玉米、小麦和大豆，安然而自足。

同时，泸州的沿江河谷地带被长江、沱江等大中河流冲积出数级阶地，这里海拔较低、土层深厚、土壤肥沃，在典型的亚热带季风性湿润气候滋润下，成为龙眼（桂圆）、荔枝、甘蔗等作物的优质产区。

在泸州城外的长江边上，有一条水流潺潺的五渡溪，在流经五渡溪岛后汇入长江。

五渡溪岛南部有一片绵沙石，挡住了江水的冲击和积淀下来的杂质泥沙，使得岛上的黄泥长期受到干净的江水和溪水的浸泡，泥质柔软、细腻。

泸州老窖国宝窖池群的优质窖泥就是来自这里，而这一带也盛产龙眼。

这里的晚熟龙眼肉厚鲜嫩、色泽晶莹、果汁香甜、风味隽美，且历史悠久。西晋文学家左思在《蜀都赋》中讲到："旁挺龙目[①]，侧生荔枝，布绿叶之萋萋，绍朱

---

① 龙目，即龙眼。

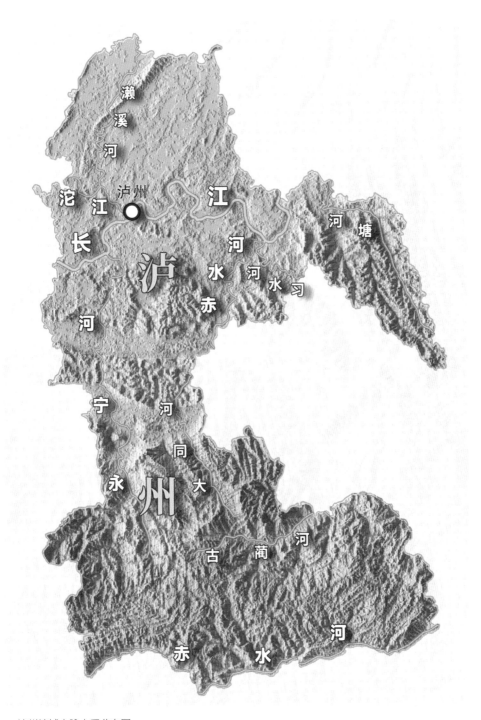

▲ 泸州境域山脉水系分布图

▲ 产自泸州市合江县的晚熟荔枝

实之离离。"

其文中既提到了龙眼，也提到了荔枝，同为国家地理标志产品的合江荔枝也是泸州有名的特产，更是古时进献宫廷的贡品。

诗圣杜甫在其《解闷十二首》中就留下了"忆过泸戎摘荔枝，青峰隐映石逶迤"的句子。

南宋诗人范成大在路过泸州合江县时也写过《新荔枝》一诗："甘露凝成一颗冰，露秾冰厚更芳馨。夜凉将到星河下，拟共嫦娥斗月明。"

宋时，泸州知州任伋，在荔枝（合江荔枝）成熟的季节，托人给他的好友文同送了一筐荔枝，文同由此写下《谢任泸州师中寄荔枝》一诗，记述了孩子们欢天喜地地争食荔枝的场景。

其诗曰："筠籢包荔子，四角具封印。童稚瞥闻之，群来立如阵。竞言此佳果，生眼不识忍。相前求拆观，颗颗红且润。"

宋人罗大经在其著作《鹤林玉露》里也谈及："荔枝，明皇时所谓'一骑红尘妃子笑'者，盖泸、戎产也，故杜子美有'忆过泸戎摘荔枝'之句。"

此外，海拔在230～450米、气候适宜的川南丘陵更是中国有名的茶叶之乡，其中所产尤以泸州的纳溪特早茶最负盛名。

由于春季气温回升快，茶芽萌发早，此地尤其适宜特早茶的开发，纳溪是全球同纬度茶树发芽最早的地区。

历史典籍中关于纳溪茶多有记述。

东晋常璩《华阳国志·巴志》记载："周武王伐纣，实得巴蜀之师，茶蜜皆纳贡之。"唐代茶圣陆羽所著《茶经》中亦有"纳溪、梅岭产茶"之句。

北宋诗人黄庭坚在纳溪区清溪河石壁上手书石刻"二月茶"。宋代名茶中，"纳溪梅岭茶"也赫然在列。

如果说起伏绵延的低矮丘陵带给泸州的是"小山城"的独有风光，那么长江、沱江二江蜿蜒而过，则赋予了泸州更多灵动与秀美。

川南泸州既有"太阳强烈"，亦有"水波温柔"；既有繁华都市的灯红酒绿，又有田园山居的悠闲惬意；既有山川江河、龙眼荔枝等天赐的风物，又有热情好客、温和朴素的川江人民。

川南"红高粱"，守护浓香命脉

说到泸州的天赐风物，则不可不提这里的糯红高粱。

尤其是在农历六七月份，一年中最炎热的时节，当你身处泸州的山野间，举目所望，必是一片一片浓重的酒红色。

蜀地的云蒸霞蔚笼罩四野，给山谷之间的红高粱铺染上一层迷人的光辉，"千亩万垄，浩浩汤汤，每一株都传递着万物生发的秘密"。

亿万年的地质变迁，形成了泸州以侏罗系、白垩系紫色砂、页、泥岩为主要成土母质发育而成的紫色土壤，富含矿质磷钾养分，肥力高，耕性好，是高粱等作物生长的沃土。

加上这里雨热充足，冬季温暖，是川南糯红高粱独有的理想之境，这也是泸州自古酿酒产业发达的主要原因。

联合国粮农组织专家曾在详细考察过泸州的地理气候后总结道："在地球同纬度上，只有沿长江两岸的泸州能够酿造出纯正的浓香型白酒。"

这是泸州地质、气候、土壤、水资源、原料、微生物及酿造技艺上的独特性和不可复制性，是泸州的骄傲。

理论上讲，凡是含有淀粉的粮食，都可酿酒，而以高粱酿酒，出酒率高，酒体醇香浓郁、香正甘洌，因而此粮堪称酿酒的不二粮选。

高粱在中国有着5000多年的种植历史，按照品种一般分为粳高粱和糯高粱。

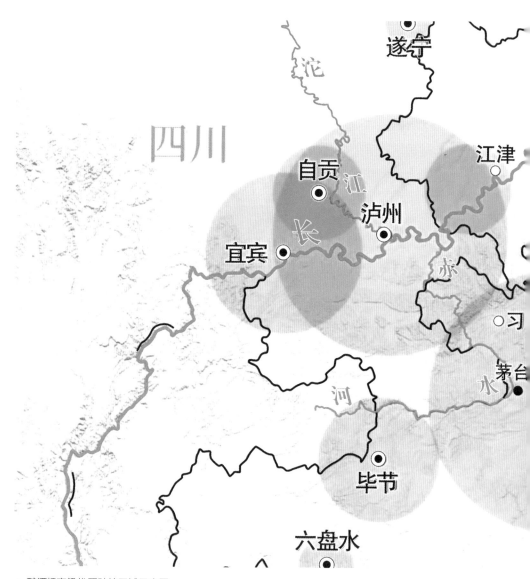

▲ 酿酒糯高粱优质种植区域示意图

产自泸州的糯红高粱，具有糯、红、粉三大基本特征，是酿酒的优质原料，不仅产量高，出酒率高，其淀粉含量为60%以上，支链淀粉含量占比在90%以上，有利于提高糟醅发酵时的保水性。

此外，高粱内的脂肪和蛋白质含量配比也恰到好处，能帮助酿酒微生物顺利产

重庆

贵州

西南酿酒糯高粱
优势种植区域示意

▲ 常规糯红高粱

▲ 东北粳高粱

▲ 四川普通杂交高粱

▲ 四川有机糯红高粱
（适合机械化生产）

▲ 不同的高粱

香。籽粒中富含的单宁、花青素等成分，也可生成芳香族酚类化合物，从而赋予白酒特有的芳香。

代表浓香顶尖工艺的泸州老窖自2001年起就开始建立有机糯红高粱种植基地，他们将生产的第一车间放到田间地头，不使用任何化肥，天然栽种，从源头上保证了产品的安全与纯净风味。

▲ 泸州老窖所用高粱颗粒饱满、色泽鲜艳

或许这也正是泸州老窖口感更为纯净、醇厚的原因，他们选用川南糯红高粱，坚持"单粮"酿造工艺，守护着中国白酒的浓香命脉。

2008年，泸州老窖有机糯红高粱基地获得中绿华夏有机食品认证中心有机认证。

盛夏的傍晚，当你站立在泸州的江边，清风拂面，看着漫山红高粱低伏的剪影，看着月入大江，即便没有泸州酒的熏陶，也必会忍不住与这方田园，与这田园里红润的籽实一道沉醉。

人文风物与酒里泸州

自西向东横贯泸州的长江，与沱江、永宁河、赤水河、濑溪河、龙溪河等河流一道在泸州交织成网，让泸州城肘枕江河，肩负群山。

江山如画的泸州自然也是文兴之地、名士之乡，更是酒业发达的酿酒之源。

自周朝贤相尹吉甫起，至李白、杜甫、苏轼、陆游、范成大、文天祥、黄庭坚等，在泸州留下文化记忆的名人贤士不胜枚举，守卫神臂城、护国战争、四渡赤水等重大历史事件也为这座城市烙印下深厚的文化基因。

在民间，泸州的民俗生活、文化遗产更是丰富多彩，以雨坛彩龙、分水油纸伞、古蔺花灯为代表的文化瑰宝，集地域舞蹈、音乐、戏剧、说唱、文学、美术等多种艺术于一体，如今依然活跃。

在泸州所有的全国重点文物遗迹之中，除了春秋祠、龙脑桥、宋代石刻外，最引人注目的当数传承数百年，与都江堰并称"活文物"的泸州老窖国宝窖池群。

泸州文化里，酒是最为浓墨重彩的一笔。这一点，单从历代王朝酒税制度的演变，以及包含泸州酒在内的川酒对朝廷酒税的贡献便可见一斑。

汉武帝时期，为对外用兵扩充国库所需，官府实行了"榷酒"制度，由官方酿酤酒产品，禁止私人制造贩卖。这一制度一直延续到汉昭帝时期，公元前81年取消，官府将酿酒权下放，改收酒税。

描绘宋时繁华的《清明上河图》中的"正店"是经过朝廷严格审批设立的经营场所，也是"特许经营"的正规酒行，直属"酒务"。

北宋一方面开办大量的官营酿酒坊，从生产到销售均由官府把持；另一方面，也让五代以来的"酒曲专卖"制度得到了继承。

宋朝官方没有禁止民间酿酒，但是酒曲只能通过特定渠道购买。到了南宋则演变为"隔槽酿酒法"，商户想要酿酒，必须在官府开设的糟房里酿。更加精细化的管理过程，让逃税变得异常艰难，给宋代充实边疆军费的工作做了很大支持。

经济富庶而军事羸弱的大宋王朝到了南宋时期，地缘形势急剧恶化，唯有长江沿线的江南和四川成为其支撑财政税收的重要区域。

军事上，泸州把守着出入川的军事要冲，是历代王朝不可或缺的铜墙铁壁和军事大后方。《宋会要辑稿》载宋徽宗诏云："泸州西南要会，控制一路……可升为节度，赐名泸州军。"

宋末元初，泸州人在神臂城抗击蒙古军；抗战时期，泸州更是作为抗战大后方拱卫陪都重庆。这些故事，早已永垂史册。

宋时，四川居于全国酒税收入的榜首，以北宋熙宁十年的酒课数据作为参照，当时的川陕四路的官酒务（管理酿酒业的机构）数共有427个，占全国1861个官酒务总数的23%。

公元1137年，四川的财政岁收高达3667万缗，而这其中酒税收入就占了五分之一。酒税数额之高，也反映了四川酒业的繁荣程度。

南宋建炎三年，赵开在四川推行"隔槽酿酒法"，对专卖酒法进行改革。老百姓买酒喝酒变得更为方便，川酒也由此进入鼎盛时期。

据陆心源《酒课考》注：南宋时，"四川一省，岁收至六百余万贯，故能以江南半壁支持强敌。"

而川南泸州每年上缴酒税30万贯以上，其富足程度可与成都、重庆鼎足而三。

这里有必要提及《宋史·蒲卣传》中提到的泸州地方官蒲卣，为造福地方，"故弛其榷禁，以惠安边人"，放弃政绩，放任榷酒制度，换来了一方酒业发达，民生富足。

黄庭坚在《山谷全书》中描写泸州酒业盛况："州境之内，作坊林立，官府人士，乃至村户百姓，都自备糟床，家家酿酒，私家酿制比官家尤好。"

苏轼则在《浣溪沙·夜饮》一词中写道，"佳酿飘香自蜀南，且邀明月醉花间，三杯未尽兴尤酣"，大赞泸州酒好。

南宋时，经济重心南移，长江沿线的水运优势更为凸显。在长江上游，富庶的天府之国的物资经泸州码头集散，再经由重庆发往全国的长途漕运日渐频繁。

《重庆府志》记载，"商贾之往来，货泉之流行，沿溯而上下者，又不知几。"

泸州在宋时是全国33个商业都会之一。宋人赵懿描述当时江阳："其时百姓家积有余，谷物咸多上市，百市廛赤繁华，四方商贾络绎于市者，年复于是也。"

自此至清朝，泸州与重庆一道作为长江上游水运码头的区位优势真正开始发挥作用。

在西南地区，川酒、川盐、铅铜、茶叶、绢帛等物资，经沱江、赤水河、永宁河等河流，在泸州码头集散；在全国，以重庆、汉口、苏州三大商品集散中心为枢纽，泸州、白沙等沿线水路重镇在水运上也功不可没。

川南风物，还数泸州酒

站在更高的地理视野上，在北纬28°线上，以泸州为龙头、仁怀为龙尾，串联起宜宾、遵义等几个中国最好的白酒产区，我们得以描摹出为世人惊叹的"中国酿酒龙脉"。

在北纬28°的这片土地上，因其特殊的气候和土壤，孕育着泸州酒酿造所需的一切特殊资源。

由此可见，山川灵秀的泸州最得"天赐"的风物还数泸州酒。而在泸州酒之中，又数泸州老窖最具荣光。

如果你有幸去过泸州老窖的国宝窖池群，在古朴的酒坊深处，你一定会被那散发着古老历史之光的老窖池所震撼。

那穿越450年光阴的古老窖池群，似乎已孕育出此间独有的灵气，如丝如缕的酒香透过高高隆起的封窖泥，直透鼻腔。

更令人惊叹的是，穿梭此间的酿酒师傅们所遵循的古老酿制技艺已传承700年，历经24代。

正因如此，诞生在这里的每一滴酒都有了独特的灵魂，代表浓香型白酒顶级工艺生产的"国窖1573"才更令世人叹为观止。

秋收粮，冬入窖，春出酒，四时节气与酿造工艺结合；新酒酿成后，再进入天然的藏酒洞中自然老熟，使酒体阴阳调和——泸州老窖酿酒的每一步都遵循着天地自然的古老哲学。

想一想，数百年前的古老窖池和酿酒技艺至今仍鲜活地为我们所享有，为我们而服务，这本身就足以让人兴奋不已。

大地的褶皱框架出泸州的山川肌理，河流的冲刷刻画出泸州的眉眼灵秀，这里有峰峦叠嶂，有梯田纵横，有川江豪情，更有田园闲适。

这是造物主赐予泸州极致的偏爱，当山、河、风、物凝聚交融，这片河山便有了灵性，有了独特于它处的造化神奇。

酒城，只此泸州

在中国，因酒而闻名的城市有很多，自诩或被冠以酒乡、酒都的地方也并不少见。

但严格来说，真正的酒城只有一个。

在不同的检索网站输入"酒城"二字，几乎都会得到同样的答案——四川省泸州市。

究竟是什么样的人文风物，让泸州既赚得了酒城的美名，又成为了同类城市中的唯一？

生活在泸州

泸州，地处四川省东南部，是一座繁华的山城。

其地形高高低低，道路蜿蜒盘旋，让泸州有着"小重庆"之称，爬坡上坎更是行走泸州的日常。

爬到精疲力竭，大口呼吸之间，那些看不见却又无处不在的酒香便会沁入心脾。

实际上，"酒香不怕巷子深"这句俗语，据考证其出处就在泸州。

街上的众多散装酒门店，各种以酒命名的商标、建筑，都透露着这座城市与

▲ 长沱两江在泸州蜿蜒而过

　　酒的密切关联。但或许是已习以为常，对于我们的提问，本地人很少使用炫耀的语调。

　　只有驾驶技术娴熟的出租车师傅，不经意感叹出这样一句：没有酒就没有这座城。同样，没有这座城就没有那么多好酒。

　　走在泸州的大街小巷，五官所感受到的，都是"安逸巴适，自在悠闲"八个字。

　　一些确切的资料，记录下了这座城市的不凡过往：

　　自汉景帝六年初设江阳侯以来，泸州已延续2000余年的烟火，且一度在历史中位置显赫。

　　《文献通考》曾载，北宋时年赋税在10万贯以上的城市只有26个，泸州就是其中之一。若以今天的视角来看，就是妥妥的二线城市。

　　泸州人安逸的生活，可以用一杯酒、一席菜、一壶茶和一桌麻将来概括。

　　酒自不必多说。泸州老窖旅游区入口处，长达79米的酒史浮雕图（当地方言称"吃酒图"），反映了泸州的悠悠酒史。

　　溯于先秦，始于秦汉，兴于唐宋，盛于明清，泸州自古以来就有"江阳酒熟花如锦"的美誉。

　　唐宋时期，泸州的南定楼、合江楼、泸江亭、皇华馆，都是远近闻名的大酒

▲ 全国重点文物保护单位——泸州老窖明清酿酒作坊之协泰祥、裕厚祥、永生祥

楼，相当于今天的五星级酒店，其间接待过众多的骚客迁人。

陆游、范成大、虞允文、杨万里、杨慎、张船山等人，都曾被泸州酒点燃过舌尖、撩动过思绪、刺激过灵感，并最终催发出他们诗酒唱和，留下千古名篇。

泸州也是一座好吃的城市。不管是否周末，每逢饭点，餐饮聚集之处必定车流缓慢，停车位一位难求，好吃的火锅一定得提前预定。

有说法认为，如今风靡全球的火锅（特指南方火锅，区别于北方涮羊肉火锅），其真正的起源就在泸州。

泸州的美食达人还告诉我们，泸州的菜系在汲取川菜、渝菜的风格基础上，又自成一派，形成了独立的泸菜系。

特别是河鲜的烹饪极有特色，已成为泸州的一张名片。

一条鱼在厨师的妙手里，可以呈现出千变万化的味道——豆瓣坨鱼、干烧水密子、窖香火龙鱼、江团狮子头、酸菜黄腊丁、酒城炝锅鱼、飘香水煮鱼、豆腐烧鲫鱼……"一鱼多吃"的创造性做法令人惊叹，所谓"蜀酒浓无敌，江鱼美可求"。

与火锅高温热辣的特点一致，泸州人激扬高亢又韵味独特的川话方言，在外地人听来火辣味十足，实际上这是热情的表现。

火辣是日常，安静地品茶也是日常。

很多泸州人喜欢早起一杯茶，一杯喝一天，喝到饿了再来一顿酒。

因此，除了各色酒水门店，江边一字排开的茶楼茶坊，也构成了泸州人生活的另一面。

至于麻将，泸州人玩麻将的算法规则，大概是全国最复杂多变的。

从早期的"推倒和"，到"血战到底"，再到加入"鬼"牌（在牌中加红"中"，拿到手上后，可充当任一张牌），这些玩法都是先在泸州麻友中流行，再普及全川，乃至全国。

据说，后来有些玩法因实在过于复杂，至今也没有普及开来。朋友还笑称，泸州人麻将玩法的多样性，可以申报吉尼斯世界纪录了。

这就是泸州人的日常。安逸起来，能把生活过成一杯酒、一壶茶。

酒城之名

当泸州的人文风物融于一杯酒中，便早已注定了这座城市的浓香底色。

2018年，泸州启用了新的城市定位——"中国酒城·醉美泸州，一座酿造幸福的城市"。

就在第二年，泸州被正式授予"中国酒城"称号。

而在此前，泸州的酒城之实，实则由来已久。

早在唐代，李白《叙旧赠江阳宰陆调》就作有"多沽新丰醁，满载剡溪船……大笑同一醉，取乐平生年"之句。

杜甫也曾在寓居泸州时，与友人把盏叙诗，留下"自昔泸以负盛名，归途邂逅慰老身"的感慨。

一生好酒的苏轼，更是盛赞泸州酒，称其"佳酿飘香自蜀南，且邀明月醉花间，三杯未尽兴尤酣"。

而泸州以"酒城"之名加身，也至少有上百年了。

1916年，朱德随蔡锷起兵，由云南入川讨袁。

驻防泸州期间，曾赋诗"护国军兴事变迁，烽烟交警振阗阗。酒城幸保身无恙，检点机韬又一年"。

这是历史上第一次明确将泸州喻为"酒城"，并嵌入诗中，落于史册。

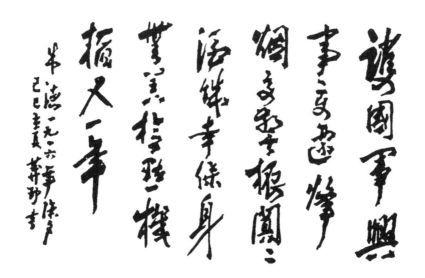

▲ "酒城"之名，由朱德落笔于诗文

此后，泸州的酒城之名便传播开来，逐渐成为泸州城市形象的代名词。

"酒城"二字在百年前已出现，足可见泸州酒脉之久远。

历史上，朱德是一位伟大的军事家，也是一位杰出的诗人。

驻泸期间，他在治军之暇，常以文会友，诗酒唱酬，与温筱泉（泸州老窖酒传统酿制技艺第十五代传承人）等人建立了深厚的友谊。

"我早年在泸州时就知道'温永盛'这个老厂号"，1963年，时年77岁高龄的朱德回到阔别40年的泸州，在泸州老窖罗汉酿酒车间里跟众人谈起泸州酒时曾说。

2014年，朱德铜像安放落成仪式在泸州况场朱德旧居陈列馆举行。

泸州人以瞻仰铜像的方式纪念这位军事家、诗人，而酒城之名，则是朱德留给泸州最好的永久历史纪念。

从"酒城"第一次在诗中出现，到正式被官方授牌成为泸州的称号，百年时光里，人们对泸州和泸州酒的感情痴迷而坚固。

"酒城"两个字也在岁月的沉淀和洗礼中，具有了别样的内涵和分量。

就像那位出租车师傅所说，酒城与泸州，一体两面，从来都是难舍难分。

得于酒，又不止于酒

一个城市的位置几乎决定了它的命运。

泸州之所以自古就是酒城，既是历史的选择，也缘于地理的塑造。

倘若从高空俯视泸州，可见长江与沱江在此交汇，滚滚向东流去。

古往今来，但凡大河交汇之处、江流入海之地，总会形成商贸繁盛的城市或城市群，长三角、珠三角皆是如此。

同样，泸州借长江与沱江地利之便，也一度是历史上重要的商贸交易之地。

不计其数的船只、人流、物流，通过长江码头来到这里，再走向全国，乃至世界各地。

泸州老窖的一家酿酒作坊里曾写着这样一副对联：酿春夏秋冬酒，醉东西南北客。

寥寥十二个字便映照出当时泸州的盛况。

除了长江、沱江，还有大大小小数十条河流在泸州境内纵横交错，由此形成的大小湖泊密布其间，造就了泸州四季氤氲、水汽蒸腾的诗意景象。

这样的地理气候，被认为是泸州得以成为中国浓香型白酒发源地的核心因素，此论断也已被多位业界权威人士证实。

区域专家李后强研究指出，白酒酿造的关键环节是微生物发酵，而影响微生物生长的因素有温度、湿度、日照、海拔、风速、土壤成分、粮食品质、水和酿酒工艺等。

泸州恰恰在这诸多方面都得天独厚。比如，酿造优质白酒的相对湿度年均一般在65%～85%，以75%湿度为最优。

而泸州年平均降雨量高达1200毫米，水量充沛，且处于河谷地带，蒸发量小，空气终年湿润，各月相对湿度75%～87%。

中国科学院院士邓子新研究认为，酿酒微生物的最佳繁殖温度为5～25℃。

泸州地处四川盆地西南腹地，受盆地边缘山脉及长江、沱江等水系作用，相较于川内成都、宜宾等其他城市，年均气温要偏高0.2～3℃，达到17.6～18.2℃。

独特的气候条件，让泸州成为酿酒微生物生长极为活跃的天然温床。

联合国粮农组织专家曾在详细考察泸州的地理气候后总结道："在地球同纬度上，只有沿长江两岸的泸州才能酿造出纯正的浓香型白酒。"

▲ 泸州老窖厂区一隅

    由此可见，所谓"江阳古道多佳酿"，虽是事在人为，但更有赖于天地的厚爱。

    凭着这份厚爱，泸州自古就是美酒佳地，其酿酒历史最早可追溯到先秦时期。

    及至元明，制曲之父郭怀玉发明"甘醇曲"，国窖始祖舒承宗首创1573国宝窖池，泸州酒业愈加兴盛。

    从明末清初乃至民国年间，"温永盛""天成生""协泰祥""春和荣"等众多百年老作坊已遍布泸州城。技艺切磋间，泸州的酿酒技艺也得以蓬勃发展。

    历代文人墨客的诗词中，也能略见泸州酒在历史上的荣光。

    北宋诗人唐庚笔下"百斤黄鲈脍玉，万户赤酒流霞"，何尝不是一幅顾盼生辉的泸州梦华录。

    明朝状元郎杨慎曾长居泸州，期间创作了280多首诗词。酒酣耳热之时，也曾留下"江阳酒熟花如锦"的动人诗句。

    清代大诗人张问陶更是对泸州酒情有独钟。

    "滩平山远人潇洒，酒绿灯红水蔚蓝"，衔杯之际，本就山水风流的泸州，在诗人眼中更是要远胜江南了。

    大抵一座城市能被称为"酒城"，酒业繁盛自是其一，同时还需有些山水妙境和人文气韵，如此才相得益彰。

    而泸州，集山水与诗意于一身，又在大江大河的纵横下，多了几分江湖豪情。

▲ 泸州老窖1573国宝窖池车间

所以，酒城之名，得于酒，又不止于酒。

或者说，是酒给予泸州方方面面的浸润，才最终塑造了这座城。

酒城的另一面

酒对于泸州的塑造，当下仍在发生。

这是全国少有的同时拥有两大中国名酒的城市。也因为泸州老窖和郎酒两家龙头企业的存在，泸州成为全国唯一浓酱双优的白酒产区。

从泸州的古老街巷走出来，到距离市区数十千米外的黄舣镇，中国第一个拥有完整产业链的白酒产业园区就建在这里。

这里是酒城泸州的另一面。

如果说遍布泸州城的明清老作坊和1573国宝窖池群，是这座酒城的深厚根柢，那么白酒产业园区就是泸州着眼于未来的新酒城模样。

目前泸州白酒产业园，已形成了集原粮种植、基酒酿造、技术研发、检验检测、金融会展、仓储物流、旅游文化等于一体的白酒全产业链。

数据显示，2021年泸州市白酒产业实现营收1085.6亿元，泸州白酒产业园营收1152.4亿元。

相较于2020年刚刚跨过千亿门槛，2021年的泸州势头更劲。

如今在全国，大约每生产3瓶白酒，就有1瓶产自泸州。

而泸州的未来仍不止于此。

作为全国唯一拥有全产业链、专业化、集群化发展的园区，泸州已成为首个获得"世界级白酒产业集群"称号的白酒产区。

在泸州的发展规划中，未来泸州还将立足全球视野，打造世界级名酒产区和世界一流的白酒产业园区。

到2025年，泸州计划实现白酒营收1500亿元，力争2000亿元。2035年，泸州白酒营收计划达到3000亿元。

与此同时，在泸州老城区内，一些变化也正在悄然发生。

一条浓缩了泸州码头文化、酒文化，且聚集着大量老作坊和老窖池的小市街道，部分片区已完成了升级改造。

未来这些区域将成为老泸州的文化符号，还原岁月之初的古朴与厚重。

昔日的酒城，以进取之姿，不断成长为世界级的白酒产区。而在其灵魂深处，酒城泸州的人文底蕴仍然鲜活。

如此再看，为何是泸州？答案已然明了。

▼ 位于泸州酒业园区内的泸州老窖黄舣酿酒生态园

这是最为广阔的浓香"江湖"

名酒所在的土地，往往依山傍水，这是白酒酿造与水文地理所呈现出的密切相关性。

不同的地貌特征塑造出不同流域各自独特的河流性格，西部的河流奔腾而澎湃，中部的河流开阔而内敛，东部的河流则温和而平顺。

河流的性格则又赋予了每片土地不同的水质和酿酒作物，全国各地不同风味的美酒也由此诞生。

河流，一座城市的根脉

青藏高原与横断山脉深处清澈纯净的雪山水，经过奔涌湍急的金沙江，一路行至泸州后，地势变得开阔平坦起来。

这让泸州的河流总是清澈而平缓，水质纯净、硬度适宜。

泸州的开阔地形也让这座城市的水资源尤为丰富，这里分布着长江、沱江、赤水河、永宁河等大大小小76条河流。

长江自纳溪区大渡口镇进入泸州，与沱江相会。

蜿蜒盘旋的沱江，与流经叙永县、古蔺县、合江县的赤水河，以及永宁河、濑溪河、龙溪河等众多河流，在泸州境内交织成网。

　　其中，沱江和赤水河等主要支流流域面积均在1万平方千米以上。龙溪河、永宁河、濑溪河等8条河流的流域面积在500～1000平方千米，其他流域比较小的河流更是数不胜数。

▼ 江水掩映下的泸州

　　纵横的河流造就了遍布泸州的众多湖泊，比如黄龙湖、玉龙湖、凤凰湖、红龙湖等，无不清澈秀美、景色怡人。

　　当你从空中俯瞰泸州大地上这些纵横交错的河流湖泊之时，也许你会忍不住怀想，数百年乃至数千年前，这些河流也是这么静静地流淌着。

泸州这片丰饶的热土，也就在这河流的静静流淌中得以润泽万物，福荫万民，见证着这片土地数千年的万物生长与文化传续。

晋代《华阳国志》中提到长沱两江交汇处："两江环合，弥漫浩渺。"

南宋时期，浪漫的泸州人在这浩渺如大海般的两江汇合处，曾修建了一座"海观楼"，这也是曾经泸州古八景之一的"海观秋澜"（也称"海观秋凉"）。

明代杨升庵《咏江阳八景送客还滇南·海观秋澜》云："水涨金沙惊落雁，浪翻银屋浴潜虬。鱼舸晓泛枫香浦，神筏宵乘竹箭流。"

水之北为阳，古时的泸州也被称为江阳，古文史中有许多关于江阳水文地理的记录。

《禹贡》："岷山导江，东别为沱。"

明代碑文《江阳完城记》记载："江源为汶水。东，为锦水，又东，驰千里，雒水、资水入焉，两汉地志曰江阳云。"

碑文中的"汶水"即为岷江，不论是"岷山导江"还是"江源为汶水"，都真实记述了在徐霞客以前古人将岷江视为长江正源的观点。而锦水则是岷江东流，在都江堰分为内水和外水，外水在宜宾与金沙江汇合入长江，内水在成都金堂县与雒水合而为沱江。而这两条河流在辗转润泽天府大地后又汇合在泸州。

这种奇妙景象，清朝诗人王士祯在其诗文中有过多次记述。

《江阳竹枝二首（今泸州）·其一》中写道："锦官城东内江流，锦官城西外江流。直到江阳复相见，暂时小别不须愁。"

《泸州登忠山》中又写道："江源分内外，千里会泸州。"

在中国大西南苍茫起伏的群山之中，长江与沱江的相遇，以及区域内纵横的河流水系，成就了有着"酒城"之称的泸州。

从那时起，这座城市便有了万千气象的根脉。

是谁成就了"酒城"泸州

每年的秋收时节，泸州总会迎来它一年中最为忙碌的日子。

田野间，颗粒饱满的糯红高粱摇曳着沉甸甸的穗头，昭示着颗粒归仓时节的到来。人们穿梭其间，收割着一年的春华秋实。

受丰富水资源的润泽，地处亚热带湿润性季风气候的泸州雨量充沛，空气潮湿，云雾较多，这里生长的糯红高粱也是最适宜酿酒的作物。

泸州糯红高粱色泽艳丽，颗粒小、皮厚、结实、干燥、耐煮蒸、耐翻糙，其生成的高粱淀粉含量都在60%以上，尤其是支链淀粉含量高达90%以上。

2010年，国家农业部批准对"泸州糯红高粱"实施农产品地理标志登记保护。

在"泸州糯红高粱"地理标志地域保护范围中阐释，沿长江、沱江两岸台阶地，紫色土壤肥力高，矿物质含量丰富，胶质好，胶黏韧率2%～3%，结构组成合理、质地好，特别适合于酿酒原料糯红高粱种植生产。

酒城泸州的绝妙远不止于此。

这里的山地丘陵起伏绵延，江河、溪流蜿蜒交错，这里草木繁茂，这里北纬28°亚热带河谷地带的空气中常年漂浮着丰富的水分子。

正是这些水分子，滋润出白酒酿造所需种类繁多的微生物。

从科学角度看，在采用固态法发酵为主的白酒酿造过程中，除了酿造工艺等人为因素外，水质条件等自然生态也起着至关重要的作用。

在我国，优质白酒产地无不选在水质没有受到工业污染，且水中对人体有益矿物质较为丰富的区域。

正因如此，我国河流上游的酿酒企业数量要远多于下游。

发源于青藏高原的长江，连同一路上秀美自然生态滋养出的河流水系，为泸州酿酒提供着源源不断的优质水源。

泸州地处长江上游，这里的紫色土壤厚度为50厘米左右，非常利于水质的净化。砾石和沙质土体含量高，渗水性好，地表水、地下水经过层层渗透过滤，最终形成了适宜酿酒的清洌水质。

受益于水源、作物、生态气候等众多因素，泸州在中国白酒地理版图上，成为中国浓香型白酒最为优质的原产地，被联合国粮农组织认定为："在地球同纬度上，只有沿长江两岸的泸州才能酿造出纯正的浓香型白酒"的地方。

同时，这里也是"世界十大烈酒产区"之一，是中国首个"世界级白酒产业集群"，是浓香型白酒的起源之地。

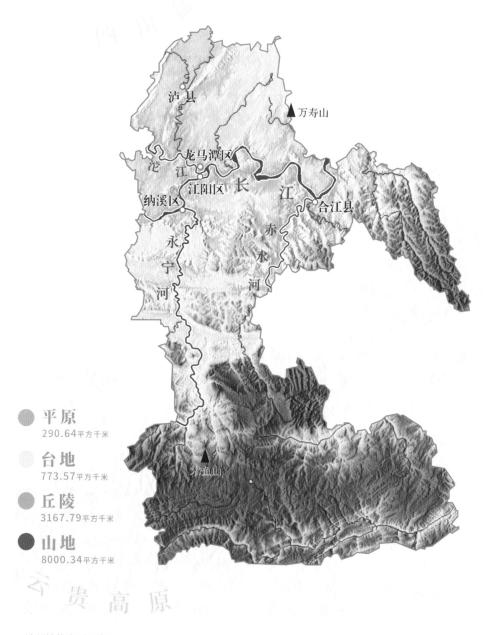

平原
290.64平方千米

台地
773.57平方千米

丘陵
3167.79平方千米

山地
8000.34平方千米

▲ 泸州地貌类型示意图

数据来源：四川省第一次全国地理国情普查公报

当酒与江河遇上泸州

临沱江、汇长江，泸州的水运格局成就了其数千年的舟楫繁荣与繁华富庶。

单从地图上看，泸州今天三区四县的行政区划，便有着明显的水陆线"十字"相交的轨迹。

东西向，"纳溪—江阳—龙马潭—泸县—合江"沿长江分布；南北向，"泸县—龙马潭—江阳—纳溪—古叙"沿陆路南通道分布，两线相交，即为泸州主城区。

河流塑造着山川地貌，也塑造出酒城泸州独特的文化基因与地域符号，而在众多与泸州相关的地域符号中，酒是最绕不开的一个。

"自昔泸以负盛名，归途邂逅慰老身。江山照眼灵气出，古塞城高紫色生。代有人才探翰墨，我来系缆结诗情。三杯入口心自愧，枯口无字谢主人。"诗圣杜甫在《泸州纪行》中记述了诗人对泸州美景与美酒的由衷赞叹。

清代嘉庆版《纳溪县志》则记载了诗仙李白乘舟出川，夜宿泸州时写下的关于泸州江河的诗句："峨眉山月半轮秋，影入平羌江水流。夜发清溪向三峡，思君不见下渝州。"

清朝诗人张问陶的一句"城下人家水上城，酒楼红处一江明"，既是对繁荣泸州烟火气息的经典描述，也清晰地阐释了这座城市与河流、与酒文化的血脉相融。

在历史的足迹中，水运通畅是泸州商业繁荣的重要保障。

控三巴、连滇黔的区位优势，也让盛产于泸州的好酒经由这些四通八达的水路网运往四方。

在泸州众多河流水系里，其中的一条地下泉"龙泉井水"不可不提。正是这条从凤凰山汇聚而来、千年流淌的泉水，酿出了浓香正宗泸州老窖。

《礼记·月令》记载："水泉必香"。

《醉翁亭记》记载："酿泉为酒，泉香而酒洌"。

凤凰山下的龙泉井水，四季常满，清洌微甘，是凤凰山地下水与泉水的混合，是美酒酿造的上乘之选。

在泸州老窖的酿酒历史上，优质的龙泉井水一直是其最主要的酿酒用水。据专家化验分析，龙泉井水无臭、微甜、呈弱酸性、软硬度适宜，能促进酵母的繁殖，有利糖化和发酵。

泸州的古人先贤们并没有化验河流井水的科学手段，但他们在"好水酿好酒"

的历史经验中选择了泸州这片土地上的好水。

公元1324年，泸州老窖酒传统酿制技艺第一代传承人郭怀玉历经30多年的摸索与试验，成功研制出酿酒酒曲"甘醇曲"，酿成中国白酒历史上第一代"大曲酒"。

大曲酒的出现，开创了浓香型白酒酿造的历史。

到了明万历元年，即公元1573年，舒承宗在泸州南城外的营沟头选择了一块适合酿酒的风水宝地，并采用城外五渡溪岛上的优质黏性黄泥，建成了"泸州大曲老窖池群"。

▲ 长江流域部分酒企分布示意图

黄泥筑窖，对于并不懂"微生物"的泸州酿酒先辈们来说，或许只是一个偶然。他们眼中，或许更看重这些沉积岸畔的黄泥极强的黏性与保水性。

但这个偶然，却成就了浓香。浓香型大曲酒自此迈入"大成"，泸州酒业由此迈入空前繁荣的历史阶段。

现代科学已经验证，浓香型窖池窖泥中的己酸菌、丁酸菌、甲烷菌是浓香型酒主体生香功能菌，对浓香型白酒典型风格的形成发挥着重要作用。

随着窖龄增加，这几种主体功能菌数量也会不断增加，"泥窖生香、老窖出好

酒"皆来自于此。

如今，泸州老窖这些历经岁月的国宝窖池群已经被国务院列为全国重点文物保护单位。

河流对于泸州酒业繁荣的价值远不止于此。

始于秦汉，兴于唐宋，盛于明清的泸州酒文化，足以见证这座城市与酒千年难舍的纠葛。

千百年来，长、沱二江上的船来船往、帆樯林立，托起了这座城市的繁荣兴盛，也托起了泸州酿酒行业的光华荣耀。

清朝同治年间，温宣豫所建温永盛酒厂，酿造出了盛极一时的"三百年老窖大曲"。民主人士章士钊在《赠筱泉》中，赞其"名酒善刀三百岁，却惭交旧得分尝"。

泸州老窖特曲堪称经典包装上的《江阳运酒图》，也展现了泸州大曲酒自水路运往四方，水运繁忙、酒业兴盛的盛景。

在泸州的千年酿酒历程中，河流是酿酒原料的参与者，也是酿酒工艺的助推者，更是厚重泸州酒文化的承载与见证者。

千百年间不舍昼夜滔滔流淌的泸州江河，如同不停流逝的岁月光阴。它们静默无言，却给予了泸州无与伦比的物华天宝。

"第一大河"与中国浓香

文明薪火源自河流，正是河流让中华古老的农耕文明显得厚重而深邃，让白酒与大江大河血脉交融。大江大河滋养出不同的人间烟火，也酿造出风格各异的佳酿美酒。

在中国的美酒版图上，每一种风格的美酒都相伴着一条河流，酒的分布与河流的关系一目了然。

作为中国和亚洲的第一大河，长江自青藏高原一路奔涌向东，流经青海、西藏、四川、云南、湖北、湖南、江西、安徽、江苏、上海，全长6300多千米，其数百条支流辐辏南北，流域面积达到180万平方千米。

长江之大、支流之多，与浓香之广、浓香风格流派之繁荣，在华夏文明的历史长河中遥相呼应，熠熠生辉。

浓香的繁荣当然离不开这条美酒飘香的黄金水道。在这条辽阔大江的滋养中，浓香型白酒在大江南北繁荣生长，成就了最为广阔的浓香"江湖"。

沿着长江一路向东，可以清晰地发现，长江流域知名酒企的分布之广，风格特色之众，是其他区域所无法比拟的。

在川、黔、湘、鄂等地，在岷江、沱江、乌江、赤水河、涪江等不同支流上，诞生出泸州老窖、茅台、五粮液、剑南春、舍得、全兴、董酒、酒鬼酒等众多享誉全国的著名品牌，其中又以浓香名酒为主。

正是这样的区域之广与风格之众，共同支撑起浓香型白酒百花齐放的蔚为大观，成就了中国白酒产业体量最大、整体实力最强的白酒板块。

在关注名酒发展、推动产业高质量发展的新时期，大河与浓香的关系更为密切。

尤其是在以泸州老窖为代表的浓香型名酒高度集中的四川，已经形成了浓香型白酒最为重要的优势产区。

而长江上游的泸州、宜宾，赤水河流域的仁怀，也共同构成了中国白酒的黄金经济圈，释放着最具竞争力的名酒集群效应。

依赖于长江名酒经济带的竞合效应，泸州老窖等浓香名酒企业的高端化、全国化之路愈发清晰稳固。长江流域上，更多中小型浓香企业也拥有了更为广阔而光明的市场空间。

滔滔江河依旧奔涌，流入辽阔大地，也为中国白酒源源不断地注入无穷活力。

泸州，为何是"龙"兴之地

如果把长江比作一条西望的巨龙，泸州便正处于龙头的位置。若是更聚焦来看，则雄踞于龙头的"龙眼"，目之所及皆为华夏。

有意思的是，在泸州长江南岸的张坝，生长着一大片古老的桂圆林，桂圆学名正是"龙眼"。

▼ 龙脑桥上走过舞龙队，"二龙"交相辉映

泸州的泸县，也被誉为"中国龙文化之乡"，境内分布着中国最大的龙雕石梁板桥——龙脑桥，以及上百座龙桥群。

泸州所在的北纬28°长江上游地区，则因酿酒生态优越，名酒产区聚集，被称作"中国酿酒龙脉"。

龙是中华民族的图腾，更是中国文化的象征。地处西南腹地的泸州，为何会有着如此丰富的龙文化？

作为"龙"兴之地的泸州，在白酒产业中又扮演着怎样的角色？

川南"龙城"

提到泸州，很多人首先都会想到酒城。

这里"风过泸州带酒香"，是著名的名酒产地，也是中国白酒金三角的核心区域。

但很少有人知道，在泸州的峻岭清溪中，还隐有一座"龙城"。

地处泸州泸县有着近300年历史的奇峰新桥近期得到修缮，再次完整地跨越在马溪河上。

▼ 泸县奇峰镇

据《泸县志》记载，泸县境内早期有580多座龙桥，是中国乃至世界上最大的龙桥群。

其中，尤以龙脑桥最具代表性。这座修建于明洪武年间的龙雕石梁板桥，距今已有600多年历史。

1996年，全国共有250处不可移动文物，被国务院公布为全国重点文物保护单位，其中就有这座明代龙脑桥。

同期入选的"国宝"，还有位于杭州的世界文化遗产良渚遗址、西安的隋大兴唐长安城遗址和泸州老窖1573国宝窖池群。

直到今天，这座位于泸县城西北龙华村九曲河上的古桥仍在使用中。

站在窄窄的桥面上，可以看到八头瑞兽同时高昂着头，张大着嘴迎向河流的上游。四只巨大的龙头居于正中，还有两只麒麟向西，白象、青狮在东。

梁思成的学生，中国古建筑专家罗哲文曾说，"龙脑桥如此巨大比例形象的龙、兽群雕，如此精美的桥梁石刻艺术，在全国古桥中确属罕见。特别是保存如此完好，更是难得。"

明清两朝，泸县相继出现了大量雕刻龙桥。经过数百年变迁，如今仍保留有近

▼ 历经600多年岁月的龙脑桥

▲ 1573国宝窖池群旁的龙泉井

两百座，数量之多，确实配得上"龙城"的称号。

除了桥，泸州还有很多与龙有关的湖。

云龙湖位于泸县太伏镇，整个湖面宛若巨龙横卧。

泸县立石镇境内还有一片玉龙湖，海拔441.50米，其水色湛蓝如玉，水面宛如一条鳞爪飞扬的龙。

除了龙桥、龙湖外，泸州境内还有大量的龙泉、龙山、龙江、龙雕、龙舞、龙眼、龙酒等，城市的街道、酒店、地名、人名也多以龙命名。

对泸州而言，伴随着千百年的历史更迭，龙已经从图腾幻化成人们生活里的一部分。

泸州的雨坛彩龙表演，就是把悠久的历史和浪漫的龙舞表演艺术合到一起，成为"东方活龙"。

在2006年，雨坛彩龙还被列入第一批《国家级非物质文化遗产名录》。

也是在这一年，泸州老窖酒传统酿制技艺入选首批国家级非物质文化遗产代表

▲ 浩荡的长沱两江在泸州交汇

名录，与1573国宝窖池群并称为泸州老窖的文化资产"活态双国宝"。

中国非物质文化遗产保护协会会长王晓峰曾说，共同研究探讨符合市场经济下的酿酒技艺以及窖池传统保护和传统发展的模式，对于促进中国白酒传统酿制技艺保护和传承具有积极的意义。

促进非物质文化遗产更好地与当地生活实践结合，让非物质文化遗产重新活起来，也火起来，泸州就是一个"活生生"的例子。

长江"龙头"

在泸州，还有一条更为壮阔的"巨龙"，就是穿城而过的长江黄金水道。

在漫长的历史岁月里，泸州一直扮演着西南经济中心的角色，而其凭借的就是长江"龙头"的天然优势。

"建设长江上游航运贸易中心，是泸州融入成渝地区双城经济圈建设的主攻方向和着力点。"

这是泸州市对长江水运经济中泸州定位的解读。

作为四川第一大水港，地处长江上游的泸州，一直发挥着外贸主力军作用，水运外贸箱量占全省水运外贸箱量约80%。

四川水运首港和地处川渝滇黔结合部的区位优势，让泸州长期扮演了长江上游

航运贸易中心的角色。

泸州方面也提出，要立足泸州的开放口岸和平台优势，着眼打造长江上游进出口商品集散中心、大宗商品交易中心、进出口加工贸易中心。

今天的泸州，地处"一带一路"和长江经济带交会处，拥有136千米的长江黄金水道和四川第一大港，具有得天独厚的长江水运优势。

泸州的这种水运优势，并不是一蹴而就的。

汉景帝六年（公元前151年），在长江与沱江交汇处（今泸州市中区）置江阳县，彼时蜀郡守文翁的一场治水之策，将江阳推到了长江水运之首的位置。

文翁是继李冰之后在蜀中大兴水利的水利专家，将蜀中水利工程体系拓展至沱江流域，进一步促进了天府之国的形成。

而通过沱江的勾连，"水旱从人，不知饥馑"的成都平原产粮区的粮食，可以不再绕道岷江而是直接沿沱江转运，从泸州入长江顺江而下，直通各地要塞。

不仅如此，自贡的盐，内江的糖，资中的粮食也经沱江运往泸州码头，又从泸州转口运往重庆、宜昌、武汉等地。

金沙江、岷江的木材、煤炭，滇东的矿产铜、铅、茶叶、土特产，从永宁河运往纳溪，也是在泸州完成中转。

泸州，凭借长江与沱江交汇的便利，成了川南地区的经济中心。

在以水运为主的岁月里，泸州长江、沱江上船来船往、帆樯林立，两江水运托起了一座城的繁华与荣耀。

到了清代，"蜀盐走滇黔，秦商聚泸州"，万商云集，安徽、江西、湖北、贵州、两广等巨商来泸立号。

水运的畅通，缩短了四川与吴楚中原的距离，川滇黔物资集散向泸州口岸转移。于是，泸州又有了一个新的名号——川南第一州。

历史学里有这样一个观点，人类历史演变是建立在地理条件之上的，地理就好像是历史的舞台。

从这一点来看，泸州的"龙头"既关乎地理又联系了历史。

酿酒"龙脉"

由于地理与历史在泸州的交融，一方酿酒的"龙脉"就此诞生。

龙脉，多是指起伏的山脉，在中国古代传统堪舆学中，其实是将"龙脉"视作一种特殊的地理形态。

山是龙的势，水是龙的血。因而，龙脉离不开山与水，以及山与水所共同组成并影响的地理气候。

山城、江城、酒城，皆为泸州，也决定了泸州"中国酿酒龙脉"的本色。

这个龙脉，有历史之源。

"显父饯之，清酒百壶"，这是《诗经》整理编纂者之一尹吉甫记录的一句诗。

尹吉甫是江阳郡人，这首诗具体是叙述周宣王时期，年轻的韩侯入朝受封、觐见、迎亲、归国和归国后的活动。

显父以清酒百壶饯之，说明彼时的江阳已经有了酿酒之先。

国之大事，在戎与祀。泸州出土的秦汉时以酒祭祀的"巫术祈祷图"，也充分说明彼时，酒已在泸州人的精神生活中扮演着不可或缺的角色。

这个龙脉，有地理之形。

泸州所在的北纬28°长江上游地区，属亚热带湿润气候区。日照充足，雨量充沛，无霜期长，其带来的主要特点是适宜酿酒作物的生长。

泸州位于四川盆地南缘与云贵高原的过渡地带，以中部长江河谷为最低中心，向南北两岸逐渐升高。

境内分布着南寿山、方山、忠山、学士山、九狮山、花果山、华阳山等十几座山。

山之外，泸州江河也多，境内集雨面积50平方千米以上的河流有61条。

泸州拥有长江段136千米，沱江段44.6千米，赤水河段226千米，其中长江泸州段约占川江段228千米的60%。

也正是这山灵水秀的自然环境，造就了酒城泸州之龙脉所在。

这个龙脉，有产业之兴。

自2008年起，泸州老窖在行业首创封藏大典，至今已走过10多年光阴。

每年农历二月二，泸州老窖都会以一场封藏大典仪式，还原传统酒礼酒俗中的祭祀先贤、拜师传承、封藏春酒等礼制，展现中国传统酒文化的深厚底蕴和魅力。

时至今日，这一企业之大事早已成为行业之盛事。每年从全国各地及海外到泸州现场观礼的群体达到10余万人，通过媒介传播，封藏大典受众群体高达数千万。

2023年，泸州老窖封藏大典正式入选第六批《省级非物质文化遗产代表性项

▲ 每年农历二月二，泸州老窖都会举行封藏大典

目名录》。

一代又一代泸州老窖酿酒人，通过传承1573国宝窖池群和非遗酿制技艺，让文化遗产在这里生生不息，酿酒"龙脉"也由此代代延续。

2021年，在由中国酒业协会主办、泸州老窖承办的"第十一届中国白酒T8峰会"上，中国酒业协会理事长宋书玉提出，白酒行业需要"存敬畏、稳发展、扬文化"。

这正是泸州老窖身为酒业龙头一直在做的行业引领。

作为中国最早的四大名酒之一，并且是连续五届蝉联国家名酒的唯一浓香型白酒，泸州老窖在科学研究、人才培育、产业贡献、文化推广等诸多方面均走在产业和时代前沿。

"70年来，泸州老窖的中国名酒之路有目共睹。"

宋书玉表示，"坚持做好中国传统白酒酿酒技艺传承，科技创新指引产品创新，到全方位的持续创新，不仅使泸州老窖成为中国名酒企业的典范之一，更在不同历史时期助力行业向前迈进！"

这份"龙头"之誉，泸州老窖实至名归。

当诗歌遇上美酒，
看一座山水江城的千年浪漫

"在这样一个纷纭复杂、充满着不确定性的世界，我们相信诗歌还会发挥它应有的作用，它依然在促进世界的和平、促进不同文明之间的互鉴、促进我们心灵之间的对话和交流。"

在泸州开幕的国际诗酒文化大会第七届中国酒城·泸州老窖文化艺术周上，中国作家协会诗歌委员会主任、诗人、国际诗酒文化大会组委会主席吉狄马加的发言令人深思。

诗歌与酒，是中华文化里天然的浪漫因子。2023年是国际诗酒文化大会举办的第七年，有媒体评价，"它是浪漫与包容的结合体，恰如泸州老窖在行业中扮演的角色"。

在诗与酒的相互浸融中，在长江、沱江二江"两江夹一城"的温暖臂弯里，泸州成为极具浪漫情怀的"诗酒江城"。

山、水、诗歌、美酒，当这些中华文化里最浪漫的元素集于一城，华美的诗篇自然也就翩然而至。

▲ 2023年度"1573国际诗歌奖"获奖者：匈牙利著名诗人伊什特万·图尔茨（左二）

山水婉转，诗歌风流

青藏高原万年雪山上的皑皑白雪化为清澈的河水，一路奔流，蜿蜒盘旋在巍峨的横断山脉。当河流与山川行至泸州，与沱江相遇，便流淌出一座浪漫的诗城。

"朝履霜兮采晨寒，考不明其心兮信谗言。孤恩别离兮摧肺肝，何辜皇天兮遭斯愆。痛殁不同兮恩有偏，谁能流顾兮知我冤。"

《诗经》的主要采集者和编纂者、西周贤相尹吉甫之子尹伯奇，因受后母构陷，遭尹吉甫放逐于野，在泸州三华山含冤写下《履霜操》。而后，伯奇投江以表清白。

尹吉甫在知道伯奇冤情后，追悔莫及，悲痛写下《子安之操》。

其词曰："儿罪伊何，父信谗言。逐儿荒野，心之忧矣。履霜一曲，啾啾唧唧。悲惨慕兮，王闻美言。心之忧矣，儿在江流。君王由言，父兮有悔。心之忧矣，子安归来。伯封弟盼，子安归来。"

《履霜操》《子安之操》，既是琴曲，又是辞赋，也成为泸州诗脉的源头。此后的两千八百多年里，诗人墨客以此为题材，写下无数感人诗篇。

自唐朝韩愈开始，至宋朝黄庭坚、曹勋，元朝杨维桢，明朝周瑛，清朝盛锦、李九霞，吟咏者代不乏人，"琴台霜操"更是被明代文人杨慎列入泸州古八景。

正如李九霞在《吊尹伯奇》中所写，"明月不知千古痛，余光犹在照琴台。"作为《诗经》的发源地之一，泸州的千年人文风物，早已融入两江山水之间。

数千年历史长河里，从泸州大地飘散出的诗文如满天之星斗，镶嵌在这片充满浪漫与想象的土地上。

盛唐时，诗仙太白乘舟出川，在泸州写下《峨眉山月歌》："峨眉山月半轮秋，影入平羌江水流。夜发清溪向三峡，思君不见下渝州。"

南宋诗人范成大对泸州尤为钟情。1175年，范成大受任敷文阁待制、四川制置使、知成都府，因而有了西入巴蜀的经历。

在乾隆版《直隶泸州志》的记载中，范成大曾乘船顺流而下，在泸州登临南定楼，兴致盎然，写下名篇《南定楼》。

其诗曰："归艎东下兴悠哉，小住危阑把一杯。楼下沄沄内江水，明朝同入大江来。"诗文情景交融，既有把酒言欢的生活情趣，又有"同入大江"的磅礴气势，今日读来，依然有如身临其境之感。

就在三年后的1178年，范成大的好友、同在川蜀为官的大诗人陆游奉诏回京，顺江东下，也在泸州登临南定楼。这一年，陆游遭遇一场大雨，写下《南定楼遇急雨》："行遍梁州到益州，今年又作度泸游。江山重复争供眼，风雨纵横乱入楼。人语朱离逢峒獠，棹歌欸乃下吴舟。天涯住稳归心懒，登览茫然却欲愁。"

与范成大所描绘的洒脱山水画不同，陆游诗中充满了矛盾与痛苦：羁旅巴蜀，乡思难断；久居生情，去留两难；风雨潇潇，前途晦暗……思乡之切，报国之志都将他压得喘不过气来，所幸还有泸州的江山胜景能带给他片刻的慰藉。

此时的泸州，已然是雄踞长江上游的要会重镇，经济繁荣，民生富庶。

至于明清时期，泸州之繁华更胜往昔。诗人张问陶站在泸州城墙之上，远处，江水浩渺，波光粼粼，乌篷摇橹，揉乱清辉；近处，暮色渐浓，炊烟袅袅，朗月高照，影影绰绰。

诗人写下："旖檀风过一船香，处处楼台架石梁。小李将军金碧画，零星摹出古江阳。"又有诗云，"滩平山远人潇洒，酒绿灯红水蔚蓝。只少风帆三五叠，更余何处让江南。"

诗中有"楼台架石梁"的泸州民居，有"滩平山远"的山水田园，有"酒绿灯红，风帆三五"的人间烟火，亦有诗与远方。即便是数百年后的今天，读来仍令人顿生江山如画，不如归去的隐逸之感。

当诗歌遇见美酒

在山水之间把盏言欢，以诗歌畅叙幽情，江城的烂漫在风里，也在酒里，这是泸州人的浪漫，也是有幸来到泸州的游人们的浪漫。

诗歌的浪漫里怎少得了美酒的熏染，诗的浪漫，酒的洒脱，从来都是相交相融的。

自秦汉时就有着发达酒业的泸州，在诗歌的天空里自然要更添几分灵气。一座城，两江水，微醺的酒意与诗情，这便是泸州诗酒文化千年不改的韵脚。

泸州酒，饮醉了巴山蜀水，更饮醉了千古文人骚客。

西汉时，辞赋名家司马相如以《清醪》为题，赞颂泸州美酒："吴天远处兮，采云飘拂；蜀南有醪兮，香溢四宇；当炉而炖兮，润我肺腑；促我悠思兮，落笔成赋。"

"促我悠思，落笔成赋"，道出了酒助诗兴，诗扬酒魂的真相。

三面环水的泸州城，身倚江河，头枕青山。酒在这里，是不可不说的豪情，饮进一杯清水，亦可呼出三分酒气。

唐永泰元年（765年）五月，诗圣杜甫从成都乘船东下，路过泸州，在此小住。

杜甫对泸州景色与美酒甚为赞叹，他在《泸州纪行》中写道："自昔泸以负盛名，归途邂逅慰老身。江山照眼灵气出，古塞城高紫色生。代有人才探翰墨，我来系缆结诗情。三杯入口心自愧，枯口无字谢主人。"

及至宋朝，川南泸州商贾辐辏，商船来往，五方杂处，自然少不了文人借酒咏诗的佳句。

唐庚在《题泸川县楼》里写："百斤黄鲈脍玉，万户赤酒流霞。余甘渡头客艇，荔枝林下人家。"寥寥数笔，写尽泸州的酒业兴旺、繁华富庶与田园人家的安闲生活。

黄庭坚亦在《史应之赞》里写："江安食不足，江阳酒有余。"

与泸州相距不远的眉山人苏东坡自然也少不得常饮泸州酒，他在《浣溪沙·夜饮》中赞颂泸州酒："佳酿飘香自蜀南，且邀明月醉花间，三杯未尽兴尤酣。夜露清凉捘乐去，青山微薄桂枝寒，凝眸迷恋玉壶间。"

▲ 杜甫曾经赞叹的山城美景，阳光下江山灵秀、紫气氤氲

　　明代才子杨慎曾遭流放云南，据考证，杨慎在35年放逐生涯里，曾多次往返川滇之间，路过泸州多达15次。

　　大名鼎鼎的《三国演义》开篇词——《临江仙》正是写于泸州，灵感产生于泸州码头。词中佳句"一壶浊酒喜相逢，古今多少事，都付笑谈中"流传千古，尤其令人荡气回肠，回味无穷。

　　除此之外，杨慎所留下的名篇佳句，诸如"江阳酒熟花如锦，别后何人共醉狂""余甘渡口斜阳外，霭迺渔歌杂棹讴"等，无不透露着诗人对泸州风物的眷爱，著名的泸州古八景亦是出自杨慎之手。

　　若单从诗文判断，对泸州酒最为钟情的诗人当数被誉为"青莲再世""少陵复出"的张问陶。绿水环绕、青山掩映下，泸州城的两江四岸酒肆林立、酒香弥漫，对张问陶来说，是最极致的诱惑。

　　忧愁难解，他"禁愁凭蜀酒，扶醉一开颜"；意趣盎然，他"营沟沽窖酒，宝山寻老梅。待把琼浆饮，醉吟子美诗"；思乡心切，他"暂贮冰盘开窖酒，衔杯清绝故乡天"；暂别泸州，他留恋道，"衔杯却爱泸州好，十指寒香给客橙。"

▲ 国际诗酒文化大会，音乐诗剧《大河》交响乐版演出现场

　　正所谓执春秋之笔，著不朽诗篇。泸州的两江清水、忠山浅雪、烟火人家，以及风帆香橙、酒影霞光、杯中新月，都在诗人的酒杯里、诗文中。千年的光阴流转里，这座城在两江水的孕育下，描摹出千古不朽的诗酒华章。

浓香泸州的千年诗酒浪漫

　　如同滔滔长江奔流不止，千年以来，泸州的诗酒烂漫一直在流淌。

　　2023年10月15日，国际诗酒文化大会如约在泸州举办，文学家、艺术家、翻译家、文化学者、媒体记者等各界嘉宾与来自阿根廷、智利、哥伦比亚等十余国的诗人朋友再聚酒城泸州。

　　自2017年以来，国际诗酒文化大会已连续举办七届，共开展超过200场文化交流活动，和来自世界60余个国家和地区的诗人、文学家、艺术家、学者和文化艺

▼ 车水马龙的酒城泸州

术爱好者结缘，结出了丰硕的文化交流成果，成为"规模最大、参与人数最多、内容最丰富、极具国际影响力"的诗酒文化交流活动，成为向世界展示酒城风采、传递中国文化独特魅力的重要窗口。

诗歌与美酒、文明与文化的交融，一次次通过一首诗、一杯酒，融进这座千年酒城。

泸州市委副书记、市长余先河表示，国际诗酒文化大会已成为全国乃至全球诗歌艺术文化领域的盛会，成为泸州展示城市形象的载体，为传递千年文脉、提升城市能级搭建了重要平台。

2023年，国际诗酒文化大会启动了"从源头到大海"诗歌之旅，开展"杯酒敬

黄河"主题活动，走访青海、甘肃、山西、河南、山东等黄河沿线省、直辖市、自治区，探寻黄河文脉传承和诗酒文化发展，颂扬民族精神，唱响新时代中国之声。

"我们将用实实在在的行动让享誉千年的诗酒文化薪火不灭、生生不息。"泸州老窖股份有限公司党委副书记、总经理林锋在开幕式上表示。

国际诗酒文化大会也再次升级，在"1573国际诗歌奖""1573金沙诗歌奖"基础上，增设"1573国际诗歌翻译奖""1573国际作曲家奖"等奖项，表彰全球范围内杰出的翻译家、作曲家，传播具有世界顶尖水准的音乐作品和翻译作品。

诗、酒、乐、书、画等多种艺术形式的融合、并行，让泸州老窖的文化圈层构建得更为扎实，让更多优秀的中国文化被世界触摸。

◀ 泸州，自古就是一座浪漫的山水江城

从泸州千年酒脉中走来的泸州老窖，以其高度的文化自信和文化自觉，以酒为引，以诗为媒，让泸州诗酒文化在千年传续中依然鲜活地流动着。

酒城与诗城的完美融合，正逐渐让泸州成为全世界诗酒文化爱好者的朝圣之地。

"自古诗人例到蜀，好将新句贮行囊"，蜀地的钟灵毓秀，人杰地灵，是诗人们心之所向的远方。而泸州的美酒，又让诗的风骨与酒的潇洒合而为一，描绘出这座城市温情诗意、流光溢彩的城市肌理，山、水、诗、酒、城，这座城市也因此而更显丰富与鲜活。

幸运的是，这样的风骨与潇洒，至今仍存于泸州老窖对诗酒文化的追寻中，仍在浓郁酒香里流动。穿越千年的诗词华章与浓郁酒香，也在这样的流动中更显勃勃生机。

▲ 泸州自古便有"喝单碗"习俗

泸州，写作酒中"故"事

"假如你有幸年轻时在巴黎生活过，那么你此后一生中不论去到哪里她都与你同在，因为巴黎是一席流动的盛宴。"

海明威在其晚年的非虚构作品《流动的盛宴》中，如此写下他对巴黎的追忆。海明威的笔下，巴黎总是处处洋溢着酒气。

威士忌、朗姆酒及各种果酒、啤酒的甜美，不停诱惑着到此的艺术家们，他们游荡在此，微醺孕育的才思变成永恒闪耀的星光，热情地款待着来此的每一位宾客。

在地球的另一端，能如此以"酒"、以"文"宴飨八方来客的城市，是泸州。

从古代尹吉甫、司马相如、李白、杜甫、苏东坡、杨慎、张问陶等名家，到今人之马识途、阿来、彭敏、韩松落等，他们因酒往泸州而来，饮后斐然成章，将泸州城变为一座永不落幕的剧院。

千百年来，这里不断上演着一场又一场酒中故事，沉静或浩荡，未曾片刻停歇。

在这里，我们都是观赏者，也都沉醉为剧中人。

他说，"蜀南有醪兮，香溢四宇。"

他说，"江阳酒熟花如锦，别后何人共醉狂。"

他说，"在泸州，从来没有醒过。"

他说，"酒，全人类的解放者。"

他说，"喝下它，就像喝下星辰。"

他说，"来，都在江阳的杯中。"

然作家的话总是充满了象征性意味，微妙的阐释中往往带着朦胧与模糊。

倘若想从他们的文中读懂一杯白酒的寓意，触摸这座城市的脉搏，那么不妨先喝上一杯泸州酒。

细细品味，便会发现，这是独属于中国白酒的造境之术。

壶中日月，醉里乾坤

翻开历史的扉页，文与酒，如影随形。

有多少故事是因酒而生？犹如繁星，无法数清。

在历代作家笔下，饮酒的隐蔽精神感受，总在含蓄中挥洒得淋漓尽致。当他们与酒城泸州相遇，酒之"流芳千古"，便牢牢牵挂在这一方诗意山水中，为到此寻访的行人所清晰感知。

汉时，司马相如饮泸州酒，写"当炉而炖兮，润我肺腑；促我悠思兮，落笔成赋"，歌美酒甘霖。

唐时，途经泸州的李白，写"夜发清溪向三峡，思君不见下渝州"，唱对故人故土的思念之情。

宋时，游览泸州的唐庚，写"百斤黄鲈脍玉，万户赤酒流霞"，赞泸州因酒业、渔业而民生富庶。

明时，寓居泸州十余年的杨慎，写"一壶浊酒喜相逢，古今多少事，都付笑谈中"，叹历史兴亡。

清时，钟情泸酒的张问陶，写"城下人家水上城，酒楼红处一江明"，颂泸州酒市繁华。

▲ 酒城"单碗广场"雕塑——风过泸州带酒香

▲ 天地人共酿，造就一杯美酒

　　民国，生于泸州的美学家王朝闻，在青年时，便写"斗酒百篇所依赖之才智与我无缘，但未敢忽视佳酿出于老窖所体现之普遍法则"，表白泸州老窖酒对思想精神的触动。

　　而画家、文学家丰子恺，也感触于泸州的天光水色，写下"昨夜泸州江上望，一轮明月照江心"，并作画《历尽险阻适彼乐土》，感慨离乱中的片刻安定。

　　生于泸州的著名画家蒋兆和，在漂泊半生历经艰难后，于晚年又饮泸州家乡酒，动情写下"梦中常饮家乡酒，期与乡邻共举杯"，抒发对故乡的眷恋。

　　到了现代，承载这份酒之浓情的主要文体，则变为了散文。作家们或亲身来到此处，体会地方风土酿酒人文，或身在远方借一杯泸州老窖酒，激发千种思绪情怀。

　　当阿来去往泸州老窖酒厂，看酿酒师在新酒中取出深厚绵长的中段后，叹道，"这中段，在戏剧是高潮；在人生中，是如交响乐一般对华美主题的交织呈现。"

　　他又言，"酒为我们呈现的，是人文与历史，更是世道与人心。世间人，心底事，杯中酒……醉，非醉；了，难了！"

酒，赋予了泸州人文风物最真实也最梦幻的故事感与历史感，所以熊召政说，"酒在这座城市里，不是夸张的消费与疯狂的纵欲，而是一种文明存续与发展的方式。"

也因此，宋光明要讲，"泸州，诗之若饴酒若露。"要讲，"来，都在江阳的杯中。"

这四溢在泸州城中的浓香，仿佛布下幻境，将前往此地的文人作家一一缠绕。

"在泸州喝到的酒，自带全息影像，深藏和这块土地、这块土地上的时间有关的一切秘密……喝下它，就像喝下星辰。"

韩松落以星辰譬喻泸州酒，一城浓香仿佛也从笔尖流向宇宙。

当我们饮尽杯中酒，由酒引发的对理想世界的向往、对宇宙时空的思考，随着酒在体内的上升环绕，与精神一起得到解放，让人心驰神往。

然而酒的中国智慧，汇于泸州，又从来不止于泸州。

泸州的浓香，带着无数往事，穿越千年而来，随长江水流遍中国，又随诗文流向更远的山海。

究其根底，泸州酒的共鸣，在于这片华夏土地，也在于这片土地孕育的千年不断的文明。

厚植于"土"，发轫于"文"

发源于农业种植的酒，早已被深深烙上土地的印迹，被标为人类文明的代表之作。

丰沃的两河流域生出大麦，酿为啤酒；高加索山脉长出葡萄，酿为葡萄酒；温润的江南滋养糯米，酿出黄酒；极寒的西伯利亚，蒸出最纯粹的伏特加；而四川的紫土地，生出灿烂的红高粱，化为浓香型白酒。

"2016年7月，在泸州，穿过一个又一个山坡上，一块又一块起伏的高粱地，蓦然，在一个盆地，浩瀚的高粱密集地向我呼啸涌来，青绿上面是无数酒红色的火焰，像燃烧的海。

我被震慑住了。

这不是北方平原上的高粱，而是南方之南，崇山峻岭起伏环绕中的高粱。它们

▲ 喜上"粱"梢

以高过我的气势，汹涌着向我扑来，令巴蜀本就湿热的阳光更加湿热，但又有肃静的凉意在其中……"

　　诗人龚学敏踏进泸州老窖的有机高粱地种植基地，初次直面南方红高粱喷薄而出的生命力，被深深震撼。

　　同样是在那片火红的高粱地中，作家陈应松抱着自己亲手割下的沉甸甸的高粱穗子，收获了好酒的喜悦。

　　他说："酒是农耕时代的精华，由我们耕种的庄稼，变为一种人人喜爱的液体，酒是躬耕土地的劳动者创造的杰作，是汗水和生命的结晶……

　　热爱大地，你将被自己的成果醉倒，烂醉如泥于田间陌上，镰旁锄边，这是一种生活的美意。"

　　在我国几千年的农耕文明建设进程中，饱含淀粉的高粱都是重要的粮食作物，其种植史，最远可溯至新石器时代。先秦时，它便被称为"粱"或"秫"，是最重要的农作物之一。

　　《诗经·小雅·甫田》曰："黍稷稻粱，农夫之庆。"

　　直到中华人民共和国成立后，高粱仍在以最质朴最原始的方式喂养生民。

　　"当然了，我自己也曾在高粱地里躲藏过，穿行过，唱过歌曲，流过眼泪，留下了一些难忘的记忆。

　　在大饥荒年代，由于青黄不接，人们等不及高粱完全成熟，就开始吃……我喝过几乎还是水仁儿的高粱砸成的糊糊打成的稀饭，只能喝一个水饱，很快就饿了……

　　我的意思是说，我们那里种的高粱为的是吃，为的是挡饥，从来舍不得把高粱酿成酒喝。"

　　在豫东平原上饱尝过高粱诸多滋味的著名作家刘庆邦，因心中的高粱情结，也踏上泸州的土地，去看那片红高粱。

　　"红高粱变成酒，并不是一件容易的事。说得痛苦一点，高粱变成酒的过程，也是历经磨难的过程，它至少要渡过碾压、掩埋、发烧、蒸煮、窖藏等多道难关，最终才能变成酒。"

　　高粱实在是一种珍贵的粮食。能够以高粱酿酒，也从侧面印证了民众生活水平的提升，以及社会经济的富裕。

▼ 中国酒城·泸州夜景

因此，尽管在夏时便有"秋酒"，但直至清时，用高粱蒸烧酒才开始大范围流行，以高粱为主要酿造原料的白酒迅速扩散至全国。

而自古以来便是富庶之地的泸州，其以高粱酿白酒的历史，至少从明时便已开始。到今天，高粱对泸州群众的哺育，也主要是以酒的形式来实现。

这其间几百年来，同样扎根于这一方紫土地的泸州老窖，则成为这份"土地馈赠"最忠实的守护者。

川南红高粱的生机，奔涌进泸州老窖的酒液中，以一杯好酒，犒赏人们的辛勤劳作，也抚慰他们心中的伤痕。

对土地的信仰与崇敬，也成为天下饮者共情泸州老窖的核心根源之一。

即便是此后迈入工业文明，白酒的寓意随时代更迭一并更新，演变为更加复杂迷人的象征性文化符号。但这份对土地的热忱，始终如一，独立于世，牵引着他们寻找文化和生命的根脉。

中国白酒的无边浪漫

一方水土，酿一方美酒，养一方人文，自然，也生一方豪情。

和文学一样，酒的价值实现，也诉诸想象力的超凡，以完成对现实和当下的超越。

酒的妙用，是奥德修斯灌倒巨人，是壶公悬壶济世，是尼采冲破教义束缚，是波德莱尔的拾荒者变为国王，也是华夏儿女流淌在酒液中的张扬与反抗。

在这条路上，有人浅斟低唱，也有人狂歌痛饮，有人是为麻痹痛苦逃避现实，也有人是为释放灵魂遨游天地。

但当"醉里乾坤大，壶中日月长"，这句"千古第一酒赞"，经过百年的流变，最终定于施耐庵的《水浒传》而名扬天下之时，白酒，便带着无穷的哲思流入每一个中国饮者心中。

历史的纵深和现实的厚重，都融解在这纯澈透明的酒液里，滋生出无数的思想与力量。

正是土地的慷慨和人文历史的特殊性，赠予了中国白酒质朴而又华丽的体感，使其在世界烈酒中享有无可比拟的地位。

也因此，作为中国第一大酒种，白酒的存在意义，早已从日常的消费使用，扩大至民生经济之支撑，和民族文化精神之传承。

这些努力，在酒城泸州，处处可循。无论是遍布于泸州山野的高粱，还是隐身于泸州街巷中的各个老窖池，又或是随处可见的泸州老窖酒，都在彰显着中国白酒之于一方人文的养护。

"当一种产品的文化给消费者规定了一种文化背景的时候，这种文化就会成为一种力量。"作家葛水平去往泸州饮过泸州老窖酒后，便深感其品牌的文化感染力。

杯酒留痕。生于泸州，长于中国的泸州老窖，正凭借其源源不断的文化内生力，将白酒所蕴含的"中国精神"，送往世界每一个角落，成为新的"中国参照"。

当代表白酒，与金酒、威士忌、白兰地、伏特加、朗姆酒等世界烈酒，共同站上人类精神的戏剧舞台，泸州老窖歌曰：

"天地同酿，人间共生。"

泸州，为何又称"小重庆"

如果你曾同时去过重庆和泸州，又恰好有过从重庆渝澳大桥看向李子坝方向，以及从沱江一桥看向泸州东北方向的经历，你一定会惊奇地发现，这两座城市竟如此神似。

在卫星地图上，这样的感受或许更为直观：长江与嘉陵江相遇，裹挟出狭长的重庆渝中半岛，长江与沱江交汇，则造就了泸州城区的江阳半岛，泸州的管驿嘴广场简直就是重庆朝天门广场的翻版。

相距仅一百多千米，重庆和泸州同为长江黄金水道上的港口城市，同为巴蜀连接下游的枢纽，有着一样的山城，一样的水码头。

不论是水利之便还是地貌上的相似，重庆与泸州都有着天然的亲近感，两座城市更像是自然造化下的"孪生兄弟"，泸州也因此被人称为"小重庆"。

码头文化缔造"双城情缘"

地势上，重庆与泸州同处我国地势第二阶梯与第三阶梯、四川盆地与长江中下游平原的过渡地带，连接川、滇、黔、渝；山地与丘陵地貌共同构成了两座城市自然风景的骨架；加之同为两江交汇，也深刻影响了各自地域文化的形成与发展。

▲ 泸州和重庆有着天然的亲近感，建筑风格也有着相似之处。左图为泸州福宝古镇，右图为重庆塘河古镇

一条长江，蜿蜒出两座城市的前世与今生；一盆火锅，翻滚着两座城市的火辣和耿直。泸州的城市文脉里，有太多重庆的影子。

在四川盆地与云贵高原过渡带上的泸州，不只是山水形貌上与重庆极尽相似，这里重峦叠嶂，极具重庆"山城"气象，同时北部地区江流绕郭，田畴交错，与成都天府一脉相承。

从数千年文化传承来看，介于古蜀国和古巴国文化之间的泸州，更是少不了巴文化的影子。巴山蜀水之间，泸州人既有刚毅坚韧、火辣直率的一面，也有温和质朴、大度包容的一面。

《山海经》记载："西南有巴国，太皞生咸鸟，咸鸟生乘厘，乘厘生后照，后照是始为巴人。"

在古巴国文化中，重庆与泸州就有了紧密联系。公元前316年，蜀国和巴国发生战争，巴人求救于秦，秦王派张仪、司马错攻灭蜀国，还师时顺手牵羊灭巴，俘虏巴王。

张仪在重庆、泸州等地设郡置县，将西南大片土地纳入秦王朝版图。长江也成为四川与中下游地区的主要军事通道，从那以后，秦王朝南伐荆楚，一方面从中原南下，一方面则从巴蜀沿长江而下，并最终顺利灭楚。

据《华阳国志》记载，秦昭襄王时期，巴人用白竹做的弩登楼射杀白虎，解决

▲ 泸州长江、沱江二江交汇于管驿嘴（左图）；重庆嘉陵江、长江交汇于朝天门（右图）

了巴蜀之地的虎患。为了奖励巴人，秦国与巴人刻石为盟，给了巴人免除部分田租的福利，并立盟约："秦犯夷，输黄龙一双；夷犯秦，输清酒一钟。"

这也是古文献中关于巴蜀清酒较早的记录。而在《水经·江水注》中也有记载："江水又迳鱼腹县①之故陵……江之左岸有巴乡村，村人善酿，故俗称'巴乡清'，郡出名酒。"

"巴乡清"酿造时间长，冬酿夏熟，色清味重，为酒中上品。或许这便是巴蜀之人善于酿酒最好的印证了。

重庆的酿酒历史与泸州渊源也极为深厚。

民国时期，重庆一带有许多作坊曾到泸州学习酿酒技术。

1906年，杨氏兄弟成立璧山飞扬酿酒公司，其主要设备和母糟就从泸州购回，第一位烤曲酒的师傅也从泸州高薪聘请，曲酒工艺与产品香型完全与泸州大曲相同。

《合川县志》记载，民国时期，朱万钟在合川也用泸州曲酒工艺创洛阳大曲，后改阳城头曲。

重庆名酒诗仙太白也是创始人鲍念荣从温永盛酒坊300年窖池中引进窖泥、母

① 今奉节。

▼ 水运繁忙的长江航道

糟，聘请泸州酒师，从而创办花林春酒坊，后发展为诗仙太白酒。

江北之土沱酒，草创于1919年，不仅酿制工艺完全仿照泸州曲酒操作，而且制曲醅窖也是泸州曲酒衣钵真传。

由此可见，重庆与泸州自古便有着一脉相承的酿酒文化，紧邻的两座城市也因为地理地貌天然的相似性以及交通使命的重要性而形成了较为相似的地域文化特征。

当永宁河、赤水河、沱江与长江汇合之后，沱江流域的大宗粮食、烟叶、盐，泸州长江以南滇黔各地的大宗矿产、茶叶和山货土产，自然地通过河流运往泸州转口集散。

从泸州码头向下游去，嘉陵江与长江相汇的重庆则是更为重要的西进东出的水运物流集散地。

这种千百年自然形成的经济流向，使重庆和泸州逐渐成为蜀地重要的经济文化中心、繁荣的商业城市和物资集散之地。

史料记载，北宋时，泸州就已成为全国每年征收商税10万贯以上的26个城市之一，在四川与成都、重庆鼎足而三。

进入清代，泸州市井就更加繁华，江上樯桅如林，亘绵十有余里，城内大街上，高竖青石牌坊，横额大书"川南第一州"。

山水纵横交错、地形此起彼伏，商贾大夫在这里高谈阔论，文人墨客在这里写意走笔，交汇出了泸州与重庆大俗大雅的码头文化。

千百年来，本土孕育的码头文化代表了重庆人与泸州人最为质朴的山水乡愁和对美好生活的期待，也因此形成了两地极为相似的地域气质。

豪爽、耿直、热情，在看似杂乱无序的码头江湖里，有着包容万象的大气与从容。

天生的重庆，铁打的泸州

在泸州城东南33千米弥陀镇大江对岸神臂山上，至今屹立着一座700年前的古堡——南宋末年的抗元名城"神臂城"。这里山如神臂，伸入大江之中，江水自北而南，再向东流去，江中巨石捍利，险滩密布，堪称水上要塞。

▲ 神臂城，又名老泸州城，位于四川省泸州市合江县神臂城镇老泸村，因其整体地貌犹如一只大而长的臂膀伸入长江而得名

　　而在重庆市合川区钓鱼山上，也有一座被欧洲人称为"改写了世界历史"的古城——钓鱼城。这座古城峭壁千仞，城墙雄伟坚固，嘉陵江、涪江、渠江三面环绕，俨然兵家雄关。

　　这两座曾经厮杀喧嚣的历史名城，展示了泸州与重庆这两座城市在民族危亡之时迸发出奋起反抗的家国情怀。

　　公元13世纪，蒙古军南下进攻南宋，南宋合州军民凭借钓鱼城天险，"春则出屯田野，以耕以耘。秋则运粮运薪，以战以守。"大汗蒙哥围城强攻，双方殊死搏斗，浴血奋战，历经大小战斗200余次，最终合川军民创造了坚守钓鱼城长达36年不败的神话。

这一古今中外战争史上罕见的奇
迹，最终因蒙哥大汗战死钓鱼城下，
蒙古汗国不得不从欧亚战场撤军而闻
名世界。

另一方面，蒙古军从长江上游顺
流而下，试图分两路进攻钓鱼城，而
泸州军民为阻挡这一路蒙军，拱卫钓
鱼城达36年，坚守神臂城达35年。

要知道，被誉为"上帝之鞭"的

▲ "船王"卢作孚及其创办的船运公司"民生实业"

蒙古铁骑是13世纪全世界最可畏的军事力量。史料显示，蒙军仅用了五年，便征
服了中亚的喀拉汗国和花剌子模国；用了八年，征服波斯和幼发拉底河以北地区，
建立伊尔汗国。

而一向以"军事羸弱"为后世诟病的南宋王朝，却在巴蜀之地的重庆和泸州合
力抵御蒙军超过半个世纪，留下"天生的重庆，铁打的泸州"的千古美名。

从军事地理上看，巍峨的秦岭是西南地区隔绝中原的天然屏障，这也让位于川
南水路要道上的重庆和泸州的战略防御地位显得尤为重要，"共同屏障西川"将两
地被历代王朝列为兵家重镇。

抗战时期，泸州人曾用船运车搬、人抬马驮的方法，将抗战将士、军粮军饷送
往前线，将宝贵的工厂设备运回泸州，书写了一段比敦刻尔克大撤退历时更长，更
加惊心动魄的历史。

据当时的军事委员会水陆运输委员会、国民政府军政部船舶总队主任卢作孚先
生在川江抢运时记录的一段话：

"那是一场与时间的赛跑，逐渐占据了主动，两岸全是衣不蔽体的纤夫，一船
一船地拉着，两岸的灯光照着装货、上船，彻夜映在江面上。"

"岸上每数人或数十人一队，抬着沉重的机器，不断地吼起号子，往来的汽笛
不断鸣叫，与上水下水的木船相会而过，打个招呼，轮船减速，木船加快通过，江
面、江岸、水上、河边的呼声、吼声、号子声汇成了一支极其悲壮的交响曲，船工
们团结一心抗战抢运，凝聚成中国人民动员起来打倒日本侵略者、还我河山的巨大
力量。"

一方面是川江水运、川滇运输线的枢纽通道，一方面拱卫陪都重庆，让泸州成

为抗战的大后方。

可以说，汹涌壮阔的长江水、厚重而又激越的川江号子塑造了重庆、泸州沿江子民极为相似的外柔内刚、细腻而又热烈的文化性格。

他们温和质朴，他们刚烈昂扬，这也是两地共同的文化底色和地域气质。

黄金水道上的舟楫繁华

重庆与泸州如此相似的根基，当然在于川江航道。

从地理角度看，川江属于大型山区河流，流经降水充足的亚热带季风气候区，径流丰富，流量充沛，多数河段的航道水深良好。

秦汉时，川江就有通航的记载，趁川江的水运之便，这一地区的先民创造出了诸多社会奇迹。

唐宋时，全国经济重心南移，形成"扬一益二"的发展格局，长江成为成都到扬州的水运交通干道。自重庆向上游，泸州等地也逐渐形成了沿江走廊城市群。

作为巴蜀对外交往贸易，向东达海的黄金水道，川江这条地理大通道在以水运为主的古代，是沟通富饶的四川与长江中下游的水路大动脉。

物产丰富的巴蜀地区，拥有京城和全国各地所需要的重要物资。如上文所述，重庆、泸州的码头成为上通下达、西进东出的重要集散地。

重庆属川东大州，人口密集，商贸繁荣，有着"会川蜀之水，控瞿塘之上游"的地理优势。

宋朝时，重庆就是川东交通和商业中心，合州的造船、涪州的制盐、重庆的酿酒业都极为发达，南宋更是设有酒务掌管重庆酿酒，纺织业、制瓷业也极为发达。

南宋时，长江重庆段"商贾之往来，货泉之流行，沿溯而上下者，又不知几。"嘉陵江也是"商贩溯嘉陵而上，马纲顺流而下。"两江水运一派繁忙景象。

泸州同样如此，拥有沱江与长江交汇之便的泸州，是川南经济中心，这里商贾辐辏，五方杂处。

泸州的小市从南宋的草市发展成"百家之聚"的水陆码头，明清历代，驰驿者舍马下榻小市，官道所由，人烟以聚，风气以开，巨商云集，大户蔚成。

　　盐商、糖商、米贩、茶客集于一市。街下风帆梭织，商货鳞集，小市商埠甲于城厢。沱江与长江交汇处的梦仙亭有联曰："白日看千人拱手，夜晚观万盏明灯。"

　　每日从沱江上游下来的官舫运艘、商旅之舶，日夜络绎不绝。时有竹枝词云："初过小市梅正黄，市头百货咸开张。临衢高挂旗一幅，大书川盐官运行。区区集镇虽偏小，客船大贾来行商。四方卖客聚街市，广货卖完买山茶。"

　　古往今来，自贡的盐，内江的糖，资中的粮食经沱江运往泸州码头，又从泸州转口运往重庆、宜昌、武汉等地；金沙江、岷江的木材、煤炭，滇东的矿产铜、铅、茶叶、土特产，从永宁河运往纳溪下泸州中转。岁岁年年，商贾云集，市井繁荣。

　　如今，历史的烟尘早已散尽，而重庆与泸州的故事还在延续。

　　2003年，三峡工程通航，川江航道迎来真正的黄金时代。这条千年黄金水道运输量激增，成为长江最繁忙的水运线，进入国内最发达的水运航线行列，也为沿岸经济带来了前所未有的机遇。

为何叫她"小重庆"

　　泸州与重庆更深的渊源，则在酒里。

　　民国时期，泸州酒在重庆就有着极高的江湖地位。重庆的大多数酒，包括最著名的"国民酒家"都主要售卖泸州大曲酒。

　　清代至民国时期，泸州老窖前身的36家作坊中有许多在重庆开设有分号：温永盛作坊在陕西路和大阳沟均开设了分号；爱仁堂作坊在民族路开设了重庆总批发处；福星和作坊直接将坊中子女与重庆经销商张氏家族联姻；协泰祥、天成生等都曾在今解放碑附近开设了重庆分号。

　　民国35年，《重庆征信新闻》在介绍重庆市场的物价时，将温永盛曲酒列为酒类中的代表。而在泸州老窖博物馆里，至今还保存着民国时期天成生作坊写着"chungking"（"重庆"威妥玛）字样的酒罐。

　　民国时期，尤其是国民政府迁都重庆之后，中国白酒行业便有"得重庆者得天下"一说，而誉满全川的泸州大曲酒在重庆的影响力，也足以说明其在全国的地位。

　　1947年，《东南日报》在"重庆酒家旧事"一文中记录了关于重庆的泸州酒记忆："在重庆，小酒馆是很有名的，那些雅致的馆子挂着'泸州大曲'招牌，这四个字就像'闻香下马'的酒旗一样，对嗜酒的人有很大的吸引力，每一家小酒馆夜里都挤满了人，酒桌一直从楼上设到楼下，又从楼下设到马路边，成群的人挤在那些小酒馆里，半斤之后又来半斤地喝着。"

事实上，自1915年起，泸州大曲酒获得巴拿马万国博览会金奖后，其名声就迅速传遍全国。

《中华文化论坛》刊载，四川省社会科学院历史研究所肖博士的文章《民国时

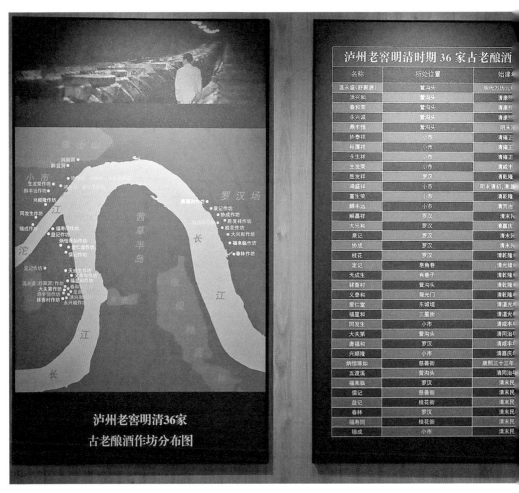

▲ 泸州老窖博物馆里，展示了泸州老窖前身的36家作坊分布图

期四川酒业的发展》中写道："三四十年代，泸州曲酒成了重庆及全川、全国曲酒市场的绝对主角。"

民国38年，曾有记者说泸州就是"小重庆"。

"小重庆"名号的得来，一方面是始于泸州酒，但绝不止于酒。近代以来，泸州的革命志士，从普通百姓，到酿酒工人，包括以泸州老窖酒传统酿制技艺第十五代传承人温筱泉为代表的泸州酒业人士，无不为保家卫国而奔走。

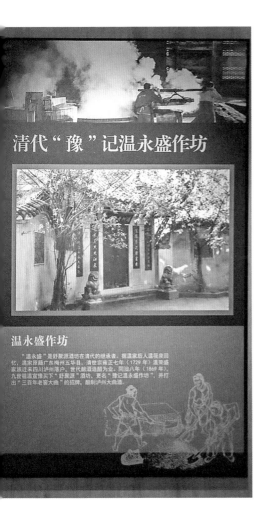

清代"豫"记温永盛作坊

温永盛作坊

"温永盛"是舒聚源酒坊在清代的继承者，据温家后人温嵩泉回忆，温家原籍广东梅州五华县，清世宗雍正七年（1729年）温荣盛家族迁来四川泸州落户，世代酿酒谋生为业。同治八年（1869年），九世祖温宣豫买下"舒聚源"酒坊，更名"豫记温永盛作坊"，并打出"三百年老窖大曲"的招牌，酿制泸州大曲酒。

　　另一方面，民国时期泸州的繁荣也可堪"小重庆"之称。据1948年《和平日报》记者团对泸州考察的记录中写道："百货公司广播着迷人的音乐，霓虹灯闪烁着耀眼的光芒，马路上人力车穿梭般奔跑，路旁矗立各式各样建筑物，银行、钱庄、金号，高楼大厦，俨然像一座现代化的都市，到了夜里，游人熙来攘往，更显得热闹，'小重庆'之称号当之无愧。"

　　1949年的《泸县乡土地理》中讲述，"泸县商业之盛，冠冕川南""泸县为川南繁要第一都市"。

　　一是繁荣，二是酒好，便让泸州的"小重庆"之名更加响亮。

　　百年时光倏忽而过，如今我们站在余甘渡口，江河夜景、烟火繁华自然更胜往昔，比之嘉陵江畔、朝天门码头的风景秀色亦无不及。

　　川江之上，高峡平湖，天险已成过去，舟楫依旧繁忙，巴蜀人火辣、勇敢、勤劳、智慧的地域性格已经融入两地文化根脉。

　　如今，成渝双城经济圈早已带动起成都和重庆两座城市的双向奔赴，作为双城经济圈的重要组成，泸州也正在产业、经济、文化等各个领域深度融入双城经济圈，努力成长为名副其实的"小重庆"。

　　不论是两千多年前的巴乡清酒，还是如今名震四方的川渝佳酿，都足以引得无数文人墨客、豪杰才俊、爱酒世人流连忘返。

第二章　荟萃人文

酒城 故事 多

如果说每座城市都拥有隐匿的灵魂。那对于泸州而言，其根深蒂固的灵魂底色，从古至今都围绕着一个：酒。从古老的街道到现代的酒博会，从浓郁的酒香到清醇的茶香，从非遗的传承到创新，当历史与未来拥抱，共同铸就了泸州独特的文化魅力。

这座"西南要会"，藏着一部泸州梦华录

"如果让我选择，我会生活在中国的宋代。"

在英国史学家汤因比眼里，宋代是一个繁荣和令人向往的朝代。

国学大师陈寅恪也说："华夏民族之文化，历数千载之演进，造极于赵宋之世。"

两宋之中国，一方面在军事上积贫积弱，一方面又在经济、科技、文化、娱乐等领域领先于世界。

两宋气韵，有动荡，有忧患，也有如《清明上河图》一般的绝代风华。

古时候，水运通达之处，则必贸易昌盛，经济繁荣。

对于地处"西南要会"，又独得长江与沱江之川江码头滋养的泸州来说，宋时王朝所留下的印迹之深，"造极"之盛，于此最为鲜明。

瓦肆勾栏，最是烟火泸州

在泸县的宋代石刻博物馆里，有一条穿越时光的"宋街"。

这条街道复制于文献史料、石刻及宋时民间习俗。在宋街上行走，茶楼酒肆，勾栏瓦舍，月色透窗，仿佛千年时光流转，倏忽近在眼前。

北宋建立后，社会稳定，经济发展，人们对文化娱乐的需求逐渐增大，慢慢形

▲ 泸县宋代石刻博物馆

成了专业的演出空间场所以及专门的商业游艺区域——勾栏瓦舍。

瓦舍，又称为瓦市、瓦肆等，原是临时集合、以演艺的勾栏为中心的集市，后逐渐演变为一种固定的大型演艺场所，也是各种娱乐场所的统称。

瓦舍里用栏杆围起来专门表演节目的地方，便是"勾栏"。

从泸州发掘的大量南宋石刻来看，泸州的农业、工商业之繁荣，市民阶层文娱游乐生活之丰富，虽比不得汴京之盛，却也足以令世人对那个年代浮想联翩。

地理上，泸州控扼三江两河（长江、沱江、岷江、永宁河、赤水河）之要冲，交通上是云贵川通衢之地。

《宋会要辑稿》载，宋徽宗诏云："泸州西南要会，控制一路……可升为节度，赐名泸州军。"

"西南要会"的地位，让宋时泸州，充满了烟火气。

在泸县出土的大量宋代石刻里，记录着宋时人物、建筑、家具以及各种动植物图案，也有人文、舞蹈、服饰、风土人情，如《妇人启门图》《勾栏》等，颇具川蜀人文风情。

瓦舍之内通常设有酒肆、茶坊、食店、摊铺、勾栏、看棚等。

勾栏作为商业性演出的舞台，则是"百戏杂陈"，每天都会表演各种精彩的文娱节目，包括杂剧、滑稽戏（类似于小品）、说书、舞旋、演奏等。

泸县宋代石刻，是宋代历史的真实写照。

当地出土的建筑构件类石刻中，主要有仿木结构的斗拱和门。

斗拱是中国古代传统建筑中独具特色的构件系统，主要作用就是承重且兼有装饰效果。出土的门也分单扇门和双扇门。

而在泸县宋代石刻博物馆里，有身穿飘逸服饰、气质灵动优雅的飞天石刻，也有头戴钢盔、身披战袍，手执兵器，脚踏祥云的武士。

有穿着大袖袍衫、头戴帽子、风姿绰约的男侍，也有手持注子、头戴软脚花冠、面部丰满、身穿圆领窄袖襦和长裙，束腰革带的侍女。

▲ 泸县宋代石刻博物馆展陈的南宋高浮雕持注子女侍石刻

除了衣着时尚有品位，宋时泸州人也极善美食制作。

他们会在饭前先吃果品，再上下酒菜，配合传统节日更有饺子、汤圆等各类美食，生活极具仪式感。

比如在端午节时，泸州人会亲手制作"百草头"，就是将菖蒲、生姜、杏子、梅子、李子、紫苏等切细丝，加盐晾干或者加糖、蜜浸渍。

这些不仅是可口的美食，也有延年益寿的寓意和吉祥之意。

泸州纳溪区所产的纳溪贡茶在宋朝时也已是声名远播。

篆刻在清溪河河道石壁上的"二月茶"三字，就是北宋文人、书法家黄庭坚在纳溪品尝二月早茶后留下的墨宝。

作为西南交通要道，又有川江码头独有的市井文化滋养，泸州在两宋时期城市繁荣，商业和手工业兴盛，民间文化空前活跃。

这些市井烟火气息便弥漫于歌舞酒楼、勾栏瓦舍之间。

酒楼里的泸州风华

宋时泸州，酒楼林立，且功能细分完备。

仅留存于诗句文献中较为出名的就有：专为官家登临的政务场所南定楼、会江楼，商贾洽谈交易的皇华馆、通津馆、留春馆、骑鲸馆，更有无数遍布街巷的小酒肆供普通百姓宴请消费。

作为古人宴饮的主要消费场景，酒楼在一定程度上反映了一座城市的繁荣与辉煌。

泸州在宋时是全国33个商业都会之一。宋人赵懿描述当时江阳："其时百姓家积有余，谷物咸多上市，百市廛赤繁华，四方商贾络绎于市者，年复于是也。"

▲ 泸州老窖博物馆展陈的男侍执壶石刻

南定楼是为纪念诸葛亮平定南蛮，得名于《出师表》"今南方已定"一语。

宋时，南定楼与黄鹤楼、岳阳楼、大观楼齐名，是诗人名流泸州打卡的必到之所。这里也留下了陆游、范成大、魏了翁、梁介等一众大文豪的名句名篇。

其楼之壮观可见于对联描述中："回首万重山，岷峨到此将千里。举头三百尺，江水南来第一楼。"

皇华馆位于泸州西门城头，长江与沱江交汇处，建于嘉泰元年，有屋架二十楹。

这里是资中粮船、内江糖船及自贡、富顺盐船停靠处，官盐在这儿验货中转，糖、米在这里集散。唐庚的"万户赤酒流霞"就题于城楼壁上。

通津馆建在泸州城治平寺下的街道上，近东门口码头。八百年前，来自西南少数民族的马帮车队在这里停歇。

他们在竹架子下与当地人交易茶叶、烟叶、桐油、山货，也免不了前往治平寺烧香拜佛。通津馆为这些来自大山深处的商人和香客提供了歇脚处。

位于城中北门的留春馆，是南宋官员曹叔远所建。有门屋三间，左右两个亭子，一个名为酣红亭，另一个名为凝翠亭。

馆内有花径、柳园，小路掩映于绿丛中。这座留春馆是政务用餐场所，专供地方高级军政长官宴会所用。

骑鲸馆位于南门营沟，这里有龙泉井，可酿出美酒。这些美酒从泸州耳城沿长

▲ 泸州老窖博物馆中展陈的南定楼模型

江运往重庆、湖南、湖北。

因为水运便利，骑鲸馆更多地为码头上的商人提供饮宴。宋时，这里的耳城、铜码头、澄溪口每天都停靠着上百艘货船，客商络绎不绝。

水上江帆点点，城里酒旗飘扬。宋时的泸州酒楼，不仅接待诗人墨客、商贾走卒，更要接待押运滇铜、黔铅的朝廷官员。

文人雅士在这里吟风颂月，抒发才情；商客大贾在这里交易补货，歇脚饮茶；平民百姓在这里引车卖浆，消遣饮宴。

他们共同描绘出宋时泸州安然、宜居宜业的一幅"清明上河图"。

至清朝时，在泸州颇具盛名的徽商更带着泸州老窖"香过夔门"、远销海外。

诗酒风流，"万户赤酒流霞"

经济贸易的繁荣，自然也带动着手工业的繁荣。宋时四川的酿酒业极为发达，是全国重要的酒业生产基地。

南宋建炎三年，赵开在四川推行"隔槽酿酒"法，对专卖酒法进行改革。老百姓买酒喝酒变得更为方便，川酒也由此进入鼎盛时期。

▲ 泸县宋代石刻博物馆展陈的酒运输场景模型

据陆心源《酒课考》注：南宋时，"四川一省，岁收至六百余万贯，故能以江南半壁支持强敌。"

当时川陕之战的军费开支，五分之一来自这笔巨大的酒税收入。

作为宋时与重庆、成都比肩的西南重镇，泸州同样商贸昌盛，酒业繁荣。各种税收可年征商税十万贯以上，酒税也可达万贯之多。

黄庭坚曾在谪居泸州时留下"江阳酒有余"的评说。

他还在《山谷全书》中描写泸州酒业盛况："州境之内，作坊林立，官府人士，乃至村户百姓，都自备糟床，家家酿酒，私家酿制比官家尤好。"

出土发掘的古墓石刻是见证宋朝泸州人精致生活最直接的证据。

2020年7月，泸州老窖国宝窖池群旁凤凰山上发现三座南宋古墓，出土了青龙白虎、持执壶男侍、道教古灵宝经《洞玄灵宝自然九天生神章经》等精美石刻。

其中，手持执壶的男侍石刻，身姿挺拔，头戴冠帽，双目有神，似乎正轻轻用肩膀把门倚开，准备为家主呈上美酒。

烟雾缭绕的香炉，眉眼含笑的侍女，硕大而又精美的酒壶，无不彰显着宋时泸州人多彩且极具品位的生活，也展示了泸州人对酒文化的推崇。

宋时泸州的饮酒之风，更多见于古人诗作之中。

苏轼就曾品尝过泸酒之好。

嘉祐四年，他从泸州经过。眼见处，市井酒香，街头酒楼林立，巷尾酒旗飘飘，顿时诗兴潮涌，写下"佳酿飘香自蜀南，且邀明月醉花间，三杯未尽兴尤酣"。

当时的泸州不仅饮酒盛行，还颇为讲究品鉴。以宋文人冯时行为例，此人不仅善饮酒，更善评酒。

他认为酒具备"攻愁""润肺肠"的功效，更有使人"毛骨轻"的作用。

在对酒体风格的描述上，他用到"清""光""滑""辣"等专业品鉴用语，像极了我们今天的品酒师。

冯时行在南宋绍兴五年前后或绍兴三十一年到过泸州。

他喝过泸州的酒、吃过泸州的荔枝、送过友人到泸州，写下许多关于泸州酒、泸州风物、人文唱和的诗作。

冯时行是个极有趣的人，爱玩乐、爱交朋友，尤其爱喝酒，有着典型的中国古代文人形象。

从冯时行的生活点滴也可以窥见宋时泸州人对酒的偏爱。

送别朋友，要喝酒。冯时行送友人到泸州，会在壶中装上美酒，一路诗酒畅游、小酌慢品。

追忆年华，劝慰朋友，更要喝酒。"去年同醉黄花下。采采香盈把。今年仍复对黄花。醉里不羞斑鬓、落乌纱。"

▲ 泸州老窖博物馆展陈，江阳即泸州古称

诗友有了佳作，书信来时，免不了把酒一杯，在树下品酒吟诗。

即便生活寒酸，需要邻里馈赠才能过年，也依然离不开酒，"暑景余三日，忧愁尽一年。酒侵新岁熟，花待故枝妍。"

酒喝多了，对功名更淡，诗人也会飘，"天地一指耳，笑付杯中春"。

宋时泸州不光有冯时行这样的"品酒师"，还有"勾调师"存在。

南宋晁公溯在任泸州知州时曾作《过陈行之饮》，提及"陈郎见我江阳城，自起唤妇亲庖烹……几州春色入此盘，陈郎调酒如调羹。"

南宋时，京城临安的供给保障线，主要依靠长江水运。

泸州地域控三巴，连滇、黔，粮、油、盐、茶、糖、酒、山货、木材、铜铅等物资，经这里源源不断运往长江中下游地区。

朝廷官员、商家巨贾往来频繁，泸州也由此商贸繁盛，酒业发达。

文采风流、人称"小东坡"的宋朝诗人唐庚，曾亲见泸州的山川美景与诗酒风流。

那一年，他顺长江逆流而上，一路吟诗作赋，来到长江和沱江交汇的泸州。

诗人的眼前，江水茫茫，蔚为大观。江岸上荔枝龙眼，郁郁葱葱，山间有古寺隐现，城中有楼阁高耸。

唐庚与书童进得城去，只见行人如织，车水马龙，百业兴旺，好一番繁荣景象。人说："川盐走云贵，万商聚泸州。"所言非虚。

更妙的是，街头巷尾酒旗高挂，酒家内顾客盈门。这显然才是诗人想要的好去处。

在一处酒楼，唐庚与书童点了一条鲈鱼，几个酒菜，两人你一杯、我一杯，喝得兴起。

黄昏时分，酒至微醺。诗人透过栏杆，再看泸州城，近处酒旗飘飘，人流如潮，远处渔舟点点，若隐若现。

宋代诗人提笔写下《题泸川县城楼壁》："百斤黄鲈脍玉，万户赤酒流霞。余甘渡头客艇，荔枝林下人家。"

眼前这番"万户赤酒流霞"，何尝不是泸州的人文风物和诗酒风流，酣然挥洒出的一幕宋时风华。

由此不免让人想要效仿史学家汤因比，选择"生活在中国的宋代"。若是再进一步细说，则最好是宋代的泸州。

最浓郁的酒香，藏在这些老街里

"长江如龙，江阳点睛。"著名作家蒋子龙如此感慨江河赋予泸州的地理之灵气。

从空中俯瞰泸州，长江与沱江如同两条巨大的手臂，将古老的酒城揽在怀中。这座城市的人文风物，便在这两条江的滋养下繁衍生长。

古老的街市，凤凰山下四季常满、清冽甘甜的龙泉井水，以及常年飘散在空气中的沁人酒香，它们是泸州的地道风物，也共同成就了泸州的烟火诗意和传承千年的浓香底色。

老街往事

泸州的老街里，当数小市街最负盛名。

金黄酥脆的油条，热气腾腾的白糕，香味扑鼻的肉酱面，以及街道两侧小青瓦民居和商铺，美酒佳酿裹着市井绝味，从这里散发开来，承载着泸州人的烟火日常。

小市街中有条全长近1千米的宝莲街，是泸州厚重底蕴的见证。

这条有着数百年历史的古老街市，曾是泸州陆路通往北部茶马古道的起点，也是商贾旅客从北面进入泸州城的必经之路。

在历史记载中，宝莲街在宋元时期便是泸州城上行成都、下至重庆的要道。长

▲ 老街与老酒

▲ 泸州宝莲老街

▲ 泸州小市老街

江、沱江二江的水运码头之利塑造了小市古街千年风华。

"明清历代，驰驿者舍马下榻小市，官道所由，人烟以聚，风气以开，巨商云集，大户蔚成。盐商、糖商、米贩、茶客集于一市。街下风帆梭织，商货鳞集，小市商埠甲于城厢。"

由此可见，小市商贸集市之盛，水运事业之兴旺。

如今，我们从古人留下的历史典籍、名人题咏中可以轻易窥见小市老街的往日风情。

宋神宗元丰年间，泸州城下一乡四镇中就有小市之名，此后近千年乡镇区划变更中，"小市"的称呼从未被更改过。

宋乾道八年（公元1172年），诗人陆游曾在小市作短暂停留，其在诗中描述"小市门前沙作堤，杏花虽落不沾泥"。

在陆游所作的《小市》诗文中，小市临沱江、长江口的金钟碛、余甘渡头的梅花、杏花、杜鹃的叫声、江水的潮声，以及诗人身虽远游而壮心不已的情怀皆有记述。

"小市泸州郭，两岸一水分。绿柏盐巷浅，江上渔歌声。商家数百户，酒旗面面新。忆作小市客，风樯送我君。"

▲ 泸州罗汉老街

一首竹枝词，为我们描绘了一个商贾云集、烟火气息浓厚的泸州小市。

在文献记载中，滇黔商客、马队，岁岁云集于小市，商船官舫泊于码头，江上百舸竞渡，棹声霭乃。

在水陆口岸经济的影响下，小市老街在明清呈现了空前的繁荣。伴随着长江水运的兴起，小市更是商贾辐辏，烟火人家，百倍于昔。

泸州老街之中，罗汉老街也是不得不提的一个。

罗汉老街东连龙溪古渡口，北枕鱼塘石宝山，西南临长江，为宜宾、泸州、重庆长江岸线36个大码头之一，是泸州深水港区。

自明清以来，这里因码头之利而商贾云集，云贵山区的马帮、商队的茶、桐籽、山货在这里集散，西南酒商、粮商、油商、盐商们在这里落脚。

彼时的罗汉街上，客栈、酒馆、饭馆、茶馆、日杂铺、烟馆星罗棋布，百业兴旺。有民谣云："得天独厚水码头，泸州古镇富一方，粮油米酒运江阳，罗汉老街聚群商。"

而在长江、沱江交汇的江岸边，大河街、小河街也是见证泸州昔日繁华的古老街市。泸州人习惯称长江为"大河"，称沱江为"小河"，大河街、小河街也因此得名。

大河街曾是国家级非物质文化遗产——泸州油纸伞的重要承载地，尤其是在

20世纪中前叶，这里曾呈现出"家家都有制伞匠，户户都会编伞线"的繁荣景象。

坐落在大河街上的泸州河川剧艺术博物馆也见证了泸州城曾经流光溢彩的繁华岁月，泸州的烟火人间、人生百态都曾在古老的川剧艺术中得到诠释。

在过去，沿沱江生长的泸州小河街同样商贸繁华，茶馆酒肆及来往的船帮、油帮客商川流不息。

"城下人家水上城，酒楼红处一江明。"

清朝诗人张问陶对泸州的夸赞，让人们记住了这座古老的诗酒城市，也让这座充满古韵的川南名镇更加魅力四射，令人流连忘返。

如今，泸州城里这些历经岁月的古老街道大都已经改换容颜，但老街上的青石板、老建筑，以及延续千年的酒城民风，还在诉说着这里的辉煌，见证着生活在这里的人们繁衍生息的古老故事。

泸州风物，无不与酒为好

明代文人杨慎有诗云："江阳酒熟花似锦，别后何人共醉狂。"泸州的古老街市，以及文献诗词中记录的船商、渔家、马帮、盐贩，无不与酒为好。

泸州风物与酒的"交好"当从渡口码头开始，南来北往的人们因了一杯泸州酒也变得更为热情而奔放。

小市老街的古渡口余甘渡就是泸州诗酒风流的最好见证，明嘉靖年间，寓居泸州的杨慎更是将"余甘晚渡"列入"江阳八景"之一。

在此之前，北宋诗人唐庚的"百斤黄鲈脍玉，万户赤酒流霞。余甘渡头客艇，荔枝林下人家"，讲的也是这里。

站在充满历史气息的青石板老街上，遥想当年，余甘渡头帆船林立、行人争渡、街巷之中商旅往来、沽酒为乐，酒旗招展之下，江水为邻，歌声、水声、号子声，何其美哉。

泸州人善饮酒，更善酿酒。

在小市老街，始建于明清时期的泸州老窖窖池群及酿酒作坊如同沧海遗珠，历经岁月沧桑而愈发弥足珍贵。

这里是泸州的城市标志性文物群落，2013年，包含该区域内的泸州老窖1619

口百年以上老窖池、16处36家明清酿酒作坊及纯阳洞、醉翁洞、龙泉洞三大藏酒洞，一并入选全国重点文物保护单位。

始建于清同治年间的醇丰远位于小市下大街，整座建筑依山势而建，为前店后坊格局，前店为二层穿斗结构，与作坊间由19级石阶如意踏道相接，作坊地面和窖坎均由青石铺筑。

小市什字头的生发荣则建于清咸丰年间，同样依山势而建，分上下两层。

始建于清道光年间的酿酒作坊鸿盛祥、富生荣则位于过江楼巷，作坊为土木穿斗结构，内设木质二层阁楼，地面和窖坎由青石铺筑。

"过江楼里过江巷，过江巷子飘酒香。"在泸州水运鼎盛的年代里，这里曾是上接宝莲街，下连渡河码头的必经之地。

位于小市新街子的协泰祥、裕厚祥、永生祥窖池群及酿酒作坊则始建于清雍正年间，也是泸州老窖老窖池群及酿酒作坊的重要组成部分。

正所谓"糟房临街次第开，春泊小市水徘徊。日晚登楼招沽客，八方商贾落帆来"，小市老街曾经飘过的酒香承载了泸州的昔日荣光。

▲ 醉翁洞就坐落在小市区域

▲ 泸州老窖1573国宝窖池群正在进行的酿酒操作

▲ 泸州老窖博物馆内的"百酒图"走廊

这里曾挤满了茶楼酒肆，熙攘往来的商贾官员和贩夫走卒穿行其中，留下了泸州积淀千年的诗酒繁华。

泸州老窖的天然藏酒洞纯阳洞、醉翁洞就坐落在小市区域的三华山下，两洞支洞相连，属三华山天然山洞之一，距离长江江面仅有50米。

摇曳的江水拍打着山体，形成的共振效应也加速了储藏在藏酒洞里的泸州老窖原酒的老熟过程。

中华古老神话里八仙中的吕洞宾、张果老、韩湘子都为泸酒留下了美丽的传说，尤以"吕洞宾醉卧古江阳"最为有名，还有"张果老葫芦沽美酒，众仙醉倒东方白"的佳话。

泸州与酒相"好"的老街远不止于小市，分布于如今泸州江阳区三星街营沟头、皂角巷，以及龙马潭区罗汉街的上千口泸州老窖百年以上老窖池，足以展示泸州酒的昔日盛景。

或许是古老的街市成就了泸州酒，也或许是泸州醉人的酒方才能醺养出这些最具历史真相的古老街道。泸州满街飘着的酒香，在这些老街最为浓烈。

老街里的"鲜活"酒城

站在横跨长江的三星街国窖大桥上，泸州城市之壮美与空气里直扑鼻端的酒香令人沉醉。

这里是泸州老窖国宝窖池群所在地，这里有泸州老窖天然储酒洞龙泉洞，有酿造泸州老窖的优质水源龙泉井，有讲述泸州老窖酿酒工艺历史的酒史博物馆。

这里自古以来酒坊林立、酒旗招展，是泸州城中酒坊最集中的地方，也是浓香型白酒的文化坐标。

如今的三星街，传统与现代风格相结合的低层建筑，老式屋檐和现代商铺在这里和谐共存，也从另一个角度展示了泸州在传承与创新中不断进取的姿态。

穿过一扇朱漆大门，一座有着四百多年历史的古老窖池群便呈现在你的面前，整洁的酿堂、古朴的甑桶、历史悠久的鸡公车，都记录了这座酿酒胜地的岁月沧桑。

这是我国现存建造早、持续使用时间长、原址原貌保存完整的原生古窖池群落，是与都江堰并存于世的"活文物"。

在泸州老窖的《百酒图》走廊，地上姿态各异的一百个酒字，通过中国文字几千年优美的形体流变，讲述着江阳绵长的酒故事。

在泸州老窖博物馆，泸州三千年酿酒历史在这里得以集中展现。

而在"国窖酒韵"酒道表演场所，你可以品味到浓香正宗泸州老窖的高贵品质，欣赏神秘古风酒韵、美妙的酒道表演，领略中国顶级美酒的妙趣，感受博大精深的泸州老窖所传承的中华白酒文化。

在泸州的街巷里，关于酒，关于这座城市的故事仍在发生，一些关于古老技艺的传承和关于现代科技的创新，让这些老街巷老而弥新，历经岁月而更显厚重。

2019 年，中国轻工业联合会、中国酒业协会联合授牌"中国酒城·泸州"称号。作为全国唯一拥有全产业链、专业化、集群化发展的园区，泸州也成为首个获得"世界级白酒产业集群"称号的白酒产区。

而在古老的宝莲街，泸州已经将蒋兆和故居历史文化街区打造成为以酒文化为核心，以酒坊街巷为特色，兼具休闲、娱乐、度假及酒坊体验、名人故居观光等功能的酒文化民俗历史街区。

这些古老的街巷，是泸州千年历史风烟中绵长而浪漫的记忆，它们历经岁月沧桑，记录着这片土地上的辉煌与变迁。

正是得益于这些有着深厚人文积淀的古老街巷，泸州的"酒城"根脉依然鲜活。这座热烈奔放的古老城市正在以不断进取之姿，成长为世界级白酒产区。

可以看见，以酒文化为底蕴，以古老街市为载体的酒城，在千年历史传续中仍在塑造着这座城市独特的人文品格。

泸州的烟火气，藏着多少非遗

在细雨微蒙的泸州，撑一柄油纸伞，游走在青石板铺就的古街巷。

或是寻一间铺子，尝一口白糕，再邀约三五好友，饮一杯浓香醉人的泸州酒，这是泸州人的悠闲日常。

油纸伞、白糕、泸州酒，是泸州众多非物质文化遗产的代表，也是泸州人的生活点滴。

这些泸州历史的"浓缩"，正是因了融入泸州人的生活而得以延续千年，因充盈着人间烟火气而得以至今依旧明媚动人。

烟火泸州，"活态"的非遗

"赤水河，万古流，上酿酒，下酿油。船工苦，船工愁，好在不缺酒和（酱）油。"

在泸州的赤水河畔，流传着一首传唱百余年的船工号子，道出了泸州酒与泸州先市酱油的荣光。

川人善酿，这一特点，在泸州表现得尤为淋漓尽致。

传承千年的泸州文化，从历史中走来，留下了无数令人惊艳的非物质文化遗产。

▲ 赤水河畔的酱油晒场

　　泸州酒、先市酱油、分水油纸伞、泸州白糕，无不烙印着泸州人对生活的极致浪漫。

　　地处北纬28°，日照充足，降水充沛，加上酸碱度适宜的土壤与河流，让泸州成为一座以"酿造"见长的城市。

　　先市酱油酿制技艺始于汉，兴于唐，盛于清，所酿酱油因"酱香浓郁、味美醇厚"而饮誉川南黔北。

　　在清朝光绪年间，地处川、黔、渝交界区的先市盐马古道商贾日多，商品流通日益扩大，先市酱油成为川南黔北渝西地区居民争相抢购的上等调味品。

　　"江汉源""永兴诚"等一批酱油作坊成为浓缩于泸州历史印记中的老字号。

　　2014年，先市酱油传统酿制技艺入选国家级非物质文化遗产代表性项目名录，成为泸州"活着"的非遗技艺。

　　在长江与沱江交汇之处，若是循着一柄油纸伞，也能找到泸州人古往今来的浪漫与精致。

　　泸州的分水油纸伞，是目前油纸伞行业中唯一的国家级非物质文化遗产，已传承了400多年，被誉为"中国民间伞艺的活化石"。

　　据《泸县志》记载："泸制纸伞，颇为有名。城厢业此者二十余家。崇义分水岭亦多此业，而以分水岭所制为佳。"

▲ 泸州分水油纸伞

　　"泸州油纸伞的制作工艺极其复杂，有穿伞头、网伞边、湿纸、糊伞面、顺伞、穿线、上油等，从开料起到制作完毕，一把伞要经历96道工序，使用上百种工具。"

　　复杂的油纸伞制作工艺所传承的，除了延续数百年的匠心技艺，更传续着泸州人对于生活的温情脉脉和对于东方美学的浪漫追求。

　　泸州的非物质文化遗产，总是充盈着烟火气息，历经岁月依旧散发着生活的灵动与鲜亮。

　　如果你有幸去到泸州，一定不要忘了在那里过个早。

　　不论是在古街巷，还是在新城区的早点铺子，泸州白糕随处可见。

　　从中寻一家古朴的店铺，点上一笼刚出锅的泸州白糕，洁白润亮，香气袭人，必定让你瞬间爱上这座城市。

　　或者到泸县雨坛乡看一场"雨坛彩龙"，到古蔺赏一次"古蔺花灯"，到江阳听一曲"泸州河"川剧……

　　截至目前，泸州市级以上非物质文化遗产项目已有205项，其中国家级非物质文化遗产项目6项，省级非物质文化遗产项目51项。

　　这些不同形态的非物质文化遗产技艺，如同散落在川南酒城的沧海遗珠，向来往的人们诉说着泸州千年的繁华与今日的荣光。

传承与保护，"不朽"的非遗

作为中华传统文化中闪耀的明珠，无论是朦胧雨天的"一伞开芳"，还是百里酒城里的浓郁酒香，无不生动地讲述着泸州独特的地域风情。

然而随着现代生活方式的变化，一些主要依靠口传心授方式传承的非物质文化遗产，却在不断消失。

世界各国都面临着非物质文化遗产"社会存在基础"日渐狭窄、传统技艺濒临消亡的困境。

2001年，中国昆曲入选联合国教科文组织首批"人类口述和非物质遗产代表作"，我国由此开启了对非物质文化遗产的保护工作。

2005年，国务院办公厅颁发《关于加强我国非物质文化遗产保护工作的意见》，一些地方也制定了保护条例，进行针对性的地方性保护。

保护和传承好非物质文化遗产，对推动地方经济、建设文化强市、塑造文化品牌，提高人们生活质量，推动当地旅游业的发展繁荣都有十分重要的现实意义。

特别是对于泸州这样一座千年古城，其厚重的历史和文明，大多都浓缩在一项项非物质文化遗产中，也是我国非物质文化遗产中重要而精彩的组成部分。

正因此，在对非遗保护与传承上，泸州一直不遗余力。

十几年时间里，泸州先后组织开展了多次全域范围的非物质文化遗产资源普查，发掘整理出非物质文化遗产资源项目200多项，经过整理、筛选和提炼，成功完成四批国家、省、市非物质文化遗产代表性名录项目的申报工作。

泸州还已建立起国家、省、市、县四级非物质文化遗产名录体系和代表性传承人体系，收集归档了200多卷文字音像资料，实现了对泸州非物质文化遗产资源抢救性的保护保存工作。

除了抢救性保护，泸州还对传统手工技艺非物质文化遗产项目采取了生产性保护措施，加强非物质文化遗产保护基础阵地和设施建设。

目前，以泸州老窖酒国家非遗传承中心为代表，泸州已规划建设完成分水油纸伞传习基地、雨坛彩龙传习基地、先市酱油传承基地和省级项目护国陈醋传承基地、仁和曲药传承基地等一批传承基地，初步形成了生产性保护传承的基地网络。

与此同时，合江县、泸县、纳溪区等地，也相继设置非物质文化遗产展览

（示）馆，与非物质文化遗产传习所和非物质文化遗产传承基地一道，共同形成了泸州市非物质文化遗产保护传承和宣传展示的阵地网络。

白酒非物质文化遗产，最是泸州老窖

泸州的非物质文化遗产里，最浓墨重彩的一笔，当数泸州的白酒。

酒城泸州，扼长江、沱江以通江达海，这里有江河奔腾，更有好酒佳酿。泸州的白酒非物质文化遗产之中，又以国家级非物质文化遗产项目泸州老窖酒传统酿制技艺最负盛名。

公元1324年，泸州老窖酒传统酿制技艺第一代传承人郭怀玉发明酿酒大曲——"甘醇曲"，开创了浓香型白酒酿造技艺。

2006年，国务院公布了首批国家级非物质文化遗产名录，以泸州老窖、茅台为代表的传统酿制技艺成功入选。

此后多年，越来越多的白酒传统酿制技艺入选国家级、省级、市级非物质文化遗产名录。

▲ 泸州老窖酒传统酿制技艺中的"打梗摊晾"

截至目前，白酒类国家级非物质文化遗产项目有34个子项目，包括31个酒酿造技艺，2个酒音乐项目，1个酒配制方法项目，全国入选省级以上非物质文化遗产项目的白酒酿制技艺220多项。

其中，具有代表性的泸州老窖酒传统酿制技艺，传承至今已700年。

其非物质文化遗产酿制技艺工序繁杂，需经过精选原料、粉碎、润粮、拌粮拌糠、上甑蒸酒蒸粮、摘酒、出甑摊晾、拌曲、入窖、封窖发酵、开窖滴黄水、起运母糟并堆砌母糟等数百道工序，最终才能酿得美酒。

这是中国酿酒技艺和酒文化的一个典型实例，即使是科学发达的今天也难以用现代技术加以替代。

24代泸州老窖酿酒人秉承匠心精神，以"师徒相承、口传心授"的方式，不断代传承泸州老窖酒传统酿制技艺，让其历经700年而不衰，始终与中国白酒行业的发展同频共振。

尤为值得称道的是，泸州老窖在泸州酒非物质文化遗产技艺的传承与保护中，始终显现着一家名酒企业的文化担当与行业责任。

2021年，《泸州市第七批市级非物质文化遗产项目名录》公布，共有7个类别、32个项目入选，其中就包括泸州老窖封藏大典。

▲ 2023年，泸州老窖封藏大典在泸州凤凰山举行

过去15年来，每年的泸州老窖酒春酿封藏大典，都是一次对传统酿酒礼制的重温。

除了作为行业盛事影响深远外，每年从全国各地乃至海外到泸州现场观礼的群体高达10多万人，通过媒体传播，受众群体高达数千万。

在泸州老窖的示范带动下，泸州当地玉蝉、三溪、巴蜀液、醉八仙等一大批酒类企业也提升了非物质文化遗产保护意识，主动参与到非物质文化遗产保护的行列。

从2011年正式施行的《中华人民共和国非物质文化遗产法》，到2021年发布的《黄河流域生态保护和高质量发展规划纲要》，非物质文化遗产保护传承渐渐融入国家发展战略，与国家重大项目结合的程度也越来越高。

泸州老窖对非遗传承保护的推动，成为顺应国家战略的积极举措。

从自身发展来看，泸州老窖拥有持续酿造450余年的物质文化遗产——1573国宝窖池群，和行业唯一历经700年、24代传承的非物质文化遗产——泸州老窖酒传统酿制技艺，对于非物质文化遗产的重视与传承，让其"活态双国宝"优势更加长远。

从行业看，泸州老窖对非物质文化遗产技艺的传承保护，为泸州的酒类文化遗产保护、非物质文化遗产文化的繁荣与发展贡献着力量，也有力地支撑起泸州酒业的稳定发展，同时也助益于白酒行业健康、向上、长远发展。

正是因为泸州老窖在白酒非物质文化遗产传承与保护上的积极作为，也收获了行业内的广泛认可。

2022年7月15日，中国非物质文化遗产保护协会白酒酿制技艺专业委员会在泸州成立。

贵州茅台、五粮液、洋河、汾酒、古井贡、郎酒、剑南春、牛栏山等一大批白酒老字号，共同选举了泸州老窖为非物质文化遗产白酒专委会第一届理事会主任单位，并将秘书处设在泸州老窖。

这意味着，白酒非物质文化遗产从此有了自己的专业协会组织。

同时也意味着，以泸州老窖为代表的白酒非物质文化遗产单位将更加广泛地凝聚力量，推动白酒酿制技艺这一中华民族宝贵的非物质文化遗产的保护、传承和发展。

伴随着白酒非物质文化遗产的重心落户泸州，泸州城内的这些非遗，以及始终致力于非物质文化遗产传承保护的人们，将继续守护和传扬着酒城的精神，和这座城市里的人间烟火。

酒博会"第一城"，何以是泸州

2022年7月15日，第十七届中国国际酒业博览会在泸州拉开帷幕。

正式开幕前，一场以"寻找民间好舌头"为主题的热身赛，已预先将酒城盛事的民间氛围推向高潮。

即便是连续多日的40℃高温，也没能阻挡住泸州人的热情。

一座城市的人文底色，可以在日积月累的沉淀中彰显，也可以通过各类活动集中展现。

比如一说起"斗牛节"，就会让人想起西班牙的热情奔放。提及"音乐之都"，便是维也纳的代名词。而谈起"酒博会"，第一时间必会想到泸州。

作为几乎唯一可以媲美成都糖酒会和广州春交会的盛会，泸州酒博会的最大亮点，不只在于打造了一场万众瞩目的行业盛事，更借由这场盛会，淋漓尽致地展现了酒之于这座酒城的强大生命力。

而细数泸州作为酒博会"第一城"的成长故事，则要追溯到35年前。

万人空巷的1987年

1987年9月1日，在阔别家乡整整半个世纪后，美学家王朝闻再次踏上故土。

▲ 1987年第一届糖酒会现场

图片来源：华西都市报

作为泸州人，尽管离家已多时，眼前这座酒城依然有他记忆里的醇香。

这一天，也是中国白酒史上值得纪念的日子。中华人民共和国成立后的第一届全国名酒节，在酒城泸州召开，由此缔造了泸州人至今仍念念不忘的"泸州名酒节"。

彼时中国白酒行业尚处在计划经济时代的尾声，后来人们司空见惯的酒类展会，在当时还属于绝对的潮流前沿。

1987年，也是成都首次牵手全国糖酒会之初。当时这座"会展之都"，尚没有一个像样的展馆。

簇拥在成都旅馆外的巨幅标语、成群结队的自行车大军，还有铺在地上的简易展位，无不展示了那个时代对于市场先机的跃跃欲试。

同一年，为了纪念泸州老窖特曲获得巴拿马万国博览会金奖70周年，泸州市政府经过一年筹划后，在1987年9月1日，正式拉开了泸州名酒节的序幕。

当时的观礼台设在泸州白塔前的主干道上，一队队游行彩车从观礼台下浩荡而

▲ 国家历史文化名镇尧坝古镇，被誉为"川南古民居的活化石"

过，场面十分震撼。

这届泸州名酒节共持续了5天，吸引各界宾客7000多人，商品成交额8.53亿元。

除了邀请各地名优酒企和经销商参展洽谈外，期间还举办了"酒城重阳文学奖"和"酒城重阳音乐会"等30多项文化体育活动。

王朝闻正是作为"酒城重阳文学奖"获奖者，受邀从北京回到泸州，并参加了名酒节的开幕式和颁奖典礼。

出生于泸州合江县尧坝镇的王朝闻，1937年赴延安参加革命，在鲁迅艺术学院美术系任教。他为延安中央党校大礼堂创作的大型毛泽东浮雕像，被称为"解放区美术作品的代表作"。

作为酒城的赤子，对泸州酒向来有特殊情怀的他，在泸期间可谓胜友如云，多次向一同前来的朋友提及"只有回泸州，才能喝到正宗的泸州老窖"。

颁奖礼上，当时还健在的文学大师曹禺先生，也从北京发来贺电。

除了名家外，本届名酒节还率先将晚会形式引入节庆中，邀请到王洁实、郁钧剑、毛阿敏、张暴默等当红明星大腕到泸州登台，着实让泸州人大饱眼福。

很多老泸州人至今仍津津乐道的是，1987年初刚在央视春晚上一炮而红的相声《虎口遐想》，几个月后就出现在了泸州名酒节上。

那时的演出还是露天表演，已经家喻户晓的姜昆和唐杰忠就站在人群中，为酒城人民带来了这段成名作品。现场几千人的热血沸腾，也让这届名酒节成为泸州人记忆里的经典。

1987年泸州名酒节的大获成功，进一步提升了泸州名酒在酒行业和文化界的口碑。

随后在次年的第二届泸州名酒节上，包括陈佩斯、朱时茂在内的更多明星加入名酒节演出，以酒为主的专业市场也从15个增加至17个，总成交额达到20.91亿元。

同年，泸州老窖利税也突破一亿元，位列全国首位，比四川省其他五朵金花的利税总和还多三千余万元，是当时白酒行业无可争议的一代霸主。

此后，泸州名酒节作为固定节会，担当着泸州向外界展现泸州名酒文化的窗口，一直到千禧年前夕。

从"名酒节"到"酒博会"

2008年3月23日，是泸州酒博会发展史上的重要转折点。

这一年，"首届中国酒城·泸州酒业博览会"在泸州酒业集中发展园区举行，昔日的泸州名酒节开始转变为世界级的酒博会。

彼时首次对外亮相的主会场——泸州酒业集中发展园区，也是中国第一个拥有完整产业链和至今最大的白酒综合加工配套产业园区，被称为"中国酒谷"。

园区背靠长江，紧邻泸州市黄舣镇，一到春天就山花烂漫。如今，这里以全球领先的智能酿造和白酒全产业链而闻名。

2022年，泸州白酒产业园区营业收入达到1270亿元，作为全国唯一拥有全产业链、专业化、集群化发展的园区，成为首个获得"世界级白酒产业集群"称号的白酒产区。

园区内酒谷湖边的会展中心，即是当年酒博会的展馆所在，并在日后成为中国国际酒博会的永久会址。

而回顾2008年泸州酒博会，期间的另一大亮点，就是率先恢复了中国白酒有史以来最具规模的酒文化礼典——泸州老窖·国窖1573封藏大典。

作为拥有700年泸州老窖酒传统酿制技艺和450余年国宝窖池群的"活态双国宝"单位，泸州老窖堪称是中国传统酒文化的"活化石"。

在遵循传统酒礼仪制的基础上，泸州老窖于2008年恢复的国窖1573封藏大典，其深远意义在于重新唤醒了白酒行业对传统酒文化和酿酒技艺传承的敬畏之心。

期间推出的中国首支高端定制白酒——国窖1573·定制壹号，也开启了中国高端定制白酒的新纪元。

基于厚重的文化积淀和持续的礼制复兴，国窖1573封藏大典目前已成为白酒行业传统祭祀典礼的标志性活动，不断引领着白酒行业的文化表达。

泸州老窖也进一步成为业界和大众心中的白酒文化标杆。

▲ 泸州国际会展中心，也是中国国际酒业博览会永久会址

图片来源：泸州日报

而得益于泸州酒业的不断壮大，以及酒博会期间诸多文化盛典的内容加持，一路走来的泸州酒博会，也在每年的持续升级中，成长为几乎唯一能媲美成都糖酒会和广州春交会的万商盛会。

2014年，随着中国国际酒业博览会落户酒城泸州，标志着泸州酒博会正式迈入国际性专业展会行列，其会展规模和层次均实现了历史性的突破。

这届酒博会期间，泸州国际会展中心汇聚了国内外420多家知名酒企，首次实现白酒、啤酒、葡萄酒、黄酒、果酒、洋酒六大酒种的集中展示。

此后，泸州酒博会作为国内最高门槛、高规格、高品质的国际顶级酒类展会，已不局限于单纯的展会效应，而是作为泸州打造全球顶级烈性酒产区的重要支撑，成为世界美酒文化的中国通道。

以泸州为中心，世界上的美酒在此汇聚，中国的美酒也从这里走向世界。

酒博会期间的诸多趋势发布、新品推介、思想论坛等，成为引领中国酒业的风向标。

而以"春江酒月夜"为主题的中国酒城·非遗之夜等，则在展现中国非遗之美的同时，再现了昔日"泸州名酒节"的万人空巷盛况。

据了解，在近年的中国国际酒博会上，"数字化""智能化""科技化"成为重要的关键词，推动酒行业不断与全球数字化前沿趋势接轨，甚至引领世界。

从举办中华人民共和国成立以来的第一届全国名酒节，到成为具有世界水准和国际表达的全球顶级展会，泸州之于酒博会的激荡30多年，也是泸州乃至白酒行业不断革新前行的历史见证。

由此，泸州作为酒博会"第一城"之誉也实至名归。

"第一城"的启示

经济学家保罗·贝洛赫曾在《城市与经济发展》中写下这样的开篇：这个世界上没有什么事情比城市的兴起更令人着迷了……没有城市，人类的文明就无从谈起。

而相较于城市的兴起，一座酒城的崛起或许更让人着迷。

回望泸州作为酒博会"第一城"的30多年光阴，与其说是展会经济赋予了这座城市长久的发展活力，不如说其根本动力实在于酒。

或者说，是泸州的酒城底色，让这座城市里一切与酒相关的事物和人都拥有了生命流动的光彩。

作为中国酿酒龙脉的核心腹地，泸州得天独厚的酿酒条件，让这里成为泸州老窖等众多名酒的故乡。

以2021年白酒产量计算，目前全国大约每生产3瓶白酒，就有1瓶产自泸州。

白酒历来就是泸州的优势产业，也是重要的支柱产业。早在1978年，泸州就确定了将酿酒作为全市"三大支柱产业"之一的发展方针，由此为最初泸州名酒节的召开奠定基础。

在2019年第十四届中国国际酒业博览会开幕式期间，泸州正式被中国轻工业联合会、中国酒业协会授予"中国酒城"称号。

而在1987年的首届泸州名酒节上，以"酒城"冠名的文学奖和音乐会已经让数千人热血沸腾。

再早一些，一百多年前的民国，在朱德所作的诗文中已明确将泸州谓之"酒城"。

如果说每座城市都拥有隐匿的灵魂。那对于泸州而言，其根深蒂固的灵魂底色，从古至今都围绕着一个"酒"字。

而独特的城市灵魂，在如今"千城一面"的情况下，珍贵程度并不亚于一座城市的兴起，一些数据可以提供证明。

根据国家统计局2022年发布的《2021年国民经济和社会发展统计公报》数据，到2021年年末，中国城镇人口已达到91452万人，占到我国总人口的64.72%。

这意味着中国这个拥有上千年农耕文明的农业大国，已经迈入以城市社会为主要形态的工业化和后工业化时代。

几乎在同期，上海社科院国家高端智库资深研究员、国家对外文化交流研究基地主任陈圣来提出了另一组数据：我国700多个城市中有655个城市表示要"走向世界"，183个城市提出要建"国际大都市"。

"西北的秦腔、中原的梆子、江南的评弹在相应的城市都难觅踪影，城市文化的肤浅化、粗俗化、娱乐化、商业化日趋严重，消解和衰退着城市的传统习俗和审美旨趣，抹平和削损着城市的文化特色，瓦解和摧毁着城市的乡愁依托。"

在很多城市，文化个性的模糊和趋同，正在成为限制城市发展的瓶颈。

▲ 2019年3月，在中国国际酒业博览会上，中国轻工业联合会、中国酒业协会正式向泸州授牌"中国酒城·泸州"

泸州则成为一个特殊的例外。

早在20世纪末，世代沐浴着醇厚浓香，不断酿造酒业辉煌的古城江阳，已经向世人诠释着一个城市的经济腾飞和酿酒人开拓创新的精神内涵。

遥想当年盛况，明星荟萃，万商云集，无数名人名家通过名酒节知晓泸州、投身泸州，泸州也由此成为一个酿酒胜地和文化高地的代名词。

率先融经济、文化于一体的泸州名酒节，在全国乃至全世界，都可说是一项创举。

此后，名酒节又华丽转身为酒博会。最初由泸州老窖创始，历经企业主办到泸州市人民政府主办，再到四川省人民政府、中国酒业协会主办，商务部支持，最终成长为标志性的世界名酒盛会。

纵观泸州酒博会由兴而盛的30多年间，之所以泸州能不断成长为酒博会"第一城"，归根结底，就在于酒之于这座城市长久的浸润，以及泸州人骨子里对酒的热爱。

正是千年江阳酒脉的古来有之，赋予了泸州厚重的酒业积淀，使其一面能承袭国窖1573封藏大典这样的传统仪制，一面又向外衍生出泸州白酒产业园区的创新版图。

在酒城泸州，你随时能看到"最传统"与"最创新"同时在此交相辉映。

乃至于泸州人民对酒博会期间诸多赛事的热心，都成为这座酒城浓香本色的注脚。

而酒博会的举办，又进一步放大和沉淀了泸州作为酒城的城市秉性，并伴随时间的积累而愈发醇厚。

由此，城市与名酒的命运联系也更为紧密。

这种因酒而来的城市秉性，最终也会弥漫渗透在城市的每个角落，融于城市的呼吸之中，日积月累沉淀为泸州更为醇香的酒城底色。

这座白酒"地标"再次惊艳了世界

酒城泸州，再一次成为世界的焦点。

2022年7月29—31日，首届中外地理标志产品博览会在泸州举行，来自国内国外的地理标志产品齐聚酒城，让世界的目光再度汇向这里。

《晏子春秋·内篇杂下》中的名篇《橘逾淮为枳》有典曰："橘生淮南则为橘，生于淮北则为枳，叶徒相似，其实味不同。所以然者何？水土异也。"

晏子所说的"水土"，包括地理位置、物候环境，也包括生活在这方水土上的人，以及由人所塑造出的地域性格。

人类文明的历史也总是在反复验证着人与自然之间相互影响、难以割裂的关系：一方水土影响和塑造着一方风物与人文，而一方人文透露出的精神内涵，也深刻传导于这方土地，形成迥异于他处的地方产物、地域性格。

地理标志产品，就是对上述逻辑最典型、最生动的反映，是一方土地上地理、物候、人文的高度浓缩。

浓缩的风物，一方的荣光

在泸州举办的首届中外地理标志产品博览会上，来自20多个国家和地区、600

▲ 首届中外地理标志产品博览会现场，世界的目光聚焦泸州

多家地理标志企业参展参会，参展地理标志产品涵盖酒类、茶品等1000余款。

本次博览会专门设立了中国白酒精品展馆，设有泸州老窖、茅台等名酒企业展区。

3天的展览中，以泸州老窖、茅台等中国名酒为代表的中国白酒再次向世界展现了其独特的品质、声誉。

时间回到2020年9月14日，中国与欧盟签订《中欧地理标志协定》，成为中国对外商签的第一个全面高水平的地理标志双边协定。

在这份协定中，中国第一批100个知名地理标志已生效获得欧盟的保护，第二批175个地理标志产品，在其后4年内完成相关保护程序。

在这275个地理标志产品中，国窖1573、泸州老窖特曲、贵州茅台酒等中国名酒赫然在列。

关于地理标志产品历史的追溯，我们可以将目光拉得更长远一些。

欧洲是较早使用地理标志系统的地区，在1883年的《保护工业产权巴黎公约》

▲ 首届中外地理标志产品博览会中国白酒精品展馆现场

中就有所体现。20世纪初，法国开始使用地理标志，符合原产地和质量标准的产品有权使用政府发行的印章来给自己背书。

此后欧洲各国也纷纷开始采用这种"知识产权保护"的方式，支持本国特色农产品或手工艺品。

中国则在20世纪90年代引入这一概念。1998年《集体商标、证明商标注册和管理办法》的出台，为地理标志商标提供了依据。

2007年，国家工商行政管理总局正式对外公布地理标志产品专用标志。2019年，中国国家知识产权局发布了新的地理标志产品专用标志。

从工商行政管理总局到知识产权局，地理标志产品从市场问题深入到知识产权问题，在很大程度上推动着中国地理标志产品保护迈入新的台阶。

地理标志产品代表着一方水土的名片，凝聚着一地浓郁的地域特色与文化特色。

我们生活的蓝色星球，广布着无数独具地域特色的物产，它们在被人们熟知的同时，总是与那方土地紧密相连。

比如，波尔多的葡萄酒，帕尔马的火腿，慕尼黑的啤酒，苏格兰的三文鱼。

而在辽阔而壮美的中国大地上，地理标志产品更是比比皆是。

提起库尔勒，人们总会想到香甜的香梨；提起山西，会想到酸醇的老陈醋；提起酒城泸州，自然会想到泸州老窖。还有安吉白茶、烟台苹果、武夷山大红袍、五常大米等，不一而足。

这些地理标志产品，产自特定地域，所具有的质量、声誉或其他特性本质上取决于该产地的自然因素和人文因素。

这两个要素也是地理标志产品申请中缺一不可的关键。其中，自然要素包括原产地的气候、土壤、水质、天然物种等，人文因素包括原产地特有的产品生产工艺、流程、配方等。

认定一个产品能否成为"地理标志产品"的最关键条件，是该产品必须已经具备优良品质、独特特征和一定声誉，且这种品质、特征和声誉与该产品的原产地之间存在明显联系。

此正所谓，一方水土养一方风物。

从泸州到世界

"我们刚踏进泸州城区就闻到了酒香，也品尝了泸州的美酒美食，纳溪特早茶的香味至今还在舌尖上久久不散。"

这是本届中外地理标志产品博览会上，外交部中国—中东欧国家合作事务特别代表霍玉珍对泸州的印象评价，也是她对泸州地理标志产品的高度赞赏。

首届中外地理标志产品博览会为什么选中泸州，霍玉珍的话已经给出了答案。

博览会展出了来自泸州的超过60种泸州原产地产品，其中包括近20种泸州地理标志产品。酒城泸州的物产之丰富、产品之精美再一次得到印证。

国窖1573、纳溪特早茶、分水油纸伞、先市酱油、合江荔枝等一大批极具泸州地域特色的地理标志产品，也再次收获了全世界的目光聚焦。它们凝聚了泸州独特的地域文化，也是泸州举办本次国际盛会的底气之一。

在斯洛伐克驻华大使杜尚·贝拉看来，在泸州举办此次博览会，是一个"让人称道的想法"。

他认为，泸州历史悠久，闻名遐迩，历史可以追溯到公元前11世纪商周时期的巴国。作为中国酒城，泸州拥有200多种白酒产品，其中不少属于国家级和省级的名优产品，在国内市场的占有率很高。

商务部外贸发展事务局局长吴政平眼中的泸州，则是一座"传奇城市"。

在他看来，中国酒城的美名蜚声中外，泸州地理位置优越，是四川省唯一拥有国际陆运水运双通道的城市，中欧班列"泸州号"打通了一条到达德国、波兰等欧洲国家的国际通道。

随着首届中外地理标志产品博览会暨中欧地理标志协定论坛落户泸州，将为中欧经贸合作架起新的友谊桥梁，有利于将泸州打造成内陆对外开放的新高地。

泸州也将通过地标博览会这张城市名片，成为中欧经贸文化交流的友谊之城和合作之城。

而作为全国唯一的酒城，以泸州老窖为代表的浓香型白酒，在泸州对外开放交流的经济发展中贡献着巨大力量。

▼ 第十七届中国国际酒业博览会现场

当前，泸州老窖的市场已经遍及全球70余个国家和地区，成为海外能见度最高的白酒品牌之一，在欧洲国家的出口额保持着快速增长。

在第十七届中国国际酒业博览会上，来自全球45个国家和地区的1200余名政商代表、1100余家企业的代表参会参展。

作为国际顶级酒类展会，本届酒博会邀请到阿根廷作为主宾国，期间举办各种重大活动22项，展览产品涵盖六大酒种，囊括了世界十大烈酒产区，线上线下观展人数累计超过8000万人次。

接连不断的国际性展会，在不断扩延泸州对外开放的国际声誉外，也成为泸州向外展现酒城风貌的重要窗口。

而以酒为媒介，泸州正在成为全球地理标志产品，特别是中外美酒的交汇中心。

中国"地标"的国际表达

如前文所讲，自然禀赋得天独厚、人文底蕴深厚的酒城泸州，在千年传续中，积淀了众多优质名优特产，也诞生了数十种地理标志产品，其中尤以泸州美酒最为光彩夺目。

在泸州，仅与酒相关的地理标志产品就有国窖1573、泸州老窖特曲、泸州酒（酱香型、浓香型）、郎酒（酱香型）、泸州老窖系列酒曲等。

泸州老窖股份有限公司党委副书记、总经理林锋在中欧地理标志产品发展论坛上表示，泸州老窖的发展不仅根植于中国的悠久历史，也受益于开放的经贸往来。

作为中国最古老的四大名酒之一，泸州老窖是浓香型白酒文化的缔造者、浓香型白酒标准的制定者和浓香型白酒品牌的塑造者，被誉为"浓香鼻祖"。

而在不断推动白酒行业发展提升的进程中，泸州老窖也始终引领着中国白酒的国际化表达。

早在1915年，泸州老窖就已走出国门，以浓香载誉世界，获得了"巴拿马太平洋万国博览会"金奖。

2021年，泸州老窖入选《中欧地理标志保护与合作协定》，引领中国名优白酒加快全球化步伐。

▲《中欧地理标志协定》是中国对外商签的第一个全面、高水平的地理标志保护双边协定

　　本届中外地理标志产品博览会上，泸州老窖与创立于苏格兰爱丁堡、致力于将中国白酒和中国威士忌传播至世界各地的麒麟烈酒集团进行了中国威士忌项目合作签约仪式。

　　其实早在三年前，二者已经结缘——在首届"中国酿酒大师"沈才洪与苏格兰传奇酿酒大师Max McFarlane的联袂合作下，产自1573国宝窖池群的高品质白酒，与苏格兰单一麦芽威士忌融合，诞生了"Kylin DS"这样一款标志性的中式威士忌，在国际商务和外交舞台上备受瞩目。

　　而在今日，泸州老窖代表泸州地理标志产品，代表中国白酒，再次荣耀世界。

　　此次博览会上，以泸州老窖为代表的"地标"产品，成为中外贸易往来和文化交流的载体，也成为推动中外地理标志产品交易、技术交流、信息交换、文化交融和投资促进的重要纽带。

　　事实上，作为中国名酒最早的开创者，泸州老窖一直以国际化视野和品牌格局，致力于"让世界品味中国"。

　　特别是近年来，以"文化先行、品牌引领"为基本原则，泸州老窖面向全球举办了一系列文化宣传、品牌推广活动。

　　泸州老窖已连续多年承办国际诗酒文化大会，向全球弘扬极具中国特色、与长江文化一脉共生的中国诗酒文化。

　　由泸州老窖·国窖1573联合中国歌剧舞剧院推出的大型民族舞剧《孔子》，被《纽约时报》喻为"中国文化的名片"。

　　而泸州老窖·国窖1573封藏大典、"让世界品味中国"全球文化之旅、2018俄罗斯世界杯之旅、签约澳大利亚网球公开赛等，也将中国白酒与文化、体育等紧密结合，用世界通用的语言讲述中国白酒的故事。

　　此外，泸州老窖还通过白酒鸡尾酒、橡木桶陈酿白酒等产品创新，引领着白酒的年轻化、时尚化和国际化表达。

　　对于古老的中国白酒而言，这些创新表达，不只是将产品和品牌推广到国际，也代表着中国白酒的文化张力和产业活力。

　　而在文化、艺术、体育之外，地理标志同样也是国际通行的主流语言。

　　地理标志产品承载着特定地域的自然造化和人文品格，白酒作为中国古老的特有酒种，更是中国风土和中国表达的浓缩。

　　以泸州老窖为代表的中国地理标志白酒，不仅是世界了解中国的窗口，也是中国白酒放大声量、传播酒文化，让世界领略白酒魅力、展示名酒形象的产业名片。

　　伴随着世界的目光不断聚焦中国，聚焦泸州，中国白酒也不断从一方水土走向世界级舞台，进而在国际主流视野下，塑造出中国白酒的新"地标"。

春"酿"泸州，一场好酒的盛典

2023年农历二月初二，酒城泸州的凤凰山下，即将举行一场酿酒人焚香祭祖、颂文祈福的盛大仪式。

这是"泸州老窖·国窖1573封藏大典"举办的第16个年头，也是1573国宝窖池群持续酿造的第450个年头。

与四个半世纪的历史长度比起来，十六年不过是倏忽一瞬，如果说450年古老窖池代表的是浓香型白酒科学"理性的根"，那么延续16年的封藏大典更像是酿酒人"感性的魂"。

这一场封藏大典，是泸州老窖酿酒人一场浪漫的酒事，是对先辈和酿艺的感恩、敬畏，更是对450年"活态"国宝窖池的生动传承。

16年，好酒的礼仪

《诗经》曰："八月剥枣，十月获稻，为此春酒，以介眉寿。"讲的是古人酿制春酒的节令时序。

《泸县志》载："春日治酌曰春酒。"这是川南泸州关于春酿的记载。而在山西吕梁，据《文水县志》记载："春分时，酿酒拌醅，移花接木。"

▲ 2023年泸州老窖·国窖1573封藏大典现场

山西陵川则不仅要在春天酿酒，还有以酒醴祭祀先农的民俗，族人更会聚在一起畅饮春酒。

在江南水乡的浙江，《於潜县志》记载："春分造酒贮于瓮，过三伏糟粕自化，其色赤，味经久不坏，谓之春分酒。"

由此来看，在温暖的春日里，酿春酒、行祭祀酒事、饮春酒是中华酒文化延续千年的古老传统。

从科学角度来看，酿酒是微生物发酵的一个过程，过冷则不宜发酵，过热则容易变质，春秋季日夜寒暖交替，即能促成发酵，又有利于散热，使发酵过程稳定进行。

万物萌发的春天气温回暖，是微生物生机勃发的好时节，当然也是酿酒的好时节。

据北魏时期贾思勰所撰《齐民要术》中的"清曲法"记载："春十日或十五日，秋十五或二十日。所以尔者，寒暖有早晚故也。"这也是先民们在长年累月的农事中全凭经验积累下的智慧。

唐人孔颖达在《五经正义》中讲："至春而为酒者，谓春成也，非春始酿。"在孔颖达眼里，"春酒"是冬天酿造，春夏之交成熟，所谓"接夏而成"。

事实上，传统春酿往往有两重含义：一指冬酿春熟之酒，一指春始酿、至冬熟之酒。

"四时春富贵，万物酒风流"，不管怎样，接一坛初熟的美酒，办一场庄严又带着丰收喜悦的祭酒礼，然后酣然畅醉在美好春光里，无疑是肆意而痛快的。

这是古人的浪漫，也是古人对天地自然、四时节令，以及祖辈先贤的敬畏和感恩。从礼仪祭祀，到服食养生，到诗酒风流，中华传统文化里，酒是不可或缺的一部分。

杜甫诗云："田翁逼社日，邀我尝春酒。"王驾《社日》诗云："桑柘影斜春社散，家家扶得醉人归。"

唐人胡宿在《早夏》一诗中更是讲"一春酒费知多少，探尽囊中换赋金"，将春日饮酒频繁写得淋漓尽致。

在浓香圣地的川南泸州，春酿祭酒封藏仪式举办得尤为隆重，人们沿袭着"二月二，龙抬头，烧头香，喝春酒"的习俗。

这一天，各个酿酒作坊的酿酒人身着传统服饰，沿用古老的祭祀仪式，隆重举

▲ 2023年泸州老窖·国窖1573封藏大典上，酿酒师傅将春酿封藏后送入藏酒洞中储藏

行春酿封藏仪式。

直到2008年，浓香鼻祖泸州老窖在行业中首创封藏大典，才正式将传统酒礼酒俗中的祭祀先贤、拜师传承、封藏春酒等礼制固化为典仪，一年一度在泸州的凤凰山下举行，迄今已是第16个年头。

450年，时间的秘密

时间的秘密，也即窖池里的秘密。

在1573国宝窖池群持续酿造450年纪念LOGO中，一条莫比乌斯带将"国窖1573"和"450年"环绕其中。

莫比乌斯带是只有一个面和一条边界的曲面，象征着永无止境的无限循环，这与泸州老窖传承近700年、微生物生生不息的"续糟发酵"工艺有着异曲同工之妙。

白酒的酿造，其实说来简单，即糖化和酒化，一是将粮谷中的淀粉转化为糖，一是将水解后的糖类发酵为酒。

窖池和酒醅是微生物的天堂，在湿度稳定的窖池里，老窖泥中的总酸、总酯含

▲ 1573国宝窖池群持续酿造450年纪念LOGO

量和腐殖质及微生物种类非常多。当窖池发酵达到一定温度时，这些微生物开始代谢生香。

不论是糖化或酒化，都离不开微生物的排兵布阵。毫不夸张地说，微生物才是最伟大的酿酒师，掌握着好酒的秘密，也即浓香型白酒的窖池里，藏着好酒的秘密。

泸州老窖的1573国宝窖池群迄今已有450年不间断酿造的历史，有人说，在泸州老窖的国宝窖池里，或许可以找到来自明代的"450岁高龄"的微生物。

此言亦非虚，浓香型白酒独特的"泥窖生香、续糟配料"工艺决定了在窖池和酒醅繁衍栖息的微生物可以代代进行、生生不息。

在富含微生物菌群的泥窖中，无数微生物通过协同作用，将酿造原粮中的淀粉降解为糖，并在无氧条件下进行发酵，将糖转化成酒。

从泸州老窖整理总结出的浓香型白酒"516"酿造工艺中，我们或许可以窥见浓香型白酒"老窖出好酒"的秘密所在。

浓香型白酒"516"酿造工艺：

"5"指"五个四"：一年四次投粮，四次蒸煮，四次投曲，四季发酵，四次取酒。

"1"指"一个无限循环"，这也是浓香型白酒所独有的"续糟配料"工艺，即每完成一排发酵，需去掉1/4的面层糟，剩下3/4的母糟再加入1/4的高粱和辅料，让新粮老糟无限循环，周而复始，年复一年。

"6"指"六分法工艺"，即分层投粮、分层下曲、分层发酵、分层堆糟、分段摘酒、分级储存。

其中的"一个无限循环"，说的是窖池内的酿酒有益微生物繁衍栖息，代代接种，数量越来越多，酿造出的美酒酒体风味自然也更为浓郁、丰富，这正是浓香型白酒"老窖出好酒"的核心奥秘所在。

也就是说，窖池连续使用时间越长，其功能微生物菌群得以进化，酿酒微生物得以富集，酿造的酒也就愈加香浓。

著名白酒专家熊子书曾在《中国第一窖的起源与发展》中写道："30年以上的酒窖产20%（指能达到名酒品质标准），50年以上的酒窖产40%，100年以上酒窖出名酒率达60%，这就是'三百年老窖'大曲酒特别有名的由来。"

▲ 酿酒师傅们以泸州老窖酒传统酿制技艺酿好酒

封藏启，春礼至

2023年农历二月初二，凤凰山麓，450年的国宝窖池将迎来它又一次盛大的春酿封藏典礼。

典礼主要包含三大传统仪式，祭祀仪式、拜师仪式和春酿封藏仪式。溯源泸州老窖文化史，这一典礼也早已传承数十代，历经数百年沿革。

历史上，泸州老窖酒传统酿制技艺传承人郭怀玉、舒承宗、饶天生等人每年都会祭叩先师，以答谢培育之恩。

至清同治八年（公元1869年），温永盛作坊主温宣豫专门设立杜康神坛，祭拜酿酒之神杜康。

民国年间，泸州各酿酒作坊会组织帮会，分区域祭拜杜康和雷祖，并以"大瓦片"为荣，行拜师礼，以学习酿酒技艺。

所谓"大瓦片"，指的是技艺高超又颇有领导能力的酿酒师傅，他们有着梅瓣碎粮、打梗摊晾、回马上甑、看花摘酒等酿酒绝活。

"瓦片"一词的由来，主要是民国时期工人文化程度较低，酿酒行里的工人会以瓦片来统计每天的产酒数量，久而久之，"瓦片"就成了酿酒师的代名词。

中华人民共和国成立后，泸州老窖酿酒人依然以舒承宗和老窖池作为祭拜对象，同时还会在酿酒车间和包装车间举办拜师仪式。

20世纪70年代起，泸州老窖每每获得重要奖项，还会举行获奖传达仪式和游行仪式。

到2008年，泸州老窖溯源整合各种祭拜仪式，形成固化的"泸州老窖封藏大典"，在每年农历"二月二，龙抬头"之日举办。

仪典中，祭祖是为了祭告先人，感恩天地；拜师是遵循酿酒人尊师重道的传统，将拜师学艺尊以礼制；封藏，是将当年新酿的国窖1573春酿原酒入洞封藏，坚守农耕传统，自然酿造。

至此，春礼既成，这是好酒的春天。

这是一次庄严的传承。祭祖，拜师，封藏，酿酒师们恪守工艺、敬畏节令，在传统技艺与现代工业之间守护着好酒的秘密。

这是一场浪漫的传承。饮宴，赋诗，长歌，人们在春意盎然的春宴上醉倒在春风里。

这也是一场"活态"的传承，传承近700年的泸州老窖酒传统酿制技艺和持续使用450年的国宝窖池，在这一场封藏仪典里得到了更好的延续。

茶和酒相遇在泸州，圆了东坡一个梦

1900年6月22日，在甘肃敦煌的佛教圣地莫高窟中，发现了一个近三米见方的密室，内藏了近六万卷写本文献以及彩色绢画、金铜法器等宝物，还有一篇《茶酒论》。

任谁翻开这篇《茶酒论》，都很难不叹一句"妙"。作者王敷，系唐代乡贡进士，其文用拟人化的手法，描绘了茶、酒坐而争锋，道短论长的场面。

茶先出言："百草之首，万木之花，贵之取蕊，重之摘芽，呼之茗草，号之作茶。贡五侯宅，奉帝王家，时新献入，一世荣华。"

酒不甘示弱："自古至今，茶贱酒贵。单醪投河，三军告醉。君王饮之，叫呼万岁。群臣饮之，赐卿无畏。和死定生，神明气清。"

茶与酒唇枪舌剑，难分伯仲。最终，一旁的水出面，打个圆场，道茶与酒各有用场，相辅相成，"长为兄弟，须得始终"。

虽是趣味寓言，却也充分印证了五千年中华文明历程中，茶与酒的尊崇地位。

2022年，在摩洛哥拉巴特召开的联合国教科文组织保护非物质文化遗产政府间委员会第十七届常会上，中国申报的"中国传统制茶技艺及其相关习俗"通过评审，被列入联合国教科文组织人类非物质文化遗产代表作名录。

获知此消息，酒业人群情振奋，这一份属于"兄弟"的荣誉，也让中国白酒的非物质文化遗产之路看到了曙光。

千年兄弟

华人常常自称"炎黄子孙"。其中，"炎"指炎帝，"黄"指黄帝。

《史记·五帝本纪》载："轩辕乃修德振兵，治五气，艺五种，抚万民，度四方，教熊罴貔貅貙虎，以与炎帝战于阪泉之野。三战，然后得其志。"

自此，"炎黄合体"，华夏族生，炎、黄二帝被奉为中华始祖。

而茶和酒，正是来自祖先的馈赠。

关于酿酒的起源有很多种说法，如猿猴酿酒说、仪狄酿酒说、杜康酿酒说，以及黄帝造酒说等。

其中"黄帝造酒"一说，论据源于《黄帝内经》。其中《素问·汤液醪醴论》中，记载了黄帝与岐伯讨论如何酿酒：

"黄帝问曰：为五谷汤液及醪醴奈何？

岐伯对曰：必以稻米，炊之稻薪，稻米者完，稻薪者坚。

帝曰：何以然？

岐伯曰：此得天地之和，高下之宜，故能至完，伐取得时，故能至坚也。"

汤液为五谷加水煎煮而成的汤汁，醪醴则为渣汁混合的稠浊而甘甜的酒类。在《黄帝内经》中，从"上古"之时，"醪醴"便是治病良药，"服之万全"。

无独有偶，茶最初的功能，也是治病解毒。

陆羽在《茶经·六之饮》中写："茶之为饮，发乎神农氏，闻于鲁周公。"虽尚存争议，但普遍认为，神农氏即炎帝。

相传炎帝牛首人身，制耒耜，种五谷；治麻为布，民着衣裳；作五弦琴，以乐百姓；削木为弓，以威天下；制作陶器，改善生活；尝百草，开医药先河……在农、工、商、医、文等各领域都有开创性的发明创造。

秦汉时人托名"神农"作《神农本草经》，书中记述了炎帝发现茶的过程："神农尝百草，日遇七十二毒，得茶而解之。"古代之"茶"便为茶，"茶叶苦，饮之使人益思、少卧、轻身、明目。"说的正是以茶为药。

"黄帝造酒""神农尝茶"，如此说来，不仅茶和酒是一对携手跨越了几十个世纪的"兄弟"，更可以解释，于国人而言，饮酒、品茶缘何就如同沁骨入髓一般？只因炎、黄之后上下五千年的华夏文明史，便是蘸了酒液、氤着茶香写就。

酒城？茶城！

一如大大小小的酒厂星罗棋布、风味各异，数千年里，在辽阔的中国大地上，也造就了"千里不同风，百里不同俗"的茶文化。

联合国教科文组织非遗名录、名册显示，本次入选的"中国传统制茶技艺及其相关习俗"，堪称我国历次人类非物质文化遗产申报项目中的"体量之最"。

项目共涉及15个省（自治区、直辖市）的44个国家级非物质文化遗产代表性项目，涵盖绿茶、红茶、乌龙茶、白茶、黑茶、黄茶、花茶及再加工茶等多种传统制茶技艺。此外，还包含了径山茶宴、赶茶场等相关习俗。

项目点评中写道："该遗产项目世代传承，形成了系统完整的知识体系、广泛深入的社会实践、成熟发达的传统技艺、种类丰富的手工制品，体现了中国人所秉持的谦、和、礼、敬的价值观，对道德修养和人格塑造产生了深远影响，并通过丝绸之路促进了世界文明交流互鉴，在人类社会可持续发展中发挥着重要作用。"

对"中国茶"的高度评价，洋溢在字里行间。

但对于不熟悉的人，如上述或许还是稍显晦涩，需要搬出更加生动的"证据"。

"衔杯却爱泸州好，十指寒香给客橙。"自古以来，泸州便是闻名天下的"酒城"，如今更是中国唯一拥有两个国家名酒的地区。

▼ 纳溪梅岭茶园

但就是在这样的"酒城"泸州，茶文化也开出了绚烂的花朵。

陆羽《茶经》中记："茶者，南方之嘉木也，一尺二尺，乃至数十尺……其巴山峡川有两人合抱者，伐而掇之，其树如瓜芦……"其中，巴山峡川是指川南至川东，长江以南的永宁河、赤水河、乌江、涪江等沿岸山谷地区，说明泸州自古以来便有茶树生长的历史。

北宋著名诗人、词人、书法家黄庭坚在《煎茶赋》中，对川茶如数家珍，"味江之罗山，严道之蒙顶，黔阳之都濡高株，泸川之纳溪梅岭，夷陵之压砖，临邛之火井"，皆是他的"心头好"。此前以北宋年间为故事背景的热播剧《梦华录》中也有"纳溪梅岭茶"的展示画面。

到明时期，钱椿年更是在《茶谱》中盛赞，"茶之产于天下多矣，泸州之纳溪梅岭之数者，其名皆著。"

如今的纳溪依然茶香四溢，作为乡村振兴的支柱产业，2011年，"纳溪特早茶"地理标志通过农业农村部审批；2014年，"纳溪特早茶"成为首批中国—欧盟互认地理标志农产品。

酒城茶香，很难不让人产生瞬间的恍惚，但这却只是茶与酒千年以来相互缠绕的命运的冰山一角。

东坡梦圆

自古茶酒是一家。

如今回过头去看，这或许并非单指茶与酒的"来处"，而是将千年以来，茶与酒所沉淀的文化已融入民族血脉、不可分割的事实，化于简单的口语之中。

《诗经》时期，酒文化便已发展成熟。其305首诗中，提到酒的有54首，涵盖酒之礼、器、品饮、酿造、功用等非常广泛的内容。

相较之下，茶文化直到魏晋南北朝时期方才兴起，汉王褒作《僮约》中记载，"脍鱼炮鳖，烹茶尽具""牵犬贩鹅，武阳买茶"，是最早的关于饮茶、买茶和种茶的记载，武阳是今四川彭山地区，也因此，四川地区被认为是全世界最早种茶与饮茶的地区。

而到此时，酒已发展出"精神属性"，成为文人志士寻求寄托、表达情感的必需品，曹操《短歌行》、陶渊明《饮酒》至今仍被传诵。

茶逐渐开始成为一种艺术，流行于文人雅士之间，要归功于"茶圣"陆羽。

陆羽所著的《茶经》是唐代和唐以前有关茶叶的科学知识和实践经验的系统总结，其中对品茶与饮酒的不同文化也有着清晰的表达："至若救渴，饮之以浆；蠲忧忿，饮之以酒；荡昏寐，饮之以茶。"

　　以李白为代表，唐朝诗人爱酒家喻户晓。白居易也爱酒，一句"晚来天欲雪，能饮一杯无？"成为多少友谊的温暖慰藉，但却少有人知，乐天居士更爱茶，唐诗中共有茶诗684首，涉及作者97人，白居易一人就占了65首。

　　"起尝一碗茗，行读一行书""夜茶一两杓，秋吟三数声""或饮茶一盏，或吟诗一章"……白居易终生、终日与茶相伴，早饮茶、午饮茶、夜饮茶、酒后索茶，有时睡下还要索茶。他不仅爱饮茶，而且善别茶之好坏，朋友们称他"别茶人"，他也很自得，"不寄他人先寄我，应缘我是别茶人"。

　　比白居易更著名的，茶酒"两栖"人士，还有苏轼。苏轼一生"身行万里半天下"，品尝各地名酒，还亲身酿酒待客，撰有《酒经》，晚年曾亲手酿造过东坡蜜酒、真一酒、桂花酒、万家春、罗浮春等。同时，他又知茶、爱茶，会种茶，精茶艺，诗咏"从来佳茗似佳人"。

　　出于对茶和酒的热爱，苏轼甚至有了一个大胆的想法："茶酒采茗酿之，自然发酵蒸馏，其浆无色，茶香自溢。"后世之人不断据此做出尝试，均以失败告终，直到茗酿诞生。

▼"好酒+佳茗"是天作之合，泸州老窖打造的茗酿是中国茶酒融合的引领者和开创者

茗酿以现代高科技生物萃取技术提取茶叶中精华因子，融入泸州老窖优质基酒，同时保留云南滇红核心产区纯天然高山茶叶芬芳，具有"入口柔、吞咽顺、茶味香、醉酒慢、醒酒快"的典型特点，实现茶与酒的完美融合。

东坡梦，从此圆。

2021年，泸州老窖推出高端绿色生态健康养生酒——"茗酿·萃绿"，从深山秘境生态古树中萃取茶芽精华，以创新科技与泸州老窖优质酒体调配融合，受到以中国酒业协会理事长宋书玉为代表的专家鉴评团高度评价：

"清亮透明，老窖陈香、茶香幽雅复合，蜜香、果香、烘焙香馥郁，入口绵甜，醇柔细腻，落喉舒爽，酒体丰满，回味绵长，酒蕴茶香，风格独特。"

中国酒的非遗之路

中国茶入选世界非遗，也让中国酒的世界非遗之路看到了曙光。

和茶一样，中国传统酿酒技艺是集物质、精神、制度于一体的活态文化遗产，具有深厚的历史文化底蕴。如能申遗成功，将进一步推动中国酒参与世界酒类市场的竞争。

一直以来，中国酒在世界非物质文化遗产的申领上，也是不遗余力。

2014年，中国酒业协会成立文化委员会，旨在集合行业的智慧和力量，让厚重的中国酒文化重新绽放光彩，以文化引领酒业的未来发展，山西汾酒、泸州老窖等龙头企业倾力支持。

2017年，白酒文化国际推广委员会成立，向世界传播白酒的文化底蕴和消费方式，探索国际化的表达方式，为白酒申遗开路。

2018年，中国酒业协会联合部分白酒界全国人大代表提出了《关于白酒酿造技艺列入国家申请世界非物质文化遗产的议案》。此后数年，多位全国人大代表提案提及加强白酒酿造技艺申遗相关工作。

成为世界遗产要经历三个步骤：被本国列入预备名单，之后被国际组织审核，然后确认入选。

而早在2006年12月，泸州老窖大曲老窖池群（即1573国宝窖池群）、刘伶醉烧锅遗址、李渡烧酒作坊遗址、水井街酒坊遗址、剑南春天益老号酒坊遗址等酿酒行

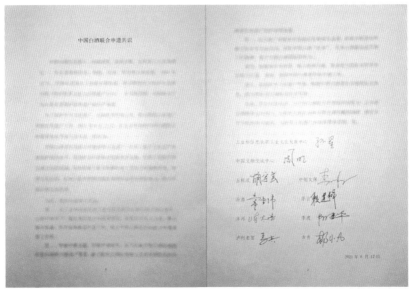

▲ 2021年，泸州老窖与7家单位共同签署《中国白酒联合申遗共识》

业5处全国重点文物保护单位，便以"中国白酒酿造古遗址"的项目，被国家文物局捆绑列入中国"申报世界文化遗产预备名单"（35项文化遗产），泸州老窖被其余四家推选为组长单位。

2012年11月，泸州老窖16处36家酿酒作坊群，纯阳洞、醉翁洞、龙泉洞三处藏酒洞库连同1619口百年以上历史的老窖池群一并入选"中国世界文化遗产预备名单"。

到2019年1月，联合国教科文组织世界遗产委员会更新了"中国世界文化遗产预备名单"，山西杏花村汾酒老作坊及四川泸州老窖作坊群、成都水井街酒坊、剑南春酒坊及遗址、宜宾五粮液老作坊、射洪县泰安作坊、红楼梦糟房头老作坊、古蔺县郎酒老作坊入选该预备名单。

2021年6月17日，在工业和信息化部工业文化发展中心与中国文物交流中心的领导下，泸州老窖与贵州茅台、宜宾五粮液、山西杏花村汾酒、江苏洋河、安徽古井贡、江西李渡7家单位建立联合"申遗"项目组，并共同签署了《中国白酒联合申遗共识》。

酿酒技艺及文化，入选世界非遗并不稀奇。

2013年，格鲁吉亚古老的葡萄酒酿造方式——陶罐酿酒技术便被联合国教科文组织认定为非物质文化遗产。

2021年，"德国葡萄酒文化"被联合国教科文组织正式列入非物质文化遗产名录。

今年，塞尔维亚传统李子白兰地"史立瓦维兹"也被联合国教科文组织列入非物质文化遗产名录。

也许在不远的将来，中国传统酿酒技艺也将在世界非物质文化遗产名录熠熠生辉，让历史可以品味。

茶与酒，历经数千年的传承与发展，已经融入国人的生活、刻入国人的基因。尤其是在《茶经》《酒经》等优秀传统文化著作熏陶下，茶和酒，背后的文化内涵，已经成为民族精神价值的代表，一个人对于茶与酒的饮用习惯，在很大程度反映出他的价值排序。

21世纪，以茗酿为代表的茶酒融合成功案例，也预示着博大精深的中国茶文化与酒文化，即将迎来新的篇章。

为此，茶界专家张士康、酒界专家沈才洪、茅盾文学奖获得者王旭烽三位不同行业、不同领域专家的倾力合作，精心编撰出《中国茶酒文化》一书，讲述21世纪的中国茶酒文化故事，赓续5000年茶酒文脉，彰显中国文化自信，得到中国工程院茶学院士刘仲华、江南大学食品文化研究资深教授徐兴海的赞誉和作序推荐。

▲ 由泸州老窖出品的茶酒文化专著《中国茶酒文化》

酒城风华四十年

2023年2月24日，一列中欧班列从泸州港国际集装箱码头出发，一路北上，经新疆阿拉山口出境，最终抵达莫斯科。

这趟中欧班列串联起"一带一路"沿线的中国、俄罗斯、独联体及东欧国家，随车搭载着以泸州老窖特曲、泸州老窖紫砂大曲和泸州老窖头曲等泸州白酒产品。

这也是自泸州开行的中欧班列首次运输酒类产品出口。实际上，泸州老窖多年来积极参与共建"一带一路"，与沿线各国开展贸易合作，进行海外市场拓展。截至目前，泸州老窖销售网络已覆盖包括"一带一路"沿线国家在内的70多个国家和地区，其中已在23个"一带一路"沿线国家（地区）建立了经销网络，共进入"一带一路"覆盖影响的10个非洲国家。

传扬中国白酒文化，树立中国白酒品牌形象，让世界品味中国，泸州酒肩负起新时期出使"新丝路"的全新使命。

2023年，值省辖泸州市建市40周年。10月23日，在泸州中国酒城大剧院举行了"泸州40正当红"群众文艺晚会。

晚会上，泸州市委、市政府评选出的40名在经济建设、社会治理、文化文艺、道德模范领域的突出贡献者，被授予"泸州40正当红"模范典型。泸州老窖集团及股份公司党委书记、董事长刘淼荣获"泸州40正当红"经济建设类突出贡献典型人物。

▲ 泸州老窖集团（股份）公司党委书记、董事长刘淼同志（左八）接受"泸州40正当红"经济建设类
  模范典型表彰

图片来源：泸州日报

　　40年沧桑变化，此时的泸州早已今非昔比：长江、沱江两江交汇处，大厦林立的泸州中心半岛上，水井沟灯火繁华；万象汇、西南商贸城、城南商圈等新商圈人潮汹涌；长江大桥、沱江一桥、国窖大桥横跨江河，城市发展空间不断拓展，主城区加速外延。

　　40年里，这座酒与城共生的江城所经历的沧桑巨变，远非片言只语所能描述。唯一不变的是，这座有着两千多年文化积淀的城市里，始终弥漫着的令人心醉的浓烈酒香。

▼ 长江、沱江两江交汇的酒城泸州

回望1983，历史激流中的泸州往事

1983年3月3日，国务院（83）国函字26号文批复四川省政府，成立省辖泸州市。数天后，《人民日报》在头版刊登了这一消息。

这是泸州老窖退休老职工黄祥瑶刚进入四川省泸州曲酒厂（泸州老窖旧称）的第三年，在她的记忆里，当时的泸州老窖"罗汉生产车间办公室是一楼一底的砖瓦平房，有13个酿酒小组，厂区满是酒香。"

黄祥瑶彼时的职责是研究、宣传泸州老窖文化和历史，在她埋首书丛时，新泸州的建设也在紧锣密鼓地展开。

1982年10月，泸州长江大桥正式通车，紧随其后的便是城市主干道的扩改建、城市新区的规划、各行各业的新部署、国家领导人的莅临视察……

这一切都让黄祥瑶和生活在这座城市的人们深切感受到，成为省辖市的泸州即将迎来前所未有的巨变。

那是个全国广泛推行"地改市"的年代。激活城市发展，深推改革开放，成为此时全国的大主题之一。

从东三省到云贵川，在全国二十多个省、直辖市、自治区，上百个地区中，四川泸州只是历经行政区划改革大潮中的一个。

在那一年，同样激动人心的"关键词"还有：人民公社制宣布废除、国营企业进行两步利改税改革、"教育要面向现代化、面向世界、面向未来"……

1983年泸州市的热闹动向，也是全国现代化大步调的缩影。新时期的曙光，鼓舞着每一个渴望美好生活的国民。

与年轻的泸州市相比，在这片土地扎根、生长的泸州老窖此时早已名闻天下。

1952年，泸州老窖就在首届全国评酒会上荣获"中国名酒"称号，在其后的1963年、1979年又蝉联"中国名酒"。

其中，泸州老窖一直以来采用"六分法"工艺（分层投粮、分层下曲、分层发酵、分层堆糟、分段摘酒、分级储存），堪称"最复杂、最考究、最经典"的香型工艺，也是泸州老窖产品能蝉联"中国名酒"的根基所在。

就在泸州建市后的第二年，泸州老窖第四次蝉联"中国名酒"。但在那时，泸州老窖所拥有的珍贵宝藏尚不为外人所知。

建市之初，泸州市也受命参加第二批国家历史文化名城申报。泸州名胜地标钟鼓楼、报恩塔、龙脑桥等古迹都陆续申请了市级文物保护单位。

与此同时，黄祥瑶和她的同事王章华也开始着手泸州老窖文物古迹的申报工作。

如今回头看，泸州老窖的这一举动，既是顺应时代大潮，也当归功于时任酒厂领导领先于行业的前瞻性眼光。毕竟在那时，酒企参与文物申报尚无先例。

泸州老窖酒厂领导认为，有着450余年古老窖池群的泸州老窖，也理应在申报之列。

于是，车间丈量老窖池、考证整理材料，一系列申报工作迅速跟上。原四川省古迹遗址保护协会会长、原四川省文物局局长朱小南正是泸州老窖文物申报的见证者之一。

据他回忆，1985年左右，他到泸州出差，入住在营沟头的龙泉旅馆，无意中得知旅馆背后有一口"龙泉井"，井口旁的清朝石碑上提到，前朝（即明朝）时就有人用这口井的井水酿酒。

▲ 重修龙井碑记

朱小南立马意识到，这口井很有可能与泸州老窖有着很大关系。后来，在泸州老窖酒厂与泸州市文旅局等各方配合下，经多方考证，确认龙泉井是明代古井，且当时的泸州老窖老作坊就以此井水酿酒。

为了规范取水秩序，清嘉庆十二年（公元1807年），"勒石竖碑以定规例，一人只许一担，轮流挑运……庶不至于生非矣"。所立碑记《重修龙泉井》记载了一切："……舒聚源捐、悦来店一千文、戴四宜八百文"。

可见，清嘉庆时期，舒聚源已然成为酒城的第一大酒坊，并作为"带头大哥"充满民间智慧式地组织分配稀缺的酿酒资源。

1986年，泸州大曲老窖池群和龙泉井成功申报为泸州市文物保护单位，1991年获评四川省文物保护单位。

那个年代的泸州，谈不上繁华，在全国地级城市中更是名不见经传。无论是对城市的经济建设还是文化底蕴的积淀，泸州老窖在这座城市中都扮演着举足轻重的角色。

泸州城里，遍布大街小巷的古老酿酒作坊，赋予了这座城市独有的酒城气息。"风过泸州带酒香"正是这座城市最贴切的描述。

有人回忆当时的泸州，"三五辆公交车，成了城市主要的交通工具，人们把搭公交当成每天生活的享受。""城市街道的绿化虽然比不上今日，地面却很少会看到垃圾，偶尔风吹过树叶，空气中夹杂一丝淡淡的陈香。"

正是酒业赋予了这座年轻城市鲜有的热闹与荣光。

1987年，泸州市首届名酒节经济文化交流会举行，来自20多个省、直辖市、自治区的4000多名客商齐聚泸州。此次交流会创下商品成交额达8.53亿元的纪录。

两年之后，在1989年第五届全国评酒会上，泸州老窖再度荣获"中国名酒"称号，成为唯一蝉联五届"中国名酒"的浓香型白酒品牌。

1992年，在泸州老窖酒厂组织下，黄祥瑶和王章华上报了《泸州大曲老窖池申报为全国重点文物保护单位的报告》，其中分别以"窖池历史悠久，源远流长""酿酒窖池遍布酒城""泸州老窖，硕果累累""历代名人，赞誉老窖"等多个部分总结了泸州大曲老窖池历史并形成文字材料。

同时还将泸州大曲老窖池、公司历年获奖奖杯证书、征集的有关实物、厂容厂貌等，拍摄成宣传片一并上报。

"整整一大本资料，一式六套上报国家文物局，资料十分翔实。"王章华如此回忆，"国家文物保护单位来之不易。"

朱小南的记忆同样深刻，"1996年，国务院公布的全国重点文物保护单位中，将泸州老窖的老窖池分类放在了'其他类'里面，后来其他一些酒企申报的文保单位都是放在了'遗址'类，因为只有泸州老窖的1573国宝窖池群还在持续不间断使用，是活的文物，因此将它归在了'其他类'。"

在国家改革开放大潮的宏大叙事里，泸州老窖的荣光和酒厂为文物申报所做的努力不过是细枝末节，但正是无数这样的细枝末节，构建起一家企业、一个行业和一座城市的产业经济、文化积淀的重要章节。

酒与城的共生共荣，自此伏脉千里。

40年，一瓶酒与一座城的共成长

建市之初，泸州市地区生产总值才刚过10亿，1996年攀升至110.5亿，2022年，这一数据已经飞升至2601.5亿元。

四十年沧桑变化中，以泸州老窖为引领的白酒产业，在这座城市日新月异的变迁中厥功至伟。

建市之初，泸州市委、市政府便确定将酿酒作为全市"三大支柱产业"之一，与化工业、机械制造业一道，并称泸州三大产业。

1985—1988年，国务院批专款2800万元对泸州老窖罗汉三车间进行扩建改造，率先在全国酒类行业中建起布局合理、配套设施先进、年产万吨的大型酿酒基地。

1988年，泸州老窖产销量比四川其他"五朵金花"之和还要多。

20世纪90年代，随着煤炭开采加工业崛起，泸州形成白酒、化工、机械、能源四足支撑的产业格局；到如今，酒业之外，泸州正着力打造智能终端、高端装备制造、现代医药、航空航天等新兴产业，迈入高质量发展之路。

20世纪80～90年代的中国，无疑是波澜壮阔，最让人心潮澎湃的。

这其中，有一个重要的历史节点。在经历了改革开放十余年的探索后，1992年，党的十四大报告正式提出："我国经济体制改革的目标是建立社会主义市场经济体制。"

▲ 1984年，《人民日报》报道泸州老窖特曲
荣获国家金质奖

▲ 四百年泸州老窖窖池在1991年被评为省级文物
保护单位

▲ 泸州老窖的珍贵历史足迹

▲ 1996年，《解放日报》报道泸州老窖400年老窖
池入选全国重点文物保护单位

财经作家吴晓波在其著作《激荡三十年》中讲："改革开放的成功经验在于它将市场机制引入经济中，通过市场调节资源配置，实现了经济的快速增长。"

泸州老窖敏锐地探知到时代的脉搏，并勇敢地迈了出去。

1994年5月9日，泸州老窖股份有限公司的"泸州老窖"（000568）股票在深圳证券交易所挂牌上市，泸州老窖成为四川省酿酒行业中的第一家股份制企业，也是深圳交易所第一家白酒上市企业。

从此，泸州老窖迈出了资产证券化的坚实步伐，也实现了从一家生产为主的传统企业向现代化生产经营型企业的跨越。

其后3年，泸州老窖经济效益以40%的增长速度持续上升，多次被评为深圳上市公司综合经济效益前三名。

在这样的政策动态与市场化节奏下，泸州老窖并没有一味逐利，而是一方面谋求市场发展,一方面注重文化历史的积淀。

文物保护,是泸州老窖当时极为注重的一项工作。

正是这样的坚持,始建于明代万历年间的1573国宝窖池群,在1996年12月经国务院批准,成为行业首家"全国重点文物保护单位"。

十年后,2006年,泸州老窖酒传统酿制技艺入选首批《国家级非物质文化遗产名录》。

泸州老窖酒传统酿制技艺不仅享有独立"非遗"项目编号,更成为了我国少有以品牌命名的国家级非物质文化遗产。

2008年,泸州老窖酒传统酿造技艺又作为中国蒸馏酒酿制技艺代表,入选"人类口头与非物质文化遗产预备名单",与1573国宝窖池群一并构成泸州老窖"活态双国宝"。

到2021年,泸州老窖更联合茅台、汾酒等六家白酒企业,共同签署《中国白酒联合申遗共识》,作为中国白酒代表,为世界遗产再添中国符号。

至此,泸州老窖背负的已不仅是一座城市的荣誉与期望。在中华文化走向世界的长远征程中,有一份来自泸州、来自泸州老窖的力量。

泸州老窖的浓香,诠释的不仅是一座城市的魅力,更是一个民族的文化底蕴与希望。

创领、变革,酒城的光芒与希望

熟悉泸州文化历史的人,一定会为这座城市深厚的文化积淀所迷恋。

除了不间断酿造450年的1573国宝窖池群,这里还有极具唐代建筑艺术特点的报恩塔,有明代造型生动的玉蟾山摩崖造像,有饱含清代艺术精华的春秋祠。

近现代历史上,"护国讨袁"的棉花坡战场遗址、朱德纪念馆、刘伯承元帅指挥泸顺起义指挥部旧址、古蔺红军四渡赤水渡口和长征期间党中央和毛泽东等中央领导人住地等,无不见证着这片热土上曾经的波澜壮阔。

正因此,1994年,泸州被国务院认定为第三批国家历史文化名城。

循着城市向前发展的步伐,泸州老窖也在文化遗产的创造性转换和创新性发展中书写着属于白酒文化的新篇章。

1998年的白酒行业可谓"内忧外患"。外部受东南亚金融风暴影响，国内经济下行、消费遇冷；内部面临税改政策，同时遭遇山西假酒事件波及，白酒消费困境空前。

数据显示，1998年的白酒产量从前一年的709万千升跌落至573万千升。

道路怎么走，产品怎么做，酒业将走向何方？如今回头看，1998年于酒业而言，颇像是一道泾渭分明的分水岭，有人迷茫，有人离去，也有人怀揣对新千年的期冀摩拳擦掌。

这其中，更有人在茫然之中拨开迷雾，看到了时代的趋势。

此前两年，泸州老窖1573国宝窖池群刚刚入选"全国重点文物保护单位"，600余年的酿制技艺传承和连续使用400多年的明清老窖池令世人惊叹。

再向前追溯，20世纪50～80年代里，泸州老窖在全国范围内毫无保留地推广浓香酿造技术，由泸州老窖建立起的浓香酿造技术理论标准和实物标准，更坚实了泸州作为浓香起源地和泸州老窖作为"浓香鼻祖"的行业地位。

正因此，泸州老窖被誉为"中国白酒黄埔军校"，浓香技术在全国开枝散叶。

（一）（花）（引）（出）（百）（花）（开）

泸州曲酒厂不仅有雄厚的技术力量，而且有一整套浓香型曲酒的酿造技术。三十多年来，他们不断把自己的技术介绍到全国各地，为浓香型白酒的发展作出了贡献。五十年代，他们把长期积累和继承下来的成套酿造工艺，介绍到全国；六十年代，他们把人工培养窖泥、加速新窖老熟的经验，在省内外交流。七十年代和八十年代，他们又把成品酒的调味勾兑技术，广为传授。一九七九年以来，他们受商业部、轻工部和农牧渔业部等部门的委托，先后举办了二十七期培训班，为河北、河南、吉林、辽宁、湖北、贵州、上海等二十多个省、市培训了近千名酿酒和勾调技术人员。

泸州曲酒厂还采取请进来学习，走出去传技，开展技术咨询等省内外培训酿才。现在由该厂具体指导的浓□厂，有河北的□厂、山东的梁山新疆五五酒厂、酒厂、吉林榆树百多家。其中吉河北邯郸、四川县等十多家酒厂出了省优、部优

▲ 从泸州启程，泸州老窖的浓香技术在全国各地开花。1987年《四川日报》报道《一花引出百花开》

▲ 泸州酒博会已成为标志性的世界名酒盛会

从这个角度看，"国窖1573"——这一开行业高端白酒先河的鉴赏级标准白酒产品的横空出世似乎已经水到渠成。

有行业人士曾这样评论，"国窖1573是顺应时代的一个结晶，泸州老窖很好地抓住了这个机遇，实现了一个在今天看来也是伟大的策划，历史是冥冥之中的。"

2001年3月，全国春季糖酒交易会上，国窖1573惊艳亮相，一个伟大的白酒品牌就此诞生。

泸州老窖基于深厚文化积淀、优越品质基因的创领性变革，注定由此载入白酒史册。20年过去，国窖1573在行业高端白酒领域所树立起的标杆依然明亮而闪耀。

而文化传承，是泸州老窖始终挥舞着的另一面旗帜。

2008年泸州老窖在行业举办的封藏大典，是泸州老窖基于深厚文化底蕴的又一创举。

如同泸州这座古老而又年轻的城市，泸州老窖在继承传统、坚守品质基础上的创变在新的时期也愈显朝气蓬勃。

那一年的二月初二，萦绕在中国人心头的不仅有初春的暖风，更有举国迎奥运的兴奋与自豪。

在搭建国际化大舞台，希望与活力洋溢人心的时代情境下，酒城泸州的人们也迎来了一场高扬民族文化与民族自信的隆重仪式。

祭祀先贤、拜师传承、封藏春酒……封藏大典不仅重现了传统酒礼酒俗的庄重与仪式感，更让"二月二，烧头香，喝春酿"的泸州民俗再度热闹起来。

此间十余年，泸州老窖文化战略一次次向世人展示着酒城既古老又鲜活的文化魅力。

从2017年延续至今的"国际诗酒文化大会"，把中国的酒文化与文学艺术、传统民俗进行有机结合的同时，也在提醒着人们这座城市与尹吉甫、司马相如、苏轼、陆游、黄庭坚、杨慎、张问陶等文人大家的浪漫际会。

2018年，泸州老窖·国窖1573封藏大典首登中国文化展示交流的最高平台——北京太庙，通过酒史、酒礼、酒情还原中华祭祀礼典文化，向全球展示中国酒文化的传奇魅力，也凸显着酒城泸州劲健稳重的文化品格。

至2023年，已连续举办16年的封藏大典，也正式入选四川省第六批省级非物质文化遗产代表性项目名录。

就在泸州老窖于新时期不断创新、变革，实现现代化企业升级的十余年里，泸州市也乘风破浪，展现出一座现代酒城的蓬勃活力。

2005年，泸州获"中国优秀旅游城市"称号；2014年，酒博会永久落户泸州；2019年，泸州被授予"中国酒城"称号，同时泸州港正式获批成为中国第一批进境粮食指定口岸；2022年，泸州被命名为四川省开放发展示范市，成为全省除成都之外开放平台最多的城市。

酒是泸州的产业布局之重，更是这座城市的文化面貌、内涵气质。40年间，白酒产业与这座城市共成长，融而化为一座城市、一个现代化产业的希望之光。

好酒的品质密码

长江、沱江二江的交汇，不但带来城市的兴盛，也带来了经济的发达和工业技术的精进。泸州城中，历代工匠不断提升酿造技艺，将川南紫土地上一束红高粱变成甘霖，让酒在农耕时代便成为此地民生经济的一大重要支柱。土壤、水源、高粱……一方水土一方人，因为一瓶酒紧紧联系到了一起。这是泸州这片土地上的生命足迹，也是造物主给予泸州这片酿酒水土的格外厚爱。

"养成"世界级浓香第一步：发现土地的秘密

六月，大雨来得热烈而又急切。

在这里，毫无保留敞开胸膛拥抱它的，是永远慷慨的土地，以及渴望这一场豪饮的众多生物。

当北回归线上的植物正恣意着吸收夏季炽热阳光与充沛雨水，为下一季节的成熟做充分准备的时候，南半球的诸多地区，或是来到秋的尾声，或是早已迈进漫长的冬日。

安第斯山脉两侧的农田和葡萄园，在短暂的采摘季中，已完成了今年最重要的收获；南非曲折海岸上的斯泰伦布什产区的动植物，都集体迈入了温暖湿润的冬季。

而北半球青藏高原脚下的四川盆地，此时刚过夏至，水稻、小麦、高粱、玉米……万物蓄势待发，正预备在盛夏展现生命的狂热。

四季的流转，总是同时在这颗星球上进行。尽情展现这一切奇妙瑰丽的生命更替的土地，既是这片无限生机的供给者，也成为生命延续最忠诚的守望者。

土地之上，万物生长

地球上共有约50万种不同形态和功能的陆地植物生长，它们与其间的数百万种动物共同驱动着这颗星球的生命机制运行，让"生机盎然"得以时刻在这一隅显现。

人类与农作物，无疑是这当中最特殊的一支生态链。

一万两千年前，人类在新月沃地上开始种植作物，这是有史可考的最早的农业起源。

几乎是在同一时间段，在古埃及、古中国、古印加的人们，也开始种植小麦、水稻、玉米、高粱等各类粮食作物，并不断精心培育。

粮食的生长，终让先祖得以停下迁徙的脚步，无需再日复一日地穿梭于广袤的大地间进行采集生活，而是专注于家园的建立和文明的缔造。

春生，夏长，秋收，冬藏。先祖通过对世界的观察，掌握着自然的变化规律，在经年累月的劳动创造中，利用丰富的自然资源条件，开垦出一片又一片乐土，驯化出了种类繁多的农作物。

因地制宜、因时制宜、因物制宜，持续进化丰富的农业种植技术，也让四季绽放出另一种色彩。

到今天，由人类驯化过的植物已超过了2500种，小麦、玉米、水稻、高粱、葡萄等300种植物已被完全驯化。

在这些作物加工成的所有食物中，酒，应是最富有神秘浪漫色彩的一种。

美国人帕特里克·E·麦戈文（Patrick E. McGovern）曾在其著作*Uncorking the Past*（《揭开过去》）中，曾提出过文明建造的有趣观点。

他认为酒是人类文明发展的关键性驱动因素，自我意志、创新、艺术以及宗教等人类独有的特质，都可以通过酒对大脑产生的深远影响，来进一步强化。

更有"宴享理论"的学术观点提出，采集时代人类拥有丰富的食物来源，无需种植作物。

实际上，人类很早就发现了大自然中的天然发酵酒饮，为了追求宴享之乐，人们开始驯化酿酒作物，农业也随之得到发展。

事实或许确实如此。

美索不达米亚平原上哈吉遗址中出土的葡萄酒罐，距今已有七千多年历史，这意味着欧亚种葡萄藤远在苏美尔文明以前就已经被驯化栽培。

同样发于两河流域的宗教书《圣经》中便载："面包是我的肉，葡萄酒是我的血。"

▼ 层层叠叠、错落有致的梯田

数百年前，赤霞珠、长相思、霞多丽等各品种的酿酒葡萄种子，跟随着西方探险者的脚步，横渡海洋，跨越大陆，在世界各地生根发芽。

百年后，世界地方风土的不同，又赋予了这些葡萄别样的生命力，塑造出诸多"新世界"产国：美国、澳大利亚、南非、智利、阿根廷……而对现代化农业及工业技术的充分运用，同样成为这些新世界葡萄酒产国的重要生产特色。

如今，在西方国家中，葡萄酒已成为最重要的国际性酒类饮品，从农业种植到文化交流、外贸交易，都扮演着重要角色。

在中国，酒则伴随华夏文明的发展，保持了一贯的独立与传承。

河南贾湖遗址中出土的带有酒石酸的陶器，距今已有九千年的历史。经过化学分析，贾湖遗址远古酿造的主要原料为稻米、蜂蜜、山楂、葡萄等。

先秦时，《世本》便载："仪狄始作酒醪，变五味，少康作秫酒。"酒醪，便是由糯稻制作而成，"秫"则指黏性的糯高粱。

《礼记·月令》又载酿酒的原料要求曰："秫稻必齐。"《周礼》也载："凡王之馈，食用六谷，膳用六牲，饮用六清。""六清"即是稻、黍、粱三种粮食酿酒。

稻、粱等植物，自古以来便是重要的粮食作物，同时也是酿酒的主原料。时至今日，由糯稻酿造的黄酒，以及高粱酿造的白酒依旧是中国人餐桌上最主要的酒饮。

酒的诞生，始于植物生长，酒的作用，也和植物一样，可作为与"神"交流的介质，催发精神与文明的繁盛。从作物到食物再到建物，酒激发着人类想象力与创造力的无穷，让文明的奇迹之光，蔓延至大地每一个角落，又飞跃至天空宇宙。而土地总是有种魔力，能令事物演化出千万种形态，让人沉醉其间。

白酒、紫土、红高粱，川南的烈"火"如歌

深植于农业文明的酒，在人类手中，被塑造为各种形态：白酒、黄酒、啤酒、葡萄酒、金酒、威士忌、伏特加、白兰地、朗姆酒等。

或直接发酵而成，或经过再次蒸馏而成，原料以及工艺的不同，都赋予了酒体口感鲜明的特色。

酿造发酵行业里，几乎所有细枝末节的变化，都能够影响最终产物的获得。

因此即便是同一酒种，产地的不同，既影响作物的生长，也对应着让美酒滋味

千变万化，正如波多尔、帕纳谷之于葡萄酒，干邑、雅邑之于白兰地，苏格兰、爱尔兰之于威士忌，泸州、宜宾之于浓香型白酒。

而美酒产区之间，气候的差异以及土壤理化性质的变化对所产之酒的品质更是具有决定性作用。从原料种植，到微生物发酵代谢，每一环节，都需要不断寻找最优解，以保障每一次的收获。

在横断山脉东部，四川盆地南部，坐落于长江畔的中国酒城泸州，便时刻呈现着自然造化对于美酒风格的极致演绎。

土壤条件依旧是第一大的影响因素。

震旦纪以前，四川盆地便已形成了稳定的结晶岩基地，具备了地台性质。到中生代三叠纪，四川盆地地区发生广泛海侵，形成普遍的砂页岩和灰岩。

到侏罗纪时期，四川盆地周围山地、高原的细沙和泥土被流水搬运至此，这些含铁、磷、钾的物质经过氧化，就会变成紫红色的砂岩和页岩。

这种紫色砂岩和页岩，在高温多雨的条件下，能够迅速风化，并逐渐发育为成熟的土壤，但颜色不变。

四川盆地面积的八成以上，都被这种富含矿物质养分的紫色土壤覆盖。而紫土还具有成土作用迅速、可耕性极强、土壤垦殖率高、宜种性广等特点，十分利于农业生产。

并且，四川盆地内部总地势微微向南倾斜，因此许多河流都往南部汇聚，构成向心状水系，是非常典型的盆地地形水系特征。

从西向东，岷江、沱江、涪江、嘉陵江、渠江、长江，河流穿过盆地，水系庞大复杂，为四川盆地冲刷出千里沃野。

与此同时，亚热带季风气候影响下，四川盆地冬暖夏热，全年无霜期长达三百天以上，水热条件良好，农作物一年可以两熟甚至三熟。

如此丰厚的自然资源条件，令四川盆地的农耕活动分外活跃。而"天府之国"不但善于耕种，还更善于将所种的粮食转化为美酒。

四川的酿酒渊源，由来已久。三星堆遗址中，便出土了大量酒器，诉说着三千年前古蜀人酿造美酒的那段往事。

"蚕丛及鱼凫，开国何茫然"……发于岷山的古蜀文明，被肥沃又洪水频发的成都平原塑造得繁盛而神秘。河流带来丰收，也同样带来灾难，以美酒为媒介向神明寻求帮助，成为古蜀人宗教活动的一个重要部分。

◀ 麒麟温酒器，现收藏于泸州市
博物馆

酒，也同那向往的神国一样，成为古蜀人慰藉心灵、滋养生息的重要工具。

在"周之南土"巴国，美酒同样成为巴人日常生活的重要部分。

《华阳国志·巴志》记载巴地"其地东至鱼复，西至僰道，北接汉中，南极黔涪，土植五谷，牲具六畜"，巴人"民质直好义，土风敦厚，有先民之流"。

又收录巴地民谣，歌曰："川崖惟平，其稼多黍；旨酒嘉谷，可以养父。野惟阜丘，彼稷多有；嘉谷旨酒，可以养母。"

古时，巴蜀地区便盛产高粱，被称为"蜀黍"。高粱既是此地重要的粮食作物，同时也是酿造白酒的主要原料，被广泛种植在四川盆地的紫土地上，为四川自古以来的酿酒产业贡献良多。

位于四川南部的泸州，在酿酒这件事上更是天赋异禀。

长江、沱江二江的交汇，不但带来城市的兴盛，也带来了经济的发达和工业技术的精进。泸州城中，历代工匠不断提升酿造技艺，将川南紫土地上一束束红高粱变成甘霖，让酒在农耕时代便成为此地民生经济的一大重要支柱。

浓香型白酒的诞生，便是源于此地千年来持续不断的酿造基因。从元到明到清，再到如今，浓香型白酒发源于此，定型于此，兴盛于此，并深刻影响着此后其他浓香型白酒产区的发展。

泸州老窖，正是这一切结果的推动者。

"世界级"高粱，"世界级"浓香

高粱之于泸州酒，是自然的第一重馈赠。

属于短日照植物的高粱，抗逆性强，根系发达，吸水吸肥能力强。因此，肥力较高的紫土是种植高粱最优质的耕作土壤。

川南的泸州，在地质、气候、土壤、水资源以及酿酒原料上皆具有不可复制性，是最适合种植酿酒高粱的区域之一。

酿酒原料的选择深刻影响着酒体风味口感的呈现。《泸县志》载："酒，以高粱酿制者，曰白烧。以高粱、小麦合酿者，曰大曲。"

高粱，又称"蜀黍"，在四川有着悠久的酿酒历史，而传至制曲之父郭怀玉起，才真正进入高粱大曲酒的时代。

酿造优质白酒的糯高粱籽粒总淀粉含量极高，其支链淀粉含量占比大，可使发酵过程中易达到柔熟、收汗等工艺标准。

此外，糯高粱中适量的蛋白质含量还可为酿酒微生物提供营养成分，少量的脂肪含量则能减少酒体中的杂邪味，适量的单宁含量能抑制杂菌生长繁殖，并赋予酒体独特香味。

在泸州过去数百年酿酒史中，高粱在泸州甚至四川农业经济中的地位持续提升，其身份定位已从粮食作物转向经济作物。

这种转变，既彰显着高粱经济价值的提升，也体现着一代代酿酒人对美酒品质的不懈追求。

而其中最关键的一点在于，多少年来，泸州老窖始终坚持采用糯高粱作为单一原粮。

对比苏格兰地区对单一麦芽威士忌，以及法国勃艮第地区对单酿葡萄酒的严苛要求，对单一原粮的执着，不仅让酒体保持平衡、稳定与纯正，也同样使酒体具有了极高的价值属性加持。

单粮，不仅是对原料品种的限定，更是对产区土壤以及酿造手法等诸多层面的范围划定。也正因此，单粮酿造的酒，最能够呈现一方风土的极致之味，成为"世界唯一"。

正如罗曼尼康帝之于勃艮第，麦卡伦之于苏格兰，泸州老窖之于四川泸州。

联合国粮农组织在考察泸州后便称赞："在地球同纬度上，只有沿长江两岸的泸州才能酿造出纯正的浓香型白酒。"

"浓香鼻祖"泸州老窖，在扎根此地的数百年中，对单粮的追求也不断提高，将风土起源、自然恩赐、工艺传承，悉数汇聚于一杯浓香型白酒中。

延续至当代，为了选育出更适合更优质的酿酒高粱品种，泸州老窖更是早在20世纪便开始了酿酒专用高粱品种探索。

2009年，泸州老窖精心培育的"国窖红一号"通过国家审定，成为泸州老窖专用的优质高粱品种。这一探索，泸州老窖持续了将近二十年。

最终由"国窖红一号"繁育出的高粱，支链淀粉平均含量在94%以上，单宁平均含量则为1.49%，蛋白质含量也非常适中，脂肪和单宁的比例关系则在25∶1左右，十分有助于浓香风味的形成。

在培育专用种子时，泸州老窖对高粱的种植管理也投入了极大热情。

2001年，泸州老窖率先在四川建立了省级授牌的原粮种植基地，开始了对于"有机高粱"的探索。

"有机"意味着"0污染"，需要泸州老窖在高粱种植过程中，不能有化肥、农药、除草剂等化学污染，也不能使用任何有害土壤的添加物，仅以自然的生态循环实现高粱的健康生长。

于是，按照有机原粮的种植要求，泸州老窖先是开展了长达数年的"净土"工作，反季节规模种植高粱、小麦，消除土壤中的有害物质。在土壤条件达到有机要求的零污染后，其上种植的高粱才能用于有机白酒的酿造。

2008年，泸州老窖产品"国窖1573"获得有机产品认证，成为第一个获此殊荣的浓香型白酒。七年的坚持，不负众望。

如今，泸州老窖的有机高粱基地已广泛分布于泸州市龙马潭区、江阳区、纳溪区、泸县、合江县五个区县十余个乡镇上，共有24个农场。

而泸州老窖在原粮种植环节上的精益求精，也使得其在浓香型白酒品质的打磨上，始终要先于行业一步。

一粒种子，一穗高粱，一块土地，这一切的付出，都为顶级浓香型白酒的诞生奠定了坚

▲ 川南有机糯红高粱

实基础。

粮为酒之肉。在以最优质的高粱完成浓香型白酒"塑形"的第一步后，泸州老窖又以传承700年的泸州老窖酒酿制技艺，和连续酿造450年的国宝窖池，为浓香型白酒注入灵魂和骨血，顶级浓香型白酒最终得以出世。

这是数代人共同的创造与努力，也是一方风土的极致浓缩和演绎。

无论是土壤的呼吸吐纳，还是高粱的蓬勃生长，抑或是国宝窖池中持续450余年的生物发酵，在泸州老窖浓香型白酒的生产过程中，每一个环节，都是"生生不息"，完美呈现着地方生命的发展轨迹。

而从最优质的酿酒高粱，到高品质的浓香型白酒，泸州老窖走过的每一步，都代表着这一品类的最高技艺层级、最高品质水准，既傲视于行业，也屹立于世界。

眼下，川南泸州的糯红高粱，正深扎于土壤中，舒展叶片竭力吸收着盛夏的能量，迎接着来自大地的洗礼升华，静待七月于烈日之下，以一穗穗丰实饱满的高粱，点燃这片紫色大地。

这是土地生命奥义的晶华，也是人类千年辛勤耕作的礼赞。以一杯高粱酿造的浓香好酒，回馈土地的恩赐。

在四川，一方土壤的生命足迹

数亿年前，地球还不是今天的模样。

七洲五洋尚未大致定形，四川盆地所在的位置被地质学家称为扬子板块。

极为坚硬的扬子板块，在上亿年来剧烈的板块运动中，几乎岿然不动。

于是，在四周山系漫长的演变过程里，盆缘山系隆起与山前凹陷同时进行，中国四大盆地之一的四川盆地逐渐形成。

联结的山脉环绕成盆，封而不闭。盆地内沃野千里，滋养出"天府之国"。

独特的地形让这里气候恒定、温暖湿润，成为天然的大窖池和大酒坛。

伴随着四川盆地的形成，这一方土壤的生命足迹也由此铺展开来。

土壤

土壤，是地球上所有生物赖以生存的物质基础。它的形成、发育与演变，无时无刻不在与外界环境发生关联。

其中既有土壤母质的风化与矿化，也有土壤中各种生物的有机质积累，还有降水等气候因素，土壤自身也在时间和空间上进行着再分配。

而在这诸多过程中，地形始终发挥着至关重要的作用。

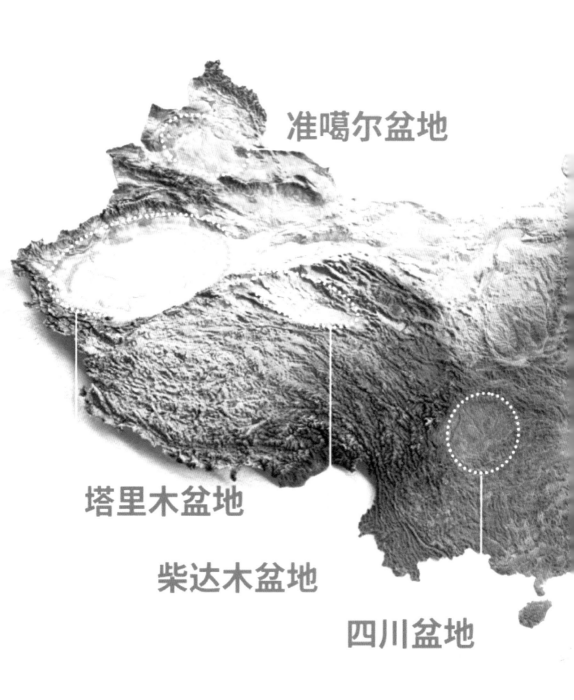

准噶尔盆地

塔里木盆地

柴达木盆地

四川盆地

▲ 中国四大盆地示意图

　　四川盆地是一个丘陵式盆地，除西部成都平原外，盆地底部大部分为丘陵。

　　由于深陷于周围高原和山脉之间，诸多内陆河和地下径流，携带了各种类型的风化产物在盆地堆积。

　　加之地处亚热带，气候温暖湿润，水系稠密。在中国四大盆地中，前三个土壤均为干旱土或砂质新成土，四川盆地却以紫色湿润雏形土为主。

　　这种紫色土多为侏罗系红色砂泥岩、泥灰岩和白垩系紫色砂泥岩、砾岩构成，在盆地内随处可见。所以，四川盆地又有"红色盆地"之称。

　　丘陵之间的局部平原俗称"坝子"，是农业的精华所在。

　　这种独特，赋予了四川酿酒所需的一切禀赋。川酒的最大功臣，就是毫不起眼的土壤。

　　地形、气候、植被类型的多样性，造就了四川省丰富多彩的土壤类型。

　　四川是中国紫色土分布最集中的地区，这种富含铁、磷、钾等成分的土壤，是"天府之国"的农业根基。酿酒用的优质糯红高粱尤其喜爱紫色土。

　　在这片土地上生长出的糯红高粱，支链淀粉含量占比高，平均在90%以上。单宁含量平均为1.49%，蛋白质和脂肪含量适中，是酿造优质白酒的重要原料。

　　从原粮种植开始，土壤就决定了川酒的优越性。

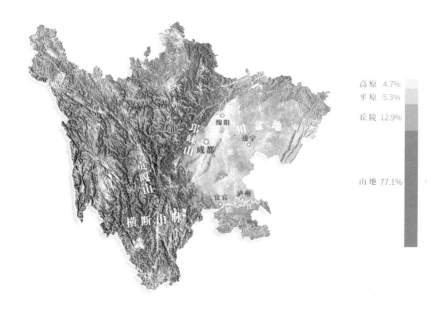

高原　4.7%
平原　5.3%
丘陵　12.9%

山地　77.1%

▲ 四川地貌类型示意图
数据来源：《四川年鉴》2020卷

陶坛

伴随着人类社会从农业到手工业的发展进程，土壤在四川的角色也不断丰富。

在四川宜宾高县，有一种独特的美食称为"土火锅"，是宜宾人百吃不厌的传统风味。其锅具造型，类似北方流行的铜火锅，材质却是用当地一种特殊的泥土烧制。

人们制作技艺的提升，使得某些具有特殊禀赋的土壤逐渐被发掘，走进普罗大众的生产和生活中，化身为日用的容器。

位于四川省广汉市鸭子河畔的三星堆遗址，是古蜀文明的标志性代表。其大量出土的青铜器与玉器，展现了古蜀人精湛的雕刻技艺。

三星堆出土的陶器，同样数量惊人。虽不及玉器与青铜器精雕细琢，却有一种实用简洁之美。

一件商代陶三足炊器，独特的造型极为罕见。

宽大的盘面类似今天四川泡菜坛的坛沿，可盛水或食物，足下则可生火加温。

据考古专家推测，这种器具很可能就是四川火锅的源头。

三星堆遗址还出土了陶盉、瓶形杯、尖底盏等大量陶制酒器，说明3000多年前的古蜀人，已经过上了吃着火锅喝着酒的安逸生活。

时至今天，由川泥制作的储酒陶坛，早已和川酒一样行销天下。

大半个中国白酒行业，都被装在四川的酒坛里。

特别是四川隆昌和荣县两地，丰富的优质陶土资源，让这里成为中国顶级陶坛的主要产地。

贵州茅台酒厂所用的陶坛，多年来一直是"隆昌造"。

荣县则被称为"中国（西部）陶都"，每年全国大小酒厂所用的陶坛，40%左右产自这里。

一块来自四川的泥土，如果被赋予了与酿酒有关的使命，注定会度过精彩的一生。

这一生的高光时刻，则是从进入窖池开始。

▼ 四川泸州叙永县，紫色土十分明显

窖泥

四川的黄泥，在白酒界早已闻名遐迩。

20世纪80年代，川酒浓香风行全国。一列列绿皮火车曾往返于四川和其他省份，火车上载着四川的黄泥、窖钉、麻绳，甚至菌种。

所有的浓香酒厂都知道，优质的浓香大曲酒，高度依赖于优质的窖泥。

在浓香型白酒的发酵过程中，窖泥是己酸菌、梭菌等功能微生物的重要栖息地。这些微生物菌群的生长和代谢，对浓香型白酒的香气和风味形成起着关键作用。

连续使用时间越久的窖泥，窖泥中参与发酵生香的功能微生物就越多，产出的酒品质也越高。所谓"千年老窖万年糟"，前者形容的就是老窖泥的珍贵。

江南大学许正宏教授团队早在2012年，就与泸州老窖国家固态酿造工程技术研究中心沈才洪主任团队合作，针对不同窖龄中的窖泥微生物进行科学研究。

研究发现，随着窖龄增长，窖泥中影响白酒风味形成的重要功能菌群（己酸菌、梭菌等）丰度占比会显著增加，这也是老窖出好酒的原因所在。

▲ 穿越450年岁月的珍贵老窖池

但并不是所有的泥土都有机会成为窖泥。只有具备黏性大、含沙量小、含铁低、保浆好等特质的黄泥，才是上好的窖泥原料。

四川是这种黄泥的主要产地。

在国家土壤信息服务平台进行检索，"黄壤"主要分布在四川盆地周围海拔800～1300米的中低山中下部，而这恰好是川酒分布的U形地带，主要集中在泸州、宜宾等地。

位于泸州长江边五渡溪岛上的黄泥，被认为是浓香型白酒的窖泥之母，泸州老窖的窖泥就产自这里。

这种野生窖泥土壤被本地人称为"泸州土王"，其色泽金黄，含沙量低，手感特别绵软细腻，且黏性极强，成因的关键在于五渡溪岛独特的地理结构。

泸州地处长江上游川江南北，五渡溪岛位于泸州城区华阳山麓五渡溪与长江的交汇处。长江在其南，五渡小溪环绕其北，呈半月形合抱之势。

岛南部有一整块结构的绵沙石，有力挡住了上游江水的冲击和杂质泥沙，而正北面的山泉水又起到了清淤淘沙的作用。

在长江水和山泉水的长期交互浸泡下，本地原生的黄色颗粒页岩矿物质，进一步软化，逐渐演变为柔软细腻的金黄色泥土。

用这种黄泥筑成的窖池，无需做防渗处理就能保水。粮、水、曲入窖发酵产生的浆液不会外泄，而渗入窖泥中的水分又可满足微生物生命活动对水和营养的需要。

450年前，也就是公元1573年，泸州一位舒姓武举人舒承宗卸甲归田，回到阔别已久的家乡。后在长江边发现了这种特殊的黄泥，由此开始了用泥窖酿酒的历史。

这是四川土壤第一次走进窖池的开端。

数百年后，这些历经岁月变迁但从未间断生产的老窖池，在1996年11月被国务院评定为白酒行业首家全国重点文物保护单位，由此成为"国宝窖池"。

能够最先跻身"国宝"之列，可不仅仅是因为老，而是老而稀缺。

明代前后中国的高粱烧酒已经非常发达，当时建造的窖池想必也不在少数。

然而时至今日，尽管后续又有一些老窖池或老酒坊入选全国重点文物保护单位，但基本都是以古遗址、古建筑的名义。

根据联合国教科文组织的定义，遗址是指人类活动的遗迹，属于考古学概念，多深埋于地表以下。

而泸州老窖国宝窖池的特征在于其始终处于不间断生产中。唯有持续酿造，才有可能酿造出真正的高品质白酒，一旦出现中断，再优良的窖池也将成为不可复活的遗址。

不过，老窖池要"活"到现在，实在是太难了。很多原因，都可能造成珍贵的老窖池被损坏。

比如酿造过程中，人工挖伤窖壁；用酒尾淋窖池壁时，酒尾用量少、淋壁方式不当，窖壁吸水、吸收营养不足；窖池中酒醅不足，窖口暴露等。

而更为常见的是，由于各种历史原因，导致空窖时间过长。如果停止酿造超过3个月，窖池内的微生物就会大面积死亡，从而丧失使用价值。

因此，从未间断生产成为衡量老窖池价值的最重要标准。在泸州老窖，至今仍有1600余口百年以上持续使用的国宝窖池，是国窖1573高端品牌的灵魂所在。

这些持续酿酒数百年的老窖泥，也被视为"活文物"，其身价堪称泥中黄金。

在白酒的世界里，一块四川土壤可能会被塑造成诸多形态。

或化身土地，孕育红粮；或烧制成器，盛载佳酿；而顶级的荣耀，便是成为一口国宝级的老窖。

这是四川土壤的生命足迹，也是造物主给予四川这片酿酒水土的格外厚爱。

▼ 泸州老窖有机高粱种植基地

奇妙的微生物：
从微生物的驯化到人类的酿造自由

　　如果你有幸去过泸州老窖1573国宝窖池群，一定会很容易联想到，那高高隆起的黄泥窖帽之下，数以亿计的微生物种群正在努力生长，代代繁衍。

　　很难想象，这些人类肉眼不可见的微小生物，已经在这方寸天地之间繁衍生长了450余年。

　　也正是它们悄无声息的贡献，浓香型白酒从这里开始，广开枝叶，普泽天下。

　　2022年，国家固态酿造工程技术研究中心主任沈才洪团队与中国科学院微生物研究所李寅研究员团队联合，在泸州老窖老窖池中发现了一株乳杆菌新种，定名为"老窖乳杆菌"。

　　该新种是迄今为止自然界最小基因组乳杆菌，该菌株的研究为深入理解微生物如何适应老窖窖池环境并在酿造过程中发挥作用提供了新的视角。

▲ 难以计数的微生物种群，就生活在一方窖泥中

　　2023年5月10日，该研究成果以《比较基因组研究揭示老窖乳酸杆菌对富碳水化合物环境的适应性（*Comparative genomic analyses reveal carbohydrates-rich environment adaptability of Lentilactobacillus laojiaonis sp. nov. IM3328*）》为题在线发表在国际期刊*Food Bioscience*上。

作为蝉联五届中国名酒称号的浓香型白酒，泸州老窖拥有1573国宝窖池群和泸州老窖酒传统酿制技艺两大活态酿酒文化资源。

据统计，目前由国家文物局批准的属全国重点文物保护单位的老窖池，90%以上在泸州老窖。

其中始建于公元1573年的国宝窖池群，自建成起已持续酿造450余年。1996年经国务院颁布为"全国重点文物保护单位"，是名副其实的"活文物"。

解密浓香型白酒窖池微生物的多样性，发掘老窖窖池的微生物资源，是认识和理解浓香型白酒主体风味物质形成基础的重要工作。

2019年，泸州老窖窖泥微生物研究获得突破，首次从老窖泥中分离出新菌种，并命名为"老窖梭菌"和"老窖互营球菌"。

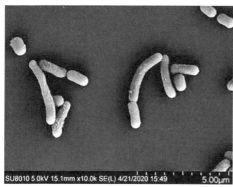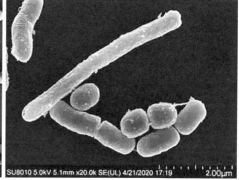

▲ 老窖乳杆菌

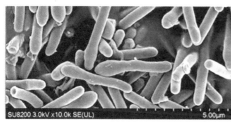

▲ 老窖梭菌（左）和老窖互营球菌（右）

而"老窖乳杆菌"的发现，再次证明，连续使用的窖龄越老的窖池，窖泥中的酿酒微生物多样性越丰富，参与酿酒生香的微生物越多，白酒的风味物质越丰富。

"老窖酿好酒"的又一科学实证，在于酿造过程所涉及的四大微生物体系。

首先是环境微生物体系。泸州地处北纬28°的亚热带河谷地带，有着湿润的空气，富含铁、磷、钾等元素的紫色土壤，以及长江、沱江两江构建的丰富水系，优越的环境为酿酒微生物提供了天然的温床。

其次，是来自酿酒大曲的大曲微生物体系。公元1324年，泸州老窖酒传统酿制技艺第一代传承人郭怀玉，发明了"甘醇曲"，奠定了块状大曲的雏形，所酿之酒"浓香甘洌，优于回味"，是中国古代制曲技术里程碑意义的革新。

700年过去了，大曲制作工艺在历代泸州老窖国窖人的呵护和耕耘下，经历了一次又一次的演变与改良，而不变的是泸州独一无二的制曲微生物环境。2001年，泸州老窖"久香"牌酒曲被酒界泰斗周恒刚赞誉为"天下第一曲"。

此外，还有糟醅微生物体系，泸州老窖以糟醅的续糟繁衍，让微生物与香味物质相生相伴，形成了"万年糟"的工艺特点，也成就了泸州老窖酒"窖香浓郁、绵甜醇厚"的口感特质。

最后是窖泥微生物体系。与石窖、陶缸相比，由于窖泥中的孔隙能够提供微生物的生存空间，因此窖龄越老，参与生香的微生物种群数会越丰富，这也是"千年窖"的奥秘所在。

经数百年持续酿造，窖池中含有的微生物经过不断驯化、繁衍、富集，形成了优越的生态系统，其微生物种类繁多、数量庞大，成为中国泥窖酿酒工艺研究的极限样本，成为名副其实的"中国第一窖"。

凭借这些"国宝"窖池，以及窖池里生长数百年的微生物，泸州老窖成就了"你能品味的历史"，并在全世界建立起庞大的销售网络，遍布全球70多个国家和地区，成为海外能见度最高的白酒品牌之一，让世界品味中国！

微生物，微小而庞大的酿酒军团

在中国的美食地图上，利用微生物发酵制取的食品数不胜数。酱油、醋、腐乳等，无不是古人经验智慧的结晶。

现代科学研究表明，传统发酵食品具有较高的营养价值和独特的风味，其中最大的功臣当数微生物。

古人在保存食物的长久历程中，摸索出让食物与时间共存的千般妙法。

《舌尖上的中国》在"时间的味道"中讲，"酒、醋、酱油、腐乳、豆豉、泡菜等，都有一个共同点，它们都具有一种芳香浓郁的特殊风味。这种味道是人与微生物携手贡献的成果。"

这种人与微生物的合作，让原本寻常的粮食、谷物产生出奇妙的味道，为人类文明带来惊喜。

《尚书》记载："若作酒醴，尔惟曲糵。"在上古时代，曲糵指的就是酒曲。随着酿酒技术进步，曲糵分化为曲（发霉谷物）、糵（发芽谷物），用糵和曲酿制的酒分别称为醴和酒。

中国是世界上最早以制曲培养微生物，从而酿造出一杯好酒的国度，因此，酿酒师傅们在制曲、酒醅发酵中深谙微生物的巨大能量。

正是在酿酒师傅们的手中，这支微小而又庞大的酿酒微生物军团为美酒香味生产出"醇、酸、酯、醛"等深刻影响白酒风味的物质。

窖泥微生物的多寡与活跃程度，直接影响着白酒的品质。现代科学研究已经证实，酒曲、酒醅，与诞生在窖池中的微生物一道，成为酿造一杯好酒的关键。

浓香型白酒核心生产工艺在于续糟发酵，泥窖池中的酒糟在黄泥和水密封之后，酒糟中的营养成分滋养出大量酿酒菌群，方寸泥窖成为微生物繁衍生长的天堂。

在充分的密封环境下，厌氧的酿酒菌群将产生大量的醇、醛、酸、酯等香味物质，伴随蒸馏过程进入酒中，赋予酒液各种典型香味。

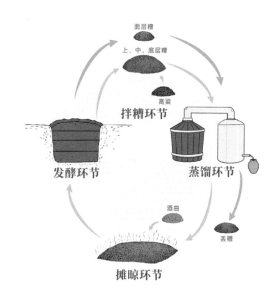

▲ 浓香型白酒续糟配料工艺示意图

在中国辽阔的浓香版图上，也因地理环境的不同，驯化出各自不同的微生物菌群，从而酿出了风味不同的浓香流派。

江南大学教授、国家固态酿造工程技术研究中心副主任许正宏认为，窖泥微生物地理学研究显示，不同地域窖泥菌群差异显著，物种组成既有共性，又有独特性。

例如，江苏产区的真杆菌属和安徽产区的片状芽孢杆菌（*Fastidiosipila*）等都是较为特殊的优势菌群，四川产区的球菌属、湖北产区的嗜热菌属等，都是各自自然环境下诞生出的酿酒优势菌种。

气候干燥、地势平坦、以平原为主的北方大地上诞生的浓香型白酒，与南方"川派""江淮派"浓香风味也都各自不同。

泥窖生香，老窖出好酒

众所周知，浓香、清香、酱香是中国白酒的三大基础香型。

从三大香型采用发酵容器的材质来看，清香型白酒采用"陶质地缸"，其"地缸发酵、清蒸清烧、清蒸二次清"的工艺特征是顺应黄河流域气候特点的结果。

北方多干旱，气候干燥，土壤保水性差，故以"陶质地缸"为发酵容器，保温的同时避免黄水渗漏。

而黄河流域冬天寒冷，部分微生物难以繁衍和生存，因而微生物的多样复杂性是不及浓香、酱香的。

酱香型白酒，是赤水河流域微生态环境孕育和独特的高温堆积发酵工艺共同作用的结晶。因当地地势陡峭，山多土少，故窖池绝大部分采用石窖。

浓香型白酒，则是长江流域文化的代表，泸州气候温润，以当地独有的黄泥筑窖，因微生物能在泥窖的缝隙中繁衍栖息，迭代繁衍，时间越久，参与生香的微生物越丰富，酒体越香。

浓香型白酒的泥窖和其他窖池最大的区别在于窖底和四壁糊了一层厚厚的窖泥。正是窖泥的存在，给了功能微生物菌群繁衍栖息的微环境。

而因地缸（陶缸）、石窖质地坚硬，没有微生物的生存空间，无论使用多久，也不会成为微生物繁衍栖息的聚集地。

因此，无论从工艺品质还是文化价值、文物价值上讲，清香的地缸、酱香的石窖都不如浓香的泥窖（尤指超过30年以上的老窖）稀缺珍贵并富有传承意义。

浓香型白酒酒体香气成分主要来自窖泥微生物的代谢产物，因此，窖池窖泥就成为浓香型白酒品质的保障，这也是"泥窖生香"的原理。

微生物独特的类型、数量、相互间关系使其在窖泥中不间断进行错综复杂的代谢活动，因此改善微生态环境对酒体品质、香气也发挥着重要的作用。

简单地说，浓香型白酒在泥池酒窖中进行固态发酵，泥是载体，黄水是中介，微生物菌种是主要参与者。

其中，窖泥是酿酒微生物发酵的附着地，如果没有窖泥给酿酒微生物提供附着地，微生物的生命活动就会受到影响，甚至会失活，不能产生发酵作用，酿不出浓香型白酒。

许正宏教授在对泸州老窖窖泥微生物研究中发现，不同年代窖泥微生物群落结构形成了窖泥微生物细菌的多样性。

目前，泸州老窖窖泥中细菌菌群共检出1563种，分布在30个门、53个纲、287个属中。

泸州老窖窖泥中的优势微生物菌种有己酸菌、氢孢菌、互营单胞菌、梭菌等。

浓香型白酒·泥窖

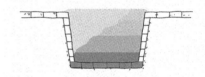

酱香型白酒·石窖

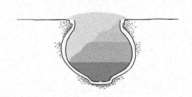

清香型白酒·地缸

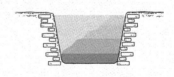

凤香型白酒·土窖

▲ 不同香型发酵容器示意图

窖泥在其中主要扮演了两个角色。

首先，酒糟发酵是利用微生物的作用将酒糟中的有机物质分解成二氧化碳、水和有机酸等物质，使其成为一种优质的有机肥料。而窖泥是微生物生长的良好培养基，为微生物提供了成长所需的特定环境。

其次，窖泥在循环往复的使用过程中，大量具有产酒和增香功能的微生物富集，对浓香型白酒典型风格的形成发挥着重要作用。

正是窖泥和微生物的相互协作，让窖泥中附着了代代繁衍的酿酒微生物，在常年不间断的生产使用中，窖池中的酿酒微生物不断被驯化，产生出更为适合酿酒的新的微生物菌种。如此，产出的酒品质也就更好。

国内多位学者在研究泸州老窖不同窖龄不同位置间的微生物后发现，连续使用越久的窖池中的厌氧微生物越富集，微生物生态系统越稳定，产香味物质的功能微生物数量也呈上升趋势。

许正宏教授指出，长期不间断酿酒生产驱动窖泥菌群的进化，窖泥微生物逐渐由"散乱无序"演变成"模块清晰、功能协同"的稳定菌群结构。

在长期不间断酿酒生产驱动下，窖泥菌群的大分子水解功能降低，老窖泥中互营脂肪酸氧化菌和产甲烷菌的功能增强，它们与梭菌等产酸菌协作促进呈香脂肪酸积累。

老窖泥中重要产香微生物梭菌也从生物适应性的角度阐释了"老窖出好酒"的科学性。

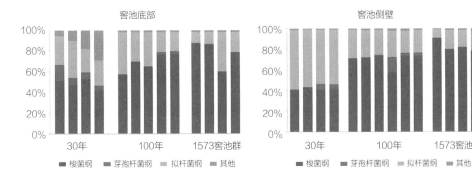

▲ 窖泥功能菌丰度占比示意图

谁在影响白酒风味

目前研究已经发现的白酒酿造微生物已多达上千种，如此多的微生物中，究竟是谁在影响着白酒的风味口感？

江南大学在《浓香型白酒窖泥中梭菌群落多样性与窖泥质量关联性研究》中表明，浓香型白酒酿造中，产酸、产醇、产酯、产醛酮类微生物都对白酒风味有着重要影响。

酸类物质是浓香型白酒中的重要成分，是形成酯类物质和芳香化合物的重要前提，浓香型白酒中主要酸类物质乙酸、乳酸、丁酸和己酸对白酒风味有重要影响。

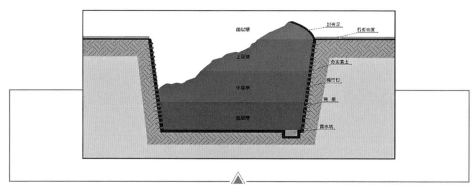

泸州老窖窖池剖面图
Sectional view of fermentation pits of luzhou laojiao

泸州老窖窖池局部图
Look of fermentation pit mud of Luzhou Laojiao

▲ 浓香型白酒窖池结构示意图

白酒发酵中会产生大量乙醇，还会生成高级醇。高级醇是白酒中醇甜和助香的重要成分，能与酸形成酯类物质使酒体风味变得丰满。

适量的高级醇可赋予酒体特殊的香味，使酯香更浓，但过量的高级醇使酒质变差，使人"上头"，加重醉酒程度。

酯类物质则是白酒中芳香的主体，白酒中的果实香味或独特芳香气味大都来自乙酸乙酯、己酸乙酯、乳酸乙酯、丁酸乙酯等浓香型白酒"四大酯"。

产醛酮类微生物也对白酒风味贡献极大，白酒中的杏仁味、烤味等丰富的香气层次正是来源于此。

此外，窖泥中的含水量也影响白酒品质，水是微生物细胞的重要组成成分，在微生物体内起着运输、溶剂、参与化学反应、构成生物体等作用，成熟窖泥中水分含量一般为30%～50%。

这些肉眼不可见，而又默默无闻的微生物，在代代生长中各自发挥作用，最终形成了浓香型白酒窖香浓郁、绵甜爽冽的风格特征。

活着的微生物，活着的老窖池

对窖泥中微生物的研究，是学术界重要课题之一。

自20世纪60年代起，白酒研究者们逐步明确了浓香主体香味物质来自窖泥中的己酸菌。

而探寻微生物之于浓香型白酒的价值意义，则以拥有450余年不间断酿造窖池的"浓香正宗"泸州老窖为研究对象最具说服力。

许正宏认为，老窖出好酒，是长期不间断使用过程中微生物结构与功能进化的必然结果。因此，只有"活着的"老窖才具有真正的文物和使用价值。

从宏观自然环境，传承700年的酿制技艺，到古老酿酒窖池中的微观环境，人与微生物的相互协作在泸州老窖的酿酒工艺中体现得最为淋漓尽致。

北纬28°的中国酒城泸州，有着独特的地质、气候、土壤、水资源、原料和微生物环境，"地、窖、艺、曲、水、粮、洞"赋予了泸州老窖最得天赐的好酒元素。

自1573年起，舒承宗选择了用泸州城外五渡溪的黄泥筑窖，这里的窖泥黏性强，富含多种矿物质，其所含微生物种类繁多，数量庞大。

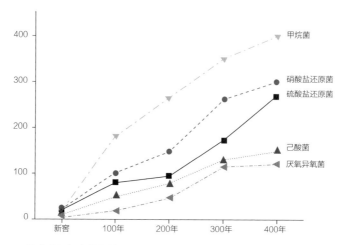

▲ 菌群成长与窖龄的关系图，其中己酸菌数量增长相对较缓慢

以此窖泥为基，建造出的窖池持续使用450余年，长年累月的发酵作用下，形成了国宝窖池群稳定良好的微生物生态系统。

再配合以传承700年的酿制技艺智慧，"固态发酵、泥窖生香、续糟配料"，泸州老窖醇香美酒的诞生，功劳在人，在时间，也在微生物。

这些肉眼看不见的微生物，是酿造好酒的核心力量，也是成就浓香好酒的"菌脉"。

450余年持续不间断酿造的古老窖池中，微生物不断繁衍迭代、进化，酿酒微生物的生香能力、数量，优势菌种不断提升，加之浓香型白酒独有的"续糟配料"工艺，让"菌脉"得以代代传承，活色生香。

"续糟配料"工艺，即每完成一次发酵周期，去掉窖帽部分的面糟，再加入新的高粱及辅料，代代循环、四季轮回、周而复始。这正如庄子在《庄子·天下》篇所讲："一尺之棰，日取其半，万世不竭。"正是这些活着的微生物、活着的窖池、活着的非遗手艺，方成就了泸州老窖的浓香标杆。

中科院院士方心芳曾言："谁要是把泸州老窖老窖池里的微生物研究清楚了，谁就可以得诺贝尔生物学奖。"今天，人们对老窖池出好酒的科学研究仍在持续开展中，人类从对微生物的驯化到实现酿造自由，最终成就了一杯杯人间佳酿。

从泥到"活文物"，一块窖泥的朝圣之旅

泥，地球上最古老的事物之一。在漫长的亿万年光阴里，泥的存在，就像白天的星星，难以引起注意。

直到人类出现。

松散又略带黏性的泥，充满了可塑性，在先祖灵活的手里，被创作为各式各样的工具和艺术品。大约两万年前，以泥创造出陶器为重要历史节点，人类开启新石器时代，加速迈入了文明新征程。

从此，泥与人类文明一路相伴，书写起独特的故事。

在酿酒领域，泥，则被建设为酿酒微生物发酵的伊甸园和储酒的绝佳容器。

河南贾湖遗址出土的陶器内壁上，便发现了酒类挥发后的酒石酸，迄今约有九千年的历史。这是考古界目前所挖掘出的，人类最早的酿酒起源，同时也是有据可考的，酒与泥最早的"联结"。

以此为起点，在此后中华数千年酒史中，泥，再也没有离开过酒的世界。

最常见的表现形态，便是各种陶制的酒具，如缶、陶瓮、陶觚、陶瓶、瓿、罍，等等。而后泥制工艺精进，瓷器的出现，令酒具变得更加精美繁复，美酒和美丽酒具的结合也令无数饮者为之动情，并留下吉光片羽。

如果说陶器、瓷器是以泥为主体，为酒提供了品质保存的最基础的物质载体，那么泥窖的出现，则为酒的诞生，创造了一个最为奇妙的"化学反应实验室"。

去往泸州，中国酒城，在这座被称作浓香圣地的城市，我们或许更能找到泥之于酒的"创生"意义。

泥窖生香，从一抔黄泥开始

泸州市江阳区营沟头的泸州老窖7001生产车间内，春酿出的第一坛美酒刚刚被装入陶坛、送进龙泉洞，去经历它从出生到成熟的时间历练。

7001车间也是国窖1573的核心酿造车间，在这里，泥窖酿酒这件事已经不间断持续了450余年。

身处其间，浓郁的酒香和糟香很容易让人联想到泥窖下那已经繁衍了450余年的微生物群。它们活跃在"生产一线"，"牛尾巴"汩汩流出的美酒中，它们厥功至伟。

而在这份功劳簿上，少不了筑造窖池的"泥"的贡献。泸州老窖持续450余年的超长酿造史，正要从明朝万历年间的一次选泥说起。

公元1573年，明人舒承宗在泸州筑下了第一批泥窖池。在正式开工前，他前往泸州多地进行选泥，最终选定了长江边五渡溪的黄泥。

我们无法揣测舒承宗当初选择五渡溪黄泥作为窖泥的缘由，但现代理化分析表明，这种黄泥质地柔软，细腻黏密，又经江水常年沁润，几乎不含杂质，保水性极好，用于酿造再合适不过。

待窖池建造好后，舒承宗在数十年的酿造生涯中，又总结了"配糟入窖、泥窖生香、大曲发酵、洞藏老熟"等一整套大曲酿酒工艺。

其中，"泥窖生香"一词，完美总结出了泥在浓香型白酒酿造过程中的重要作用。泥窖的使用，也是浓香风格塑造的关键因素，并从根本上使浓香型白酒区别于其他香型白酒。

在窖泥的选择上，历代工匠都有着近乎严苛的要求。这同样取决于微生物对生存环境的要求。黄泥需要具有土肥、水性软、腐殖质含量高、微酸性、黏性大、易成型、易保水等特点，才能用于窖泥的制作。

古人或许不懂微生物，唯有勤劳、严谨凝结出的智慧方能成就泥窖酿酒如今的辉煌。但现代科学已经证明，唯有这样的窖泥才便于己酸菌群、丁酸菌群等微生物群的生长代谢，令泥窖中的微生物群能够长期存活。

在过去数百年的酿造时光中，前人对酿造的研究从未止步，对泥的精挑细选，对窖泥的细心呵护，都令浓香型白酒的酒体更加醇厚爽净。

尽管窖泥取材严格，但在物产丰饶的中国，泥土类型的丰富多样性亦成就了浓香流派广布全国的蔚为大观。

自1952年泸州老窖在首届全国评酒会上摘得"中国名酒"桂冠之后，前来泸州这片土地上寻访酿酒工艺的匠人便络绎不绝。

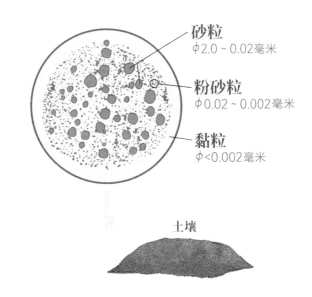

砂粒
φ2.0 ~ 0.02毫米

粉砂粒
φ0.02 ~ 0.002毫米

黏粒
φ<0.002毫米

土壤

▲ 土壤颗粒分类示意图。制作窖泥对土壤质量要求非常高，有着近乎严苛的标准。泥土中砂粒、粉砂粒、黏粒等颗粒的比例不同，土壤质量也会受影响

随着工匠的脚步迁徙远方，"泥窖生香"工艺在此后的时光演化中，也因各地"风土"不同而衍生出不同风格的浓香流派。

"风"，不同自然气候下，温度、湿度等诸多因素深刻影响着酿酒菌群的生物活性；"土"，数亿万年间不断演化的地质土壤，对浓香风格的细微塑造亦至关重要。

以黄淮流域为例，江苏产区和安徽产区的窖泥菌群就有着明显的差异，这种差异也诞生出各自独特的优势菌种，江苏产区的真杆菌属和安徽产区的片状芽孢杆菌（*Fastidiosipila*）等都是较为特殊的优势菌群。

在长江中上游流域，四川产区和湖北产区浓香窖泥中的优势菌种也不尽相同，四川产区的球菌属，湖北产区的嗜热菌属等均有不同。

即便是在同一产区内，窖泥菌群也具有差异性。比如四川的泸州、宜宾、绵阳、成都，窖泥菌群皆各有不同。

由此，在泥窖的方寸之间，泥与菌的微末之间，诞生出异彩纷呈的"浓香天下"。

也由此，泥开始进入"生物生长"的旅程。

30年，沉淀一口老窖

生物生长，皆会经历成长变化，从新生洗礼到步入强盛，再经风雨时间冲刷，转向衰弱。站在人类的角度，最后的这一时期，往往被称为"老"。

学会了从寰宇万物中参照生命意义的人类，对于"老"之一事，早已处之泰然，为其增添了诸多富有浪漫色彩的寓意，令其成为智慧、阅历和价值的重要象征。

而泥窖是否可以被赋予"老"的冠名，则由酿酒菌群的特殊生长规律来决定。

所谓"泥窖生香"，在于窖泥的选取与运用上的高标准，更在于窖泥对于菌群长时间的庇护与守候。

浓香型白酒主要采用续糟发酵的生产工艺，往窖池中添加酒糟，然后用黄泥和水加以密封。随后，窖泥便和菌群一起，进入漫长的发酵周期。

此时酒糟中的营养成分将滋养出大量酿酒菌群，在充分的密封环境下，厌氧的酿酒菌群将产生大量的醇、醛、酸、酯等香味物质，伴随蒸馏过程进入酒中，赋予

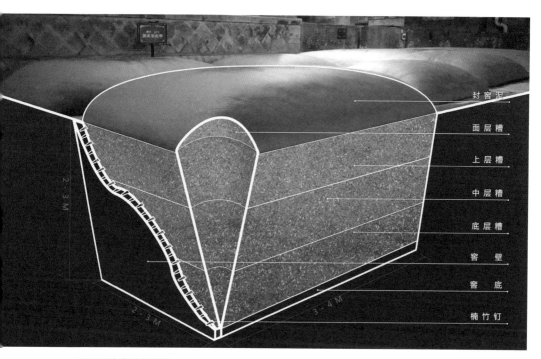

▲ 1573国宝窖池剖面图

酒液各种典型香味。

由于浓香工艺中"续糟配料"的特殊性，即便部分酒糟被起出，窖泥特殊的吸附性和剩余酒糟都将留下大批的酿酒菌群。

"续糟配料"工艺，即每完成一次发酵周期，便去掉四分之一即窖帽部分的面糟，再加入新的四分之一新粮及辅料，让新粮老糟代代循环。

在下一次酒糟投入后，这些菌群再次迅速繁衍，循环往复，在一次又一次的自然选择中，微生物菌群不断"进化"，演变为更加适宜酿酒的优良品种。

这一特性也意味着，浓香窖池必须连续使用、不间断发酵，以避免新进化出的优良品种在枯窖中死亡。

而这，正是浓香型白酒"千年老窖万年糟"的奥秘所在。

刚开始进行酿造生产的新窖池，窖泥的各项理化指标往往达不到菌群生长的理想标准，窖泥内部的酿酒菌群也还未达到富集的平衡状态。

因此，窖泥和菌群均需要经过长时间的培育与老熟，才能稳定产出优质酒液。

窖泥和菌群的这段进化过程至少需要持续多久，才能大量且稳定地酿出优质的浓香型白酒？

著名白酒专家熊子书在《中国第一窖的起源与发展》中写道："新窖使用7、8个月后，黄泥由黄变乌色，再经约两年时间，逐渐变成灰白色，泥质由绵软变得脆硬，酒质随窖龄增长而提高。这样再经过20余年，泥质重新变软，脆度却进一步增强（无黏性），泥色由乌白转变为乌黑，并出现红绿等彩色，开始产生一种浓郁的香味，初步形成了'老窖'，产品质量也随之而显著提高。"

"五年以内的酒窖不出优质酒，十年以上的酒窖可能产国家级名酒1%到2%，三十年以上的酒窖产名酒20%，五十年以上酒窖产名酒50%，百年以上酒窖产名酒率达60%。"熊子书如此总结泸州老窖不同窖龄窖池的名酒出酒率。

也就是说，三十年，方成就一口"老窖"。

从科研结果给出的微观视角来看，浓香窖池的窖泥在三十年的陈化老熟后，便会进入一个全新的境界。

窖龄增加，所呈现的最直接的结果便是菌群的增加。针对泸州老窖窖泥的研究表明，百年以上老窖泥的分散系数、结构系数以及团聚度均有比40年和20年窖池高的趋势，窖壁泥有比窖底泥略高的趋势。

此外，锰、锌、钙、铜等菌群生命活动所需的矿物质元素也会随窖龄增加而增加，进一步促进发酵过程。

目前，在有着450余年窖龄的1573国宝窖池群中，能够检测和认识的微生物已达1000余种，直到现在，它们仍在繁衍生息，不停进化，为酿出一瓶好酒而不懈努力。

虽然毫不起眼，但这些微生物所创造的每一个小小历史，都被窖泥一一记录。

所有故事，自在举杯间。

跨越时间，从泥蜕变为"活文物"

浓香型白酒窖池中，窖泥与微生物的相互成就，是独一无二且绝无仅有的。

横向对比浓香、清香、酱香三大基础白酒香型的发酵过程来看，窖泥使用方法的不同，也是形成三者风味差别的主要原因之一。

清香型白酒使用地缸发酵，将圆形大缸埋入地下，投入酒醅后，再以泥或石板封之，尽力避免菌的交叉，以保持酒体的纯净。

酱香型白酒则以石窖进行发酵，窖池由条石和紫红泥砌成，在每次投入酒糟前都要以火烧窖来进行除菌，最后封窖时再以4厘米左右的窖泥密封。

而浓香型白酒在泥窖建成投入使用并完成封窖后，还需要持续对封窖泥进行清护，每天都需要以黄泥浆涂刷封窖泥，保证封窖泥不开口。

在续糟配料时，同样需要对窖池中的窖泥进行养护，酒糟起完之后，需要每两小时用尾水淋一次窖壁，并加上酒曲以保护窖池中的窖泥。

以柔软的泥筑窖，并时刻注意窖泥的保护，使得浓香型白酒窖池对于酿酒菌群的培养能力远超其他两大香型的窖池。

不间断发酵的泥窖，也正是通过菌群持续地生长和演化，以达成"年龄"的增长。

这是一个真正的，富有生物学生命意义的成长过程。浓香型白酒窖池对"泥"与酿酒微生物的结合，让泥以菌的微观视角，从无机，正式跃入有机世界，完成"质"的蜕变。

而窖龄的意义，正在于窖泥的"生命"积累，在于其中菌群的培养繁殖、富集演化。

在泸州城中，连续发酵时间最长的窖池已经走过了450余个年头，在与菌群共存的四个半世纪里，泥所蕴含的价值，早已远远超出"微生物固定"的技术运用范围，并形成极具传承意义、生生不息的酿酒"菌脉"。

1996年，泸州老窖明代古窖池群被国务院颁布批准为全国重点文物保护单位。这是全国第四批文保单位，也是白酒行业首家文保单位。泸州老窖便开启了全国各地浓香窖池的文保之路。

▲ 清香型白酒发酵容器——地缸

此后，这批明代窖池，又在2006年、2012年、2019年，连续多次入围《中国世界文化遗产预备名录》，被誉为国宝级"活文物"。

如今，泸州老窖的老窖池占全国国宝单位老窖池数量的90%以上，是名副其实的中国第一窖。其中的国窖1573国宝窖池群，则是我国现存建造最早、持续使用时间最长、保存最完整的古窖池群落。

▲ 酱香型白酒发酵容器——石窖

从明代，至清代，到民国，再到中华人民共和国，这些窖池见证了中国数个重要历史节点，以无法复制的"活态传承"记录了世纪变迁中的中华酿酒文明。

其中的窖泥，经过数百年的岁月后，更浓缩了历代工匠的心血与智慧，成为中国酿酒技艺的重要代表，在华夏大地逾九千年的酿造史中，映照着属于浓香型白酒的那一篇宏章，最终成就了一盏珍贵的"你能品味的历史"！

▲ 浓香型白酒发酵容器——泥窖

　　风土、人文、历史、科技，生命与时空的交响，回荡在这一方小小的泥窖当中，紧紧萦绕在泥和菌的纳米纤毫之间。

　　以450年前舒公承宗那次选泥为起点，在长江河道旁沉寂了亿万年的黄泥，被酿造精灵唤醒，并踏上成就一杯美酒的朝圣之旅。

　　时至今日，这趟旅途仍未行至终点，但途中已然翻过万水千山。

是什么成就了川酒浓香

一方水土养一方人，一方物候酿一方美酒。

没有任何产品像中国白酒一样，产品品质及文化与其所出产的区域那么密切相关，充满着自然多样性、生态多样性，进而影响着口感风味的多样性、酒的多样性以致人文的多样性。

正所谓：北国清香酿千秋，南疆茅泸酱浓型。西域青稞高原珍，东部江南黄酒醇。一方物候一方酒，华夏酒香异纷呈。

与西方洋酒采取的封闭式发酵法不同，中国白酒多采用开放式发酵法，发酵过程遵循"天人共酿，酿法自然"的至高法则。

"天"（这里也包含"地"，"天地"的简称）是指独特的天候、地理、生态、日照、土壤、水质、物产，以及一切植物和微生物等。

而"人"则是指人类在这样的地理生态环境下，所长期形成的生活方式、饮食习惯和酿造工艺，以及掌握这些酿造技艺的一代代技艺传人。

"天人共酿"的酿酒哲学就是，遵循"天、地、人"的自然规律，酿造美酒，并因循自然特征的不同，拥抱并享受酒的"各美其美，美美与共"。

这就不难理解泸州老窖"天地同酿，人间共生"的企业哲学了，这里其实用了"互文"的修辞手法，即这句话的正确理解其实是包含了"天地人同酿""天地人共生"的双层含义。

　　中国地形多样，地大物博，幅员辽阔，历史文化源远流长，民族风情多样，民风民俗独特，这就构成了中国白酒风格多样，文化多元的特征。

　　黄河流域酿清香、长江流域酿浓香、赤水河流域酿酱香、珠江流域酿米香，即便是20世纪60～80年代在泸州老窖的带领下浓香技艺普及全国，在其他部分区域通过技改转而酿浓香的大背景下，也呈现出明显的地域特征。

　　如长江流域浓香自然更为香醇浓郁，而黄淮流域浓香则明显呈现出或"淡雅"或"绵柔"的产区特征来。

"地脉"与"文脉"

俗话说"川酒云烟"，为什么"川酒浓香"，这首先要归功于巴蜀盆地独特的地理地形，我们称之为"地脉"。而"地脉"又由"山脉"和"水脉"构成。

先说"山脉"。大概6000万年前的造山运动，亚欧大陆与印度大陆（自南极洲大陆脱离出来往北漂移）板块发生激烈碰撞，随着两块陆地不断挤压，逐步形成了今日之"世界屋脊"——青藏高原，包括喜马拉雅山系和横断山系，同时，尚沉寂海底的四川盆地逐渐露出水面，由陆海变为了盆地。

盆地北缘为米仓山和大巴山，东缘为巫山山脉，南缘为娄山山脉和云贵高原，西缘则为大小凉山、龙门山、邛崃山及横断山系等。

正如巴蜀文化学者袁庭栋所说："四川盆地从南北方向看，北边是寒冷干燥的陕甘地区，南边是温暖湿润的云贵地区，四川盆地则是一个交汇处与过渡区；从东西方向看，西边是以游牧为主的康藏高原，东边是以农耕为主的江汉平原，四川盆地又是一个交汇处与过渡区。这一独特的地理环境造就了今日的四川盆地就是一个天然的酿酒发酵池。"

再说"水脉"。山大谷窄、峻岭深壑、巉崖峭壁的山形地貌，加上盆地四周高山连绵，水随山势，让巴蜀地区水系呈伞形分布，十分发达。

巴蜀地区共有大小河流1300余条，其中流域面积在500~1000平方千米以上的就有230余条，包含岷江水系、金沙江水系、沱江水系、嘉陵江水系和黔江水系。

尤其是沱江水系"岷山导江，东别为沱"（《尚书·禹贡》）在都江堰分为内江和外江，几乎浇灌了整个盆地肥沃的土地之后，流到泸州汇入长江。

"锦官城东内江流，锦官城西外江流。直到江阳复相见，暂时小别不须愁。"清代大诗人王士祯的诗对此进行了形象描绘。而何谓"沱"，四川话讲"氹/回水沱"，"沱"或有"肥水不外流，广纳财富"之义吧。

故自古巴蜀地区被誉为"一盆巴山蜀水，万卷天府之国"。常璩的《华阳国志》记载巴蜀"水旱从人，不知饥馑，时无荒年，天下谓之'天府'也"。"于是蜀沃野千里，号为陆海"。

同为晋人的左思在《蜀都赋》中描绘"封域之内，则有原隰坟衍，通望弥博。演以潜沫，浸以绵雒。沟洫脉散，疆里绮错。黍稷油油，稻莫莫……"丰饶的粮食储备是酿酒的先决条件之一。

据不完全统计，全国每两瓶酒中就有一瓶酿自四川，而每三瓶酒中就有一瓶酿自泸州。

自进化出智人以来，尤其人类进入农耕文明后，人们因地而耕，因时而作，"采江山之俊势，观天下之奇作"（王勃）。

"文明以止，人文也；观乎天文，以察时变；观乎人文，以化成天下"（《周易·贲卦》），于是，地理山水便与人发生了千丝万缕的联系。

从共时的角度看，有了人类的思想参与，那些地理、环境、村落、城市等，就有了独有的历史印痕、历史信息和历史记忆。

从历时的角度看，千百年来的历史积淀，那些代表人类精神创造的历史记忆（比如人文著作、传统技艺和历史建筑等）就构成了一个地区特有"文脉"传承。

▼ 山大谷窄、峭壁林立的山形地貌，加上盆地四周高山连绵，
水随山势，构成了巴蜀地区独具特色的水脉

与地理相关的称之为地理（含水文）文脉，与人群集体、民风民俗、语言习惯等息息相关的，称之为人文文脉。

不同的地理特征往往构筑起不同的文化分区，如我们耳熟能详的巴蜀文化、荆楚文化、江南文化、吴越文化、三秦文化、南粤文化等。

而"自古诗人例入蜀"（陆游），"巴蜀自古出文宗"（郭沫若），巴蜀是中国文豪的孕育地，从司马相如、王褒、扬雄到陈子昂、李白、杜甫、苏轼、杨慎、张问陶、李调元，到近代的郭沫若、巴金等，都堪称其所属时代的文坛领袖。而上述诗家的杰出作品，无疑丰厚了川酒的文化内涵。

以泸酒为例，从泸酒历史上的第一个宣传员尹吉甫，到司马相如的"蜀南有醪兮，香溢四宇"。从杜甫的"蜀酒浓无敌，江鱼美可求"，到苏东坡的"佳酿飘香自蜀南"。

从杨升庵的"江阳酒熟花如锦"，到张船山的"衔杯却爱泸州好"；从黄庭坚的"江安食不足，江阳酒有余"，到潘伯鹰的"温家酒窖三百年，泸州大曲天下传"……这些文脉"菁华"，赋予了泸酒品牌深厚的人文内涵。

"血脉"和"菌脉"

"地脉"是缘起，是先决条件，"文脉"则赋予了美酒的精神价值和文化价值。而对于酿一瓶好酒来说，这还远远不够。

酿一瓶好酒，还需要代代相传的技艺和优秀的匠人，以及丰富的、代代繁衍富集的酿酒微生物群落。

前者，我们称之为技艺工匠的"血脉"传承，比如泸州老窖自公元1324年第一代传承人郭怀玉传承至今，已历24代，从早期"父传子"到如今的"师带徒"，如同家族血脉一般，基因赓续，代代相传。

而后者，虽然我们肉眼看不见，却是酿造好酒的最核心力量，我们且借用一个医学术语，称之为"菌脉"。

"菌脉"一词最早由美国微生物学与免疫学家马丁·布莱泽提出，是说在人类繁衍过程中，母亲遗传给孩子的，不仅有"血脉"（血液、基因染色体遗传等），还有可以称之为"菌脉"的东西。我们体内的这些细菌的种类、数量往往决定了我们的健康程度、生活习惯、饮食爱好甚至性格脾气等。

因此，其实你并不清楚，是你喜欢吃香喝辣，还是你体内的微生物喜欢吃香喝辣？或许，你可能只是充当了满足你体内微生物"食欲"需要的奴隶和"工具人"。

对于个体来说，最早期的也是奠定一生的体内微生物菌种的获得，主要来自母亲，这就不难理解，一个家族成员里往往饮食习惯趋同，性格相近，甚至夫妻之间，生活在一起久了，也长出"夫妻相"了。

这些其实都是体内微生物传承和交换的结果。就像血脉一样，相似的菌群，通过母子之间代代相传，就是"菌脉"。

酒是微生物发酵的产物。尤其是中国白酒，酿酒微生物的生香能力、数量多寡，菌群种类优劣等等，主要决定了酒的香型风格和浓郁程度。

生香微生物数量越多、种类越丰富、能力越强，酿出的酒也就越香。而这些酿酒生香微生物就来自于微生物菌，随着时间的日积月累，不断繁衍富集，优胜劣汰，迭代升级。

这个过程，我们可称之为酿酒微生物功能菌的"菌脉"传承。

而区别于清香的地缸和酱香的石窖，坚硬的石窖壁或缸壁本身不适宜微生物的繁殖，浓香型白酒的泥窖则是集酿酒发酵容器、微生物的生命载体和摇篮于一身。

加之独有的"续糟配料"工艺，使酿酒泥窖里的微生物菌群，代代繁衍，"菌

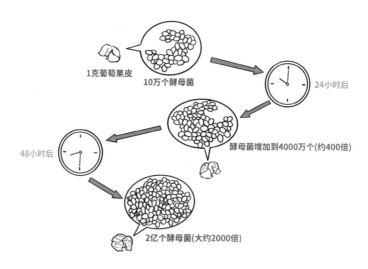

▲ 微生物发酵活动流程图

脉"传承。

以1573国宝窖池为例，这些有益微生物菌群，自公元1573年以来，至今，450余年持续不间断，不断繁衍迭代，静默生香！

天天正享受着美酒的人们应该懂得感恩，那我们最应该感谢的是这些微生物精灵啊！

国人酿酒讲"人神共酿"，而这"酒神"其实并不是仪狄，不是杜康，而应是这些肉眼看不见的微生物菌啊！

2019年，经过江南大学、国家固态酿造工程技术中心等科研团队的共同努力，在1573国宝窖池窖泥中取样，检测发现并已经识别出菌群共1563个种，分布在30个门、53个纲、287个属，古菌菌群共78个种，分布在4个门、5个纲、17个属并把其中新发现的两株新菌株，分别以泸州老窖命名为"老窖梭菌"和"老窖互营球菌"。

这也是为什么浓香型白酒更强调"老窖酿好酒""窖龄老，酒才好""活态文物"酿造，以及1573国宝窖池群1996年获评为行业首家全国重点文物保护单位，并唯一与都江堰水利工程并称为"活文物"的缘由所在。

得天独厚的资源禀赋（"地脉"），悠久的历史人文积淀（"文脉"），"血脉"相传、代代相承的酿酒匠人，持续不间断繁衍的"菌脉"富集，是酿造一杯好酒的必备条件，缺一不可。这也是"川酒浓香"的奥秘和灵魂所在。

▲ 数以万计有益微生物菌群，生活在1573国宝窖池群里，450余年来，不断繁衍迭代，活态生香

好酒的"风骨"

数千年前，古人便开始利用微生物进行食物的加工处理，如今微生物技术运用范围已扩散至医药、化工、冶金等各个方面。

在中国，微生物发酵最为人所熟知的领域，便是酿造。米酒、黄酒、白酒、醋、酱油……微生物用一种相当原始的方式间接参与到我们的日常生活当中。

英国科学家李约瑟在撰写《中国科学技术史》时，甚至将酿酒的酒曲列为中国古代"第五大发明"。实际上，中国也是世界上最早使用酒曲进行酒类酿造的国家。

作为糖化发酵剂，酒曲是提供酿酒菌源的重要载体，在酿酒过程中承担着酒体风味塑造的重任。不同类型酒曲所富集的微生物群差异极大，所酿之酒风味也各不相同。

所谓"曲为酒之骨"，正是由这些"微乎其微"的微生物决定。而酒曲的奇妙，则要从另一种广为人知的植物——小麦，开始说起。

酒曲一般采用小麦、大麦、大米等谷物制成，还有部分酒曲会加入豌豆、高粱、中药粉等作为配料，在白酒酒曲中，则以小麦为主要原料。而在中国酒史中，最早的酒曲，也是由小麦制成。

在制曲界稳站"C位"的小麦，凭借出色的发酵天分，成就了中国白酒的鲜明特色。

论小麦的一百种使用方法

人类很早就开始采集小麦作为食物来源，最早的证据可以追溯到旧石器时代的以色列加利利海西南岸的奥哈罗遗址，距今已有两万三千年。

直到新石器时代，人类才在新月沃地上正式开启了小麦种植史。而跟随人类迁徙的脚步，小麦的种植范围也逐渐从西亚扩散至全球。

如今已是全球五大粮食作物之一的小麦，其最常见的"表现形态"，便是被磨成面粉后所制作成的各种面食。

归功于人类无穷的想象力与创造力，仅在餐桌上，小麦便可以展现出"千姿百态"，食物做法层出不穷。

中式的有馒头、包子、馍馕、酥饼、花馍、饺子、烧卖、锅盔、拉面、馄饨、油条……西式的则有面包、麦片、蛋糕、泡芙、蛋挞、甜甜圈、派、比萨……

在制曲环节中，小麦作为酿酒菌源的提供者，所扮演的角色尤为重要。而以小麦制曲的历史，也几乎贯穿整个中国白酒的发展史。

大约在五千年前，小麦正式传入中国。短短数百年后，耐干耐寒，生长周期短的小麦便扩散至黄河流域。

在黄河下游的海岱地区，山东赵家庄遗址中便出土了约公元前2500年的碳化小麦，相当于龙山文化早期。

在二里岗-殷墟时代，多数遗址小麦出土率更是突破了30%，部分遗址甚至达到了50%、70%以上。商代甲骨文中也有关于"麦"和"来"的记载，"麦"即为大麦，"来"则为小麦。

此后，小麦与酒的联袂便正式开始了。

先秦时期，《尚书·说命》便记载："若作酒醴，尔惟麴蘖。""麴"便是发霉的麦子，"蘖"则是发芽的米。《说文解字》则将"麴"释义为"酒母"。

又有《左传·宣十二年》记录楚萧之战中，申叔展问还无社："有麦麴乎?"此处的"麦麴"便指御湿的酒药。

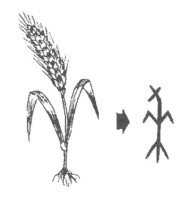

▲ 甲骨文中"来"字与现实中小麦形状相近

汉时编撰的《礼记·月令》更将"麹蘖必时",作为酿酒"六必"之一。

到南北朝时,贾思勰在《齐民要术》中,将小麦制曲的时节和工艺完整记录下来。

"大凡作曲七月最良……俗人多以七月初七日作之。"又说:"七月初治麦,七日作曲。"

在贾思勰《齐民要术》记载的多种制曲方法中,小麦都是主要的原料,即"麦曲"。根据发酵能力的不同,这些麦曲又被分为三类:神曲、白醪曲和笨曲。

神曲,也称女曲,指糖化发酵快的曲;笨曲则指糖化发酵慢的曲,通常为砖块状;白醪曲则是糖化与发酵能力介于神曲与笨曲之间的曲。

北宋年间,又有朱肱著《北山酒经》。此时用于制曲的原料已从小麦扩展到大米和豆类,有小麦曲、白面糯米曲、赤豆曲、糯米曲等,但小麦依旧占据核心地位。

到明清时期,小麦的种植发展到巅峰时期,已遍布全国各地。清代《六必酒经》成书时,小麦已是大部分地区的制曲原料,仅有少部分地区使用大麦和米麦进行酒曲生产。

演变至今,酒曲已被大致定型为五类:大曲、小曲、麦曲、麸曲、红曲。此时,小麦在酿酒行业中仍然天赋异禀,是行业的主流选择,每次筛选与改变都深刻影响着酒体风味的呈现。

从这些考古遗迹以及古籍记载中,我们可以得知,至少在先秦时,中国便已经开始运用小麦制曲、酿酒,制曲的技艺也不断进化升级,成为中国酒工艺最鲜明的特色。

但为何小麦在全世界种植,却只有中国诞生了酒曲,让它与微生物发酵紧紧绑定在一起?从微生物的角度出发,解题思路分外清晰。

曲之"风骨",酒之滋味

现代科学已证明,小麦除了淀粉含量高,还含有丰富的蛋白质以及维生素,并且组织结构松软,吸水性极强。这为各种微生物的富集、繁衍提供了坚实的物质基础。

并且,就微生物活性而言,小麦在相同环境条件下储藏的微生物活性值变化速率远高于玉米和稻谷。

有实验研究显示,在相对湿度80%~90%、温度30℃下储藏14天后的微生物活性值净增约1000个酶活力单位。可知，虽然小麦是众所周知的耐储藏粮种，但当处于高相对湿度的条件下，却最容易被微生物"入侵"。

而小麦的起源地两河平原气候常年干旱，仅有北部山区属于地中海气候，其余则属亚热带干旱、半干旱气候，年降水量极少。这样的环境显然不利于微生物的"多元化健康发展"。

但当小麦穿过大半个亚欧大陆，来到季风性气候偏多，且雨热同季的中国后，就开始展现出它的特殊属性：爱发霉。

前文讲《齐民要术》中记载制曲的好时间在七月，实际也是利用了小麦在湿热环境中易发酵霉变的特性。

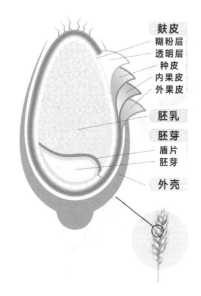

▲ 小麦内部结构图

麸皮
糊粉层
透明层
种皮
内果皮
外果皮
胚乳
胚芽
盾片
胚芽
外壳

而长期生活在温润环境里的中国人在应对发霉的食物时，恰好又相当有才华。酒曲的诞生及其"进化史"，便充分证明了这一点。

因此，尽管小麦的发现与扩散都源于偶然，但当小麦被定格在人类历史的运行轨迹中后，此后每一次的蜕变，均掺杂了历史发展的必然性。

同时，自然的"命运之手"，也让深入酿酒领域的小麦，以酒曲的形态，成为美酒的风土代言之一。

尤其在白酒的生产当中，酒曲作为白酒风味的核心支撑，其种类和质量对白酒风格的塑造起着至关重要的作用。

如浓香型白酒以中温大曲作为糖化发酵剂，其中的微生物主要可分为霉菌、酵母菌、细菌和放线菌四大类，其中霉菌是影响大曲糖化力、液化力、酯化力等性质的主要菌类。

酱香型白酒则采用高温大曲，其中细菌最多，霉菌次之，酵母菌和放线菌较少。

清香型白酒则采用低温大曲或小曲。

但即便是同一香型白酒，其酒曲中的微生物群也大不相同。这一点在生产范围分布最广的浓香型白酒大曲中尤为明显。

▲ 浓香型白酒多以小麦制成中温曲，为平板状或馒头形"包包曲"

▲ 酱香型白酒多以小麦制成高温曲，为四周紧、中间松的龟背形

▲ 清香型白酒多用大麦和豌豆制成低温曲，曲块为平板状

有研究表明，不同地区所生产大曲的各项理化指标和微生物指标均存在明显差异。

如四川产地的高温放线菌属、糖多孢菌属、片球菌属，湖北产地的毛孢子菌属，江苏产地的明串珠菌属、横梗霉属，河南产地的肠杆菌属、覆膜孢酵母属、耐碱酵母属以及安徽产地的白粉病菌属、踝节菌属都是其产地较为特殊的优势微生物。

这当中，四川作为浓香型白酒的主要产区，大曲微生物具有一定相似性，但也具有差异。

造成微生物种群差异的原因有多种，酒曲原料组成、生产工艺以及气候环境等皆有可能是影响因素。

但无论微生物群的差异如何，在实际生产过程中，酒曲质量的好坏都会直接影响浓香型白酒的酒质。而酒曲质量与酒曲微生物丰富度息息相关。

并且，酒曲制造过程中微生物的代谢产物和原料的分解产物，也直接或间接地构成了酒体的风味物质，使酒体具有各种不同的风格特征。

在细菌、霉菌、酵母菌，这构成酒曲微生物结构的三大主力中，霉菌便是酿造过程中的糖化反应的主力。而酵母菌则和细菌一起，建立起白酒特有的香味体系。

酒曲生产过程中，常见的霉菌是曲霉、根霉、念珠霉、青霉、链孢霉等，它们会分泌"淀粉酶类"，将酒糟中的淀粉逐步分解成糖，便于酵母菌的进一步利用。

酒曲酵母菌主要有酿酒酵母、产酯酵母和假丝酵母等，酿酒酵母是产乙醇能力强的酵母，产酯酵母具有产酯能力，能使酿造出的酒具有独特的香气，也称为生香酵母。

酒曲中常见的细菌，则有醋酸菌、乳酸菌和芽孢杆菌等，可以合成蛋白酶、淀粉酶、糖化酶以及脂肪酶等多种不同功能的酶，促进乙酸乙酯、己酸乙酯、乳酸乙酯等多种芳香物质的生产，极大地丰富了白酒香味的层次感与丰满度。

这些奇妙微生物与它们的代谢产物所组成的"微生态"，共同成就了白酒的"活色生香"。由此，曲的"风骨"个性，便在白酒的滋味变化中，淋漓尽现了。

泸州有大曲，流芳数百年

相较于酒曲的发展历史，大曲的定型较晚，但其技艺发展却十分迅速。

元1324年，泸州人郭怀玉，总结前人经验，发明"甘醇曲"，距今已700年。

这是一次具有里程碑意义的制曲技术革新。"甘醇曲"奠定了块状大曲的雏形，也拉开了大曲酒的发展序幕，郭怀玉也被后人誉为"制曲之父"。

此后，这一制曲技艺被代代相传，到明人舒承宗时，探索总结出从泥窖酿酒到"配糟入窖、固态发酵、泥窖生香、续糟配料"的一整套大曲酒酿制工艺。

而由舒承宗开创的1573国宝窖池群，则开启了人类最早使用土壤细菌（己酸菌、梭菌）发酵生香的历史，国外直到1869年才发现己酸菌可以生产己酸，实际在生产中使用则更晚。

在这几个世纪的时间长度中，泸州酒也被冠以大曲之名，以"泸香"流芳数百年。清末，泸州的温永盛三百年老窖大曲酒还曾多次获得国内外品质奖章。潘伯鹰曾提笔写下"温家酒窖三百年，泸州大曲天下传"之句，此时泸州大曲的美名便已传遍中国。

中华人民共和国成立后，泸州大曲还以"泸香型"夺得名酒桂冠，"浓香"的诞生，便是基于此。

到今天，泸州老窖所生产的"久香"牌大曲，已通过国家原产地标记注册保护认证，成为国家原产地标记保护产品。酒界泰斗周恒刚先生，还曾赞誉"久香"牌大曲为"天下第一曲"。

而泸州大曲的发展，也与小麦有着极深的渊源。

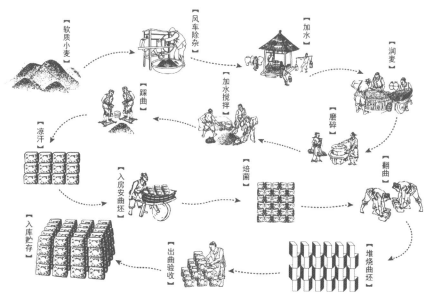

▲ 浓香酒曲制作工艺图

北宋时期，小麦的种植范围大幅扩大，从北方扩散至南方。在雨热条件良好的南方，小麦两熟制得到了全面推广。

此时，泸州酒曲技艺也已发展到较高水平，出现了以小麦曲药酿成的"大酒"。酒业的发达也促成了经济的发展。北宋熙宁年间，泸州酒税高达6432贯，占其商税的33.6%。

元时，小麦的种植规模进一步扩大。元人耶律楚材诗云："万顷青青麦浪平。"郭怀玉发明"甘醇曲"时，正是采用小麦作为制曲主要原料。

如今的"久香"牌大曲，同样是以泸州的软质小麦为原料，其较高的淀粉及蛋白质含量为浓香风味的诞生提供了坚实基础。

制作大曲所用的小麦里，软质小麦往往优于硬质小麦，蛋白质含量在12%左右最为适中，并且要求支链淀粉含量越高越好。

在传统的手工制曲工艺中，选定小麦品种后，还需要对小麦进行湿润，根据小麦的品质、含水量大小添加温水沁润，直到麦粒表面收汗为度。

经过充分湿润的小麦紧接着便进入"梅瓣碎粮"环节。

所谓"梅瓣"，便是指小麦皮经碾磨后成麸状，形如梅花，而麦芯则被碾为细

▲ 泸州老窖酒曲培养

粉状。此时的小麦烂皮不烂心，结构疏松又富有弹性，粗细均匀，却无整粒，这无疑进一步方便了微生物的附着。

随后，小麦便来到了广为人知的"踩曲"环节中。将小麦倒入曲模后，工人用足掌将曲坯踩成四周略低、中间凸起的块状，曲坯的表面要光滑、紧实、整齐，中间则要更疏松。

曲坯制成后，便会被安置在曲房里。曲房的地面及四周都会放上稻草，既是保温，也是保湿。

同时，稻草还会起到接种菌株的作用。尤其是反复使用的稻草，又被称为"千年草"，其上附着大量菌种，在封闭的曲房中，会迅速被接种到曲坯上，促进曲坯的发酵。

此后，曲坯便进入发酵期，进行"穿衣"，也就是长霉。此期间，还需要对曲房温度湿度进行实时监控，并进行翻曲，保证微生物的健康生长。

数日后，一块大曲便正式诞生了。

合格的大曲，表面呈现灰黄色，断面整齐，整体香气扑鼻，且无臭味、霉味。在正式进入酿酒环节中后，大曲会被粉碎为较小的块状，与蒸煮糊化后的高粱一起入窖发酵。

在"配糟入窖、固态发酵、泥窖生香、续糟配料"一整套酿造技艺下，浓香型大曲酒也就面世了。早年泸州老窖还曾为不同酒质的产品分级，有特曲、头曲、二曲、三曲之分，大曲酒在消费者中的美誉度和影响力，自是不言而喻。

现在，泸州已经建立了中国最大的专业化酒曲制作基地——泸州老窖制曲生态园，"久香"牌大曲，依然在不断为泸州酒增香增味，久久留香。

而对大曲制作工艺的升级，也跟随着泸州老窖智能酿造的脚步，踏上了新路。

传承，然后创新。为确保传统工艺与智能科技的无缝嫁接和优化提升，泸州老窖从成百上千个技术节点和数十万条程序指令中剥茧抽丝。

从原料除杂、高温润麦，到配料、制坯、码垛、转运，再到培菌、翻曲、转化发酵、粉碎等一系列过程，泸州老窖创建了一整套自动控制和在线检测中央集成控制系统，实现了从小麦进场到成品曲出库粉碎全过程的高度智能化。

在这个充满智慧与精妙的智能化车间里，泸州老窖已实现年产10万吨成品大曲，合格率达到100%，居行业第一的产能规模。

与此同时，泸州老窖还累计申报了国家专利20余项，保持着行业技术的创新领先。

制曲机器人的每一次抓取、无人载曲车的每一次载运，泸州老窖在机械智能制曲上的每一项创新，都是人工操作和人工智能酿造完美结合。在不断升级的制曲工艺中，传统与创新交相辉映。

而泸州老窖的这份坚持，也推动白酒制曲由劳动密集型行业向技术密集型行业转型，让中国酒曲的制作首次实现自动化、信息化和智能化的伟大跨越。

这既是中国白酒产业转型升级大趋势的重要落脚点，也深刻体现着泸州老窖"天下第一曲"的使命与担当。

"衔杯却爱泸州好"，正是因为大曲以及历代工人的不懈努力，塑造了泸州酒的"风骨"，支撑起了浓香型白酒的源远流长。

谁是"天下第一曲"

2005年10月的一天，酒城泸州，天空飘着蒙蒙细雨。

一场铜像揭幕仪式，在泸州老窖石堡湾制曲生态园内进行。铜像所塑造的，是已故白酒泰斗周恒刚先生。

周老曾是我国众多白酒科研试点工作的创造者、领导者和参与者，在白酒酿造的实践和理论研究上成果惊人，被业界奉为"一代宗师"。

就在这场铜像揭幕仪式上，遵从父亲遗愿，女儿周心明将周老遗著《曲药技术成果文献》赠送给了泸州老窖。

文献记载了周老数十年来在大曲功能性研究、制曲专业化发展、酒曲起源考究等诸多方面的研究成果。

无论是铜像"落户"，还是文献赠送，背后都是周老与泸州老窖深厚的浓香情缘。

从事白酒研究工作的几十年间，周老曾多次到泸州老窖作技术指导。

正是在此期间，"久香"牌泸州老窖大曲受泽丰厚，被周老誉为"天下第一曲"。

▼ 周恒刚将泸州老窖"久香"牌酒曲誉为"天下第一曲"

三顾泸州

周老与泸州老窖的缘分，最广为人知的，是他曾三次亲临指导。

1963—1984年间，周老主持了全国第二、三、四届评酒会。在第三届评酒会上，浓香型一组选送的酒样最多。

其中，泸州老窖因浓香风格突出、窖香浓郁得分最高，受到包括周老在内的评委及专家们一致认可。

周老与泸州老窖的缘分就此结下。

1989年，周老首次到泸州老窖酒厂参观考察。

彼时，中国白酒正处于市场经济以来的蓬勃发展期，打着"浓香"旗号的酒厂遍地开花，颇有点"乱花渐欲迷人眼"的意思。

以什么样的品质为浓香标准？以谁为标准？行业莫衷一是。

在泸期间，周老秉承科学严谨的态度，郑重发声："香型可以再创，四大香型的标杆不能撼动，否则，企业就没有遵循的标准了。"

随后，他在一次工作会议上肯定，浓香正宗非泸州老窖莫属，并为泸州老窖题写了"浓香正宗"四个大字。

如今，这幅墨宝也被刻成石碑，矗立在周老铜像跟前。

2001年4月，已是84岁高龄的周老再次来到泸州老窖考察制曲生态园。

此前周老在北京有过制曲厂工作的经历，对酒曲生产既精通又有深厚的感情。

走访期间，周老不仅称赞泸州老窖大曲香味正宗、不含杂质，还对酒曲生产的规模化、工业化和生产能力给予很高的评价。

他说，曲是酒之魂，只有专门的酒曲才能酿制专门的酒。而泸州老窖作为酒类浓香鼻祖，酒曲的生产和质量也应该是白酒行业的典型代表。

"你们应该像宣传泸州老窖酒一样宣传你们的酒曲……应该让全国的白酒生产企业至少有30%以上认识你们的酒曲，使用你们的酒曲。"

正是这次考察中，周老提出，"久香"牌泸州老窖大曲是"中国第一曲"，自然也就是"天下第一曲"。

2002年，全国白酒培训班会议在泸州老窖召开，周老第三次来到泸州。

他在品尝了国窖1573后，留下一句精彩的评语："国窖1573就像一个美人，增一分则长，减一分则短，恰到好处，无可挑剔。"

▲ 制作酒曲

这些，都成为流传至今的行业佳话。而"久香"牌泸州老窖大曲作为"天下第一曲"的名号，也随之广为传播。

中国第一曲

正如周老所言，泸州老窖大曲作为"天下第一曲"，首先是源于"中国第一曲"。

作为中国酒酿造特有的糖化发酵剂，使用酒曲酿酒，是中国白酒区别于世界其他名酒的最重要特征。

英国科学家李约瑟在其毕生著作《中国科学技术史》中，甚至将酒曲酿酒称为中国古代"第五大发明"，其背后则包含了一个丰富的微生物世界。

酒作为发酵的产物，起主要作用的便是微生物。

以人类应用最早的微生物——酵母为例，东京农业大学名誉教授小泉武夫曾做过一项试验：

1克葡萄果皮在发酵前，果皮中大约有10万个酵母。发酵24小时后，酵母会增加到4000万个。48小时后，酵母数量达到2亿个。

这意味着一旦微生物进入适宜的生长环境中，繁殖速度会呈天文数字级别增长。

在酿酒的过程中，也存在这样一个微生物大量生长的发酵环境。而酒曲，就充

当了微生物繁殖的"引子"。

酒曲最早出现，是依靠水果或谷物天然发酵。中国使用人工酒曲酿酒，可以追溯到至少3000多年前。

不过在早期，人们运用的酒曲都属于散曲，也就是谷物被磨碎或压碎后的松散形态，汉代后出现了饼曲、小曲等简单捏制成型的酒曲。

及至元代，随着蒸馏酒开始普及，更适合蒸馏酒酿造的大曲得到快速发展。

公元1324年，由泸州老窖酒传统酿制技艺第一代宗师郭怀玉创制的"甘醇曲"，奠定了块状大曲的雏形。

与散曲、小曲等相比，块状大曲除了大小形状不同外，在制作工序上也更为复杂，使用时又需将块状打碎。

之所以"多此一举"，是因为一些酿酒性能较好的菌种，在块状大曲中能更好地生长，使得其糖化发酵性能，要明显优于其他酒曲。

早在清道光年间，进士张宗本就在《阅微壶杂记》中，记载了用"甘醇曲"所酿之酒"浓香甘冽，优于回味"。

"甘醇曲"的出现，也开创了中国大曲酿酒的历史。之所以周老称泸州老窖大曲为"中国第一曲"，进而成为"天下第一曲"，渊源便在于此。

经过近7个世纪的发展演变，如今大曲门类已逐步细分出不同的流派。如低温曲（清香型）、中温曲（浓香型）和高温曲（酱香型），极大地丰富了中国大曲酒的品类。

时至今日，以大曲酿制的中国白酒，占到了整个白酒市场份额的92%以上。特别是在高端白酒市场，大曲酒占比几乎达到100%。

市场进行"曲"

"曲为酒之骨"，这是白酒行业长期以来深谙的酿酒法则，酒曲对酿酒的重要性也不言而喻。

很多人并不知晓，作为浓香鼻祖，泸州老窖不仅在浓香型白酒酿制技艺的推广上，长期扮演了"教科书"和"黄埔军校"的角色，其也是大曲酒演变至今占据市场绝对主流的背后力量。

作为中国大曲酒的开创者，早在民国时期，泸州老窖技师便利用夏季温度高，微生物活跃的特性，成立独立酿酒作坊进行"伏曲"制作，酒曲品质稳步提升。

中华人民共和国成立之后，随着酿酒生产的恢复，酒曲制作也迎来新的发展

▲ 传承古法与匠心制曲

契机。

泸州老窖一方面在传承古法的基础上，总结出更为先进的"四边安曲操作法"，同时将制曲生产从单个作坊式，转变为酿酒车间的一个班组。

新技术的运用和生产组织方式的变革，有效保障了泸州老窖酒曲品质和产量的稳步提升。

1978年，随着改革开放的浪潮涌来，传统制曲技术也面临转型升级。

彼时，泸州老窖不仅修建了专门的制曲车间，还在制曲工艺的创新提升上展开探索。

1989年，泸州老窖与四川大学等科研高校合作，研究并实施了微机控制曲坯发酵过程的温度和湿度，有效提升了酒曲的整体质量水平。

同年，由泸州老窖参与研发的DFWK-881型架式大曲发酵微机控制系统及制曲工艺，获得了四川省科学技术进步奖二等奖。

这一时期，正值浓香型白酒在全国市场四面开花，初步奠定浓香天下格局。与之相呼应的是，泸州老窖在制曲发展上也迎来新的飞跃。

1996年，泸州老窖建立了行业首个专业化、规模化、楼盘式的制曲生态园，开始将酿酒大曲进行专业化生产、市场化经营。

随后，具有悠久历史的"久香"牌泸州老窖大曲，通过了国家原产地标记注册保护认证，成为国家原产地标记保护产品。

加上此前已获保护的泸州老窖特曲和国窖1573，泸州老窖是当时全国名酒企业中，唯一获得两项原产地标记保护的企业。

国家质检总局专家评审组对"久香"牌大曲的评审意见是：曲香味浓厚纯正，曲块泡气，表面光滑，穿衣好，断面整齐，菌丝丰满，并即兴题词："天下第一曲，原产泸州城。"

2001年，周老在走访制曲生态园后，也是出于对品质的认可，将"久香"牌大曲誉为"天下第一曲"。

彼时周老还提出了"地域资源共享"理念，他认为，先有好种，才会有好曲。

泸州老窖作为大曲的最早研制者，其制曲发酵微生物种群，受泸州独特土壤、水质、气候等环境资源的长期滋养，早已是不可多得的稀缺制曲资源，也因此具备了制作好酒曲的前提。

"如果我们的酿酒企业多花一毛钱来购买泸州老窖的大曲，他将换来一块钱的利润。"周老说。

当时"久香"牌大曲不仅为泸州老窖所用，还作为行业共享资源，为全国众多白酒企业的快速发展奠定了产品品质基础，甚至出口到马来西亚、新加坡等东南亚一带。

一"曲"浓香天下

作为中国大曲酒开创者和浓香鼻祖，泸州老窖在制曲领域的诸多探索，对中国大曲产业，乃至整个白酒行业都起到了重要的推动作用。

2003年，"首届中国制曲专业化发展趋势研讨会"在泸州老窖举办，形成了"专业化制曲是中国白酒发展的必然趋势"的会议结论。

▼ 泸州老窖黄舣酿酒生态园制曲中心

随后在2005年，泸州老窖与四川理工学院、四川省食品发酵工业研究设计院共同组建了酿酒生物技术及应用四川省重点实验室，并面向省内外开放。

实验室云集了白酒行业及其相关领域著名专家，成为白酒行业基础理论和基础技术研究的重要平台，被誉为"中国白酒科学化的孵化器"。

同一时期，许多酒企纷纷启动规模化发展，扩建了万吨级的浓香型白酒酿造车间。"久香"牌大曲销售也以每年20%以上速度增长，成为白酒行业快速发展的推动力量。

2015年，泸州老窖开始规划黄舣酿酒生态园项目，针对制曲板块提出了"自动化、智能化、信息化"的建设目标。

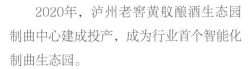

2020年，泸州老窖黄舣酿酒生态园制曲中心建成投产，成为行业首个智能化制曲生态园。

在这里，梅瓣碎粮、人工踩曲、四边安曲等传统制曲工艺，与智能科技展开了无缝对接。实现年产大曲10万吨，成品合格率100%，产能规模位居行业第一。

传承7个世纪的中国大曲制作，也随之迎来了一场前所未有的跨越。

作为中国最大的专业化酒曲制作基地，泸州老窖多年来通过"久香"牌大曲输出，直接或间接促成了浓香型大曲酒如今占比70%以上的市场格局。

而作为中国大曲酒开创者，在数百年的传承演进中，泸州老窖也不断通过技术改进，推动制曲工艺走向成熟。

时至今日，泸州老窖又引领制曲行业开启智能化时代，从劳动密集型向技术密集型转变，进而推动整个白酒产业转型升级。

由此，泸州老窖大曲作为"天下第一曲"，也实至名归。

大江大河为何能塑造中国名酒

你知道中国一共有多少条河流吗？

自最西端的帕米尔高原，至极东黑龙江与乌苏里江交汇的抚远，从可以看到极光的漠河，到置身南洋的曾母暗沙……

据统计，我国流域面积在100平方千米以上的河流便多达50000余条，流域面积在1000平方千米以上的河流也有1500条。

它们与无数的湖泊、溪涧、细流相伴相生，共同组成了我国丰富的河湖水系。

滚滚东逝的长江，天山脚下的"无疆之马"塔里木河，东北沃野上汹涌的松花江，穿梭南部众多丘陵山地的珠江……

河流与美酒的联结，与生俱来。俯瞰中国大地，不难发现，河流总是与美酒相伴，汾河旁的汾酒，淮河畔的洋河，长江岸的泸州老窖、五粮液，赤水河边的茅台……

大江大河养成了华夏文明，塑造了民族性格，也同样赋予了美酒独特的生命个性。

江河湖海，白酒的"上善若水"

先秦时，《礼记·月令》便记载为酿酒"六物"："秫稻必齐，曲蘖必时，湛炽必洁，水泉必香，陶器必良，火齐必得。"

▲ 黄河流域部分酒企分布图

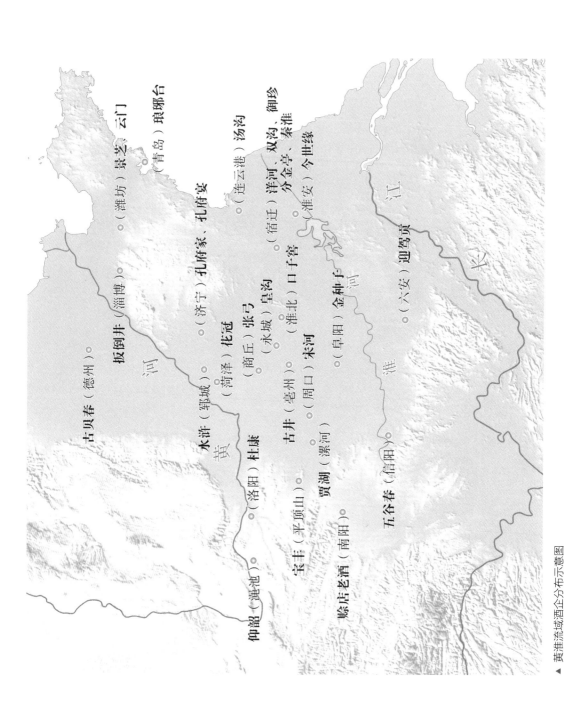

▲ 黄淮流域酒企分布示意图

在北魏《齐民要术》"造神麹并酒"篇记载的酿酒方法里，提及"收水法，河水第一好"，并言："作麹、浸麹、炊、酿，一切悉用河水；无手力之家，乃用甘井水耳。"

我国幅员辽阔，因气候和地貌差异，不同水系的水体成分构成，往往有着较大的差异，而水体硬度、pH等理化因素的变化，在促成生态环境多样化的同时，也演绎出千百种美酒风味。

从东北一路南下，松花江水系、辽河水系、海河水系、黄河水系、淮河水系、长江水系、珠江水系七大水系中，十余种主流香型，以及其他特殊香型白酒星罗棋布，共同组成了中国白酒的蔚为大观。

松花江在东北平原蜿蜒近两千千米，沿途流经五十余万平方千米黑土地，将嫩江、呼兰河、牡丹江等众多江流一并收入后与黑龙江汇合，最终奔向鄂霍次克海的鞑靼海峡，注入太平洋。

这一路，有榆树钱、老村长、洮儿河等浓香型白酒……

紧邻松花江水系的辽河，从南大兴安岭几经曲折，在接纳招苏台河、清河、秀水河、浑河等支流后，从营口汇入辽东湾。

沈阳的老龙口酒，丹东的凤城老窖、锦州的凌川酒、辽阳的千山酒、朝阳的凌塔白酒，都在诉说着不同的地域故事。

它像一把巨扇铺在华北平原，地跨7个省市，二锅头、老白干，海河的酒，自成一派。

九曲黄河，从青藏高原巴颜喀拉山脉涌出，5464千米的干流，汇集40多条主要支流和1000余条溪川，一路穿过内蒙古高原、黄土高原，由华北平原向渤海而去，途经祁连山脉、阴山山脉、太行山脉、秦岭。

在黄河两岸的土地上，河水沿途奔流滋润出片片美酒沃土。

有生于高原的清香天佑德青稞酒，有生于巴彦淖尔的浓香河套王，以及太行山下汾河附近的一众清香白酒：汾酒、庞泉、玉堂春……

到黄河下游，淮河便与黄河一起，共同组成了知名的黄淮名酒带。

浓香的洋河、双沟、古井、宋河，清香的宝丰，以及酱香、兼香、芝麻香、陶融香等多种香型白酒。

白酒到了这里，香型风味变化，尤为多样。

而在"亚洲第一长河"长江所在的流域当中，名酒、好酒更是繁多，浓酱清各香型白酒兼优。

仅在长江上游段，便有泸州老窖、五粮液、剑南春、全兴大曲、沱牌、郎酒、茅台七个名酒品牌。到中游段，也有诗仙太白、黄鹤楼、武陵酒，以及稻花香、白云边、酒鬼酒等众多知名品牌。

长江以南的水系，便是珠江。"珠流南国，得天独厚"，珠江流经云南、贵州、广西、广东四省，诞生了米香、豉香等多种特色美酒，如广西的三花酒、广东的玉冰烧。

河流对美酒的影响不可谓不深远。即便是在西北边陲的大陆深处，在伊犁河等众多内陆河流经的地方，也能够酿出伊力特、古城老窖、肖尔布拉克、小白杨等浓香美酒。

一方水土，一方美酒，江河之畔，好酒遍生。

一江浓香，从雪山向海洋

若推选一种香型白酒来囊括中国风水人文，首推浓香。

遍布大江南北的浓香型白酒，以其非凡的包容共生能力深深扎根于四方土地，融合每一方地理人文，既能完整保有香型特点，又能在细枝末节上呈现出万千变化。

而若推选一条江流来概述浓香，当选长江。

在浓香型白酒的生产过程中，水主要用于制曲、发酵、加浆等环节，不仅是各种生化反应的介质，也是酿酒的主要原料。

其中，用于降度的加浆水质量尤为关键，将直接影响到成品酒的质量与口感。

天然水中包含多种金属离子和无机成分，对白酒口感风味和酒体老熟有重要影响。

针对不同酒度的白酒，加浆水的处理也有不同。

例如，有研究表明，微滤处理的加浆水含有丰富的金属离子，可使得酒体丰满，并保持浓香型白酒特有的风味，窖香浓郁、回味悠长，适合52%vol白酒的加浆用水。

太过纯净的水虽能使酒质绵甜爽净，透明度增强，但使酒体有欠丰满。

因此，长江庞大的水系网为浓香型白酒风味的织就，提供了最为天然便捷的加工厂。

从"万山之宗"昆仑，到东海汪洋，长江跋涉6300余千米，横跨我国西中东三大阶梯和四个气候带，沿途有超过700条支流接入，径流量常年在1万亿立方米以上，流域面积达180万平方千米。

极其丰富的水资源、地形地貌、气候条件和生态环境，将浓香型白酒研磨出数种滋味。

雪山、冰川，化为了滔滔江水，从世界屋脊——青藏高原发端，流向各地。

在"亚洲水塔"喜马拉雅，冰川倾泻而下，以喷薄之势切入横断山脉，当咆哮的金沙江几经辗转来到蜀地，与川江完成汇合后，长江终于开始显露出其柔情的一面。

发于巴颜喀拉山脉的大渡河，穿过大雪山与邛崃山的峡谷，与青衣江、岷江合体为岷江水系，与发于川西北九顶山的沱江水系一起，冲刷出成都平原。

《尚书·禹贡》载："岷山导江，东别为沱。"

小部分水源导入沱江，大部分水源在灌溉成都平原后，在宜宾与金沙江相交。长江之名，自此而起。

沱江则在更下游的泸州汇入长江，"浓香鼻祖"泸州老窖便生于此地，奠基起浓香型白酒香飘世界的第一步。

沱江与长江交汇，也支撑起浓香型白酒泸州产区的兴盛。

而与泸州紧邻的宜宾，同样是浓香型白酒的主产区，两者的产业体量均在千亿以上。

沿着岷江和沱江往上，成都和德阳同样是重要的浓香产区。至川东北，在涪江、嘉陵江、渠江的滋养下，遂宁、绵阳、巴中等地也盛产浓香好酒。

巴山蜀水，自古险峻，但交错纵横的川江水系，却也成就天府之国，酿出川酒甘霖。遍及蜀地的浓香型白酒，让四川常年霸居全国白酒产量第一，成为白酒的核心主产区。

当长江再往下接入嘉陵江、乌江的水量，越过巫山三峡，便来到地势平坦的两湖平原。

湘江、沅江、澧水、资江四条江流淌进八百里洞庭，分割出湖南、湖北，湘鄂的浓香好酒，依旧灿烂。如湘江岸的浏阳河、湘窖、邵阳大曲，如湖北的稻花香、枝江等当地知名浓香品牌。

滋润两湖地区后，长江便携温润的江水来到了鄱阳湖。

赣江水系也经鄱阳湖的沉淀洗涤进入长江，在其八万三千余平方千米的流域面积中，七宝山老窖、堆花酒等浓香型白酒以及李渡、四特等特殊香型白酒熠熠生辉。

至长江中下游平原及长江三角洲地带，则有江苏的浓香名酒汤沟，以及徽派浓香宣酒。

千姿百态，用于形容长江流域内浓香型白酒的丰富多彩再合适不过。从雪山到海洋，茫茫九派裹挟着浓香，穿越大半个中国，最终又将其送往世界各地。

海观秋澜，在泸州窥见浓香源流

长江上游的泸州城外，有一盛景，名为"海观秋澜"。说的是夏秋之际，长、沱二江水位上涨，环合于泸州城外。江面开阔，水气弥漫，犹如大海般浩瀚飘渺。

明代杨慎便写下《咏江阳八景送客还滇南·海观秋澜》。诗曰："岩峣仙观枕丹邱，汇泽秋涛似海浮。水涨金沙惊落雁，浪翻银屋浴潜虬。"

被冠以"中国酒城"之称的泸州，也素有"黄金水道"之名，是进川第一大港，拥有四川、云南、贵州北部最便捷的出海大通道，自古便是交通要塞，从泸州城驶出的商船，可以直接通达江海。

在北宋文献《太平寰宇记》中，形容泸州是"五商辐辏"的巨港名都。尤其到了南宋，四川的地位进一步提高，有"扬一益二"之称。

而泸州，又是当时川峡四路酒类经济最发达的城市。所谓"川盐走云贵，万商聚泸州"，四方商人汇聚的泸州，酒业格外兴旺，酒店、酒家数不胜数。

时过境迁，古时泸州人用于观赏此景的海观楼、海观亭早已不复存在，唯有长江、沱江两江的浩荡和泸州城的浓香一如既往，继续向来往的旅客诉说着那些历史。

步入泸州城中，那些隐匿于现代建筑群中的诸多古窖池，更让人直观感受到时光的变迁。其中年代最久远的窖池，是始建于明万历元年的1573国宝窖池群。

在它们静默守候的450余年岁月里，从元时便传承下来的泸州老窖酒传统酿制技艺也逐渐步入至臻之境，其传承范围，已远远超出泸州。

其中，也正是得益于江与河的塑造，成就了泸州老窖作为中国浓香型白酒起源地的地位。

唐古拉山脉主峰各拉丹东大冰峰的冰川汇流形成浩荡长江，在泸州与源自川西北九顶山南麓的沱江交汇，二者构成泸州水源的主动脉。

赤水河、永宁河、五渡溪等"支脉"在北纬28°的土地上奔腾流淌，让泸州的水得以保持清澈与灵性。

在泸州，与丰富地表水系对应的，是如同毛细血管般纵横交错的地下水。岁月累积形成的大片可溶性石灰岩，在地下形成溶孔、溶洞和地下暗河等奇观，共同组成了脉状水系通道。

再加上亚热带季风性气候所带来的充沛雨量，使得泸州水资源尤为丰

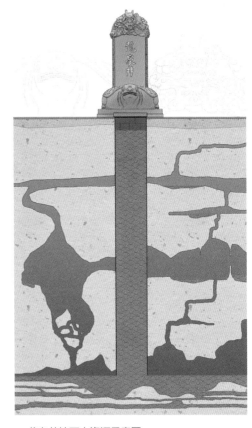

▲ 龙泉井地下水资源示意图

厚。且受四川盆地的地形影响，泸州气候常年温暖，温、光、水同季，全年无霜期在300天以上，十分适合农作物生长。

早年泸州老窖酒取龙泉井水酿制，即泸州地下水与地表泉水的混合。为满足日益扩大的生产需求，泸州老窖便开始取江心水进行酿造，所得之酒，品质同样上乘。

在泸州，有一处名为五渡溪岛的地方。四川盆地多紫色土，而五渡溪岛上的泥土却呈金黄色，原因在于水流。

五渡溪岛南部的棉纱石，一面挡住了裹挟大量泥沙的长江，一面承接住了清洌的山泉水涌出的溪流。五渡溪岛朝向溪流的一面，被山泉水反复的冲刷、淘洗，让这一处的泥沙去除了大量的杂质，保留了品质优良的黏土矿物。

由此，五渡溪岛上的黄泥呈现出黏性强、色泽金黄的稀缺特质。这种材质有密闭性强的特点，正是建筑酿酒窖池的上好材料。

公元1573年，舒承宗就地取材，选择了用泸州独有的五渡溪黄泥来建造窖池，开启了浓香型白酒泥窖酿酒的先河。五渡溪黄泥具有细腻、高黏性，以及常年溪流冲刷下几乎不含杂质的特性，作为窖泥密封性高，天然适合微生物的繁衍。

作为微生物载体，窖泥在白酒酿造过程中的作用可谓重中之重。当年舒承宗建造的窖池，被泸州酿酒人一代又一代地传承了下来。

在泸州老窖1573国宝窖池群中，目前能够检测和认识的微生物约1000余种，尚有大量的微生物等待进一步研究。

得天独厚的地理气候环境，也让泸州成为天府之国的又一重要耕地，其特产的川南糯红高粱尤为旺盛。

四川盆地南部丘陵当中的紫土黏壤，富含矿质养分，具有极高的农业利用价值，为高粱生长提供了最趋于完美的沃土。

而泸州高粱种植史几乎与酿酒史同步开启。高粱，古又称"蜀黍"，是重要的粮食作物，同时也是酿酒的主要原材料。

发达的酒业支撑起了地方经济，让泸州成为远近闻名的美酒之城，蜀南美酒更是常见于各代历史典籍以及文人学士的诗词文章当中，留香不断。

同样得益于四川盆地特殊的地理位置，泸州作为战略后方鲜有受到战争侵扰，其间的酿造史一脉传承，从未断绝。

天赐酒城，正因为不可复制的自然地理与历史人文，使得泸州老窖的酿造得以不间断延续，成就独一无二的"浓香鼻祖"。

在1952年举办第一届全国评酒会时，"浓香"的概念尚未提出，泸州老窖便摘得"中国名酒"桂冠，享誉全国。在其后的四届全国评酒会中，泸州老窖依旧蝉联名酒荣誉，成为公认的"浓香正宗"。

1956年，白酒作为"战略物资"被列入国务院科学技术发展远景规划中。为提高白酒产量和质量，国家开启"白酒查定"工作。泸州老窖作为名酒企业，第一个被选中作为查定企业。

这次查定工作的一大重要成果，便是《泸州老窖大曲酒》的出版。这是白酒行业第一本酿酒工艺书，极大推广了"泸香型"白酒的生产工艺技术。

随后，泸州老窖又往全国各地的白酒企业输送酿酒理论、工艺技术以及专家队

▼ 大江大河在泸州交汇，形成了大海般的浩瀚气韵

伍，泸州老窖酒的生产工艺得以迅速在全国各地生根发芽。

在1979年第三届全国评酒会上，"泸香型"白酒终于被正式命名为"浓香型"白酒，随着香型的正式划分以及浓香型白酒生产范围的扩大，泸州老窖作为浓香正源的行业地位也被进一步凸显。

20世纪60~80年代期间，泸州老窖在全国举办各类"酿酒技术培训班"，先后为全国培训了八千多名酿酒科技人才，深刻影响着浓香型白酒此后的发展。

如今，从泸州启程，浓香型白酒的脚步早已遍布全国，"浓香天下"的格局已然成形，各色的浓香型白酒产品层出不穷，但泸州老窖依旧是浓香风格的最典型代表，是观察浓香型白酒发展的最佳样本。

正如多年前联合国粮农组织专家在考察泸州后给予的称赞："在地球同纬度上，只有沿长江两岸的泸州才能酿造出纯正的浓香型白酒。"

今天，我们沿着大江大河，看见中国名酒的繁荣与多样，而回溯浓香型白酒的发展史，源头起于泸州老窖，其"浓香鼻祖"的赞誉，意义或许正在于此。

也正如长江水，泸州的浓香，不断源流，将始终持续生长。

单粮的秘密

暮春四月，地里的油菜籽陆续进入采收期，农户们上下一片繁忙，正在为高粱幼苗的移栽抢抓时机。

随地势起伏绵延的油菜花海，数月后就会被漫山遍野的红高粱所取代。轮作套作制度下，泸州这片土地的春夏，总在金黄与酒红间交替循环。

今天，泸州多个区县的十余个乡镇上，遍布泸州老窖有机高粱基地农场，种植着由泸州老窖率先定向选育的酿酒专用高粱品种——国窖红一号。

或许是泸州老窖的发展壮大，带动了泸州地区高粱产业的发展。又或许是泸州先有了酿酒高粱生长的"土壤"，才有了今天的泸州老窖。

酒与粱的故事，在泸州上演得最早。

泸州的"土壤"

酒城泸州，气候温和，土壤肥沃，是中国浓香型白酒的发源地。

其物产之一，就是糯红高粱。

高粱被种植的理由，往往是耐旱、耐涝、耐盐碱、耐贫瘠，所以肥沃的耕地总是让渡给传统粮食作物。

其实，根系发达的高粱，吸收水分和养分的能力强，它也喜欢肥沃优质的水土，这会带来更高的产量和质量。

土地以浅丘或深丘河谷地带为主的泸州，就为高粱的种植提供了这样的土壤。种出来的高粱色泽红亮、颗粒饱满、糯性好，是上佳的酿酒原料。

这是地理意义上的土壤。

四川栽培高粱历史悠久，泸州历来是四川省高粱种植面积高度集中的区域。如果在七八月份俯瞰川南，泸州一定是最"红"的。

《泸县志》载："酒，以高粱酿制者，曰白烧。以高粱、小麦合酿者，曰大曲。"

公元1324年，制曲之父郭怀玉在泸州发明了"甘醇曲"，并通过技艺改良，制成了大曲，距今已有700年历史。

也就是说，至少在700年前，泸州就有了用高粱酿酒的成熟技艺。

酿酒工艺的初始形态，是由酿酒原料决定的，说明最开始泸州人能选择的酿酒原料，最多的就是高粱。

在靠经验酿酒的年代，人们逐渐知道用高粱酿出来的酒最为甘美。泸州高粱种植甚广，当地人有条件只用高粱来酿酒，单粮工艺就这样传承下来。

悠久的高粱酿酒历史，让高粱成为酒城泸州一穗深红的魂。这给了后来酿酒专用粮在泸州发轫以科研"土壤"。

现在的四川省农科院水稻高粱研究所，最早叫川南稻麦改良场，1937年成立于泸州。

▼ 泸州老窖有机高粱种植基地

后来，川南稻麦改良场改名为水稻研究所。1985年，再度改名为今天的水稻高粱研究所。

这一时期，正是全国高粱种植和白酒生产之间出现矛盾的阶段。

20世纪50年代初，中国高粱播种面积达1.4亿亩，占作物面积的7.5%，总产量112亿千克，占粮食总产量的6.8%。

后来随着生活水平的提高，各地农作物布局发生变化。几经波动，至1980年，高粱播种面积仅占粮食面积的2.3%，总产量占2.1%。

1988年，播种面积仅剩178.3亿平方米，占粮食面积的1.6%，总产量58.4亿千克，占粮食总产量的1.5%。

这一时期，酿酒用高粱已经不太宽裕，如果种植面积继续下滑，原料短缺将会加剧。

四川作为白酒大省，酿酒高粱短缺矛盾比全国更为突出。即便泸州是省内高粱种植面积最大的区域，高粱生产与酿酒需求量也极不适应。

20世纪80年代初，川酒大发展，忽视了酿酒原料的同步增长。至80年代中期，扭转这一矛盾已经迫在眉睫。

当然，也正是因为川酒大繁荣来得早，四川早于全国意识到了提高高粱产量和品质的重要性。

在人多地少的四川，当时吃饭还是头等大事，高粱生产难以扩大面积，只能依靠科技进步。

▼ 丰收季农民在高粱地忙碌

1988年12月，泸州市酿酒科学研究所成立，泸州曲酒厂（泸州老窖前身）时任高级工程师赖高淮任所长。

这是国内第一家从高粱选育、酒类生产工艺到废料利用的综合性酿酒研究所。当时，研究所里还组建了实验酒厂，技术团队也来自泸州曲酒厂。

也是在1988年，四川省农科院水稻高粱研究所选育的青壳洋高粱，被专家鉴定为国内育成的第一个酿酒高粱专用品种。

四川省农科院水稻高粱研究所原副所长丁国祥回忆道，"20世纪80年代后期，泸州老窖就和我们所展开了全面的合作。老窖投入资金，做了很多研究课题，从不同原料的酿酒效果研究，到酒糟的综合利用研究等"。

这时候，因为与四川省农科院水稻高粱研究所的深入合作，"种子意识"便开始在泸州老窖生根萌芽。

而此时，绝大多数酒厂还在为提高发酵工艺而努力，尚未看到高粱品种对酿酒品质的作用。

国窖红一号

在酿酒专用高粱的发展史上，泸州老窖是有先锋精神和开创意义的。

25年前，泸州老窖找到丁国祥团队，提出的需求是"需要一个酿好酒的专用品种"。

于是，泸州老窖股份有限公司、四川省农科院水稻高粱研究所和泸州市农业科学研究所三方共同组建了选育团队。

1998年，以地方品种青壳洋高粱和水二红为亲本杂交，经过 4 年 7 代选择，2003年得到了稳定品系，并于2009年审定命名为"国窖红一号"。

2008—2009年，泸州老窖原粮基地进行丰产栽培示范推广，亩产275～333千克，比青壳洋高粱增产 5.77%～28.08%。

除了产量高外，国窖红一号的优点还在于胚乳糯质、出酒率高。其总淀粉含量达到72.69%，支链淀粉含量在94%以上，远高于其他地区的65%～80%。

国窖红一号支链淀粉易糊化，且具有糊化后黏性好、不易老化等特点，酿酒时的优质酒率能达到60%，浓香型曲酒率为42.4%。

国窖红一号的成功选育，让泸州老窖成为白酒行业率先主导选育酿酒专用高粱的酒企。为什么泸州老窖会如此重视酿酒高粱的品种选育？

前文提到，1324年郭怀玉发明"甘醇曲"，泸州老窖也因此成为浓香鼻祖。

而在最初大曲酒的酿制中，原料就是高粱和小麦，其中小麦是作为制曲原料。也就是说，泸州老窖从古至今，酿酒原料始终都只有高粱。

高粱作为最适合酿酒的粮食作物之一，其优点除了淀粉含量高，易于发酵外，还在于其脂肪和蛋白质含量

- 总淀粉含量约72.69%
- 支链淀粉含量94%以上
- 单宁含量约1.42%
- 蛋白质含量约8.47%

▲ 国窖红一号高粱示意图

配比恰到好处。既能让微生物发酵产香顺利进行，也不会导致杂味物质生成。

更重要的是，高粱籽粒中含有大多数粮食作物都不具有的单宁，而单宁是白酒香味物质的主要来源之一。

以高粱酿酒，味道会更加醇厚和纯正，这也是泸州老窖一直坚持单粮工艺的原因。

也正因为高粱是其唯一的酿酒原料，泸州老窖对高粱的品质才会有更苛刻的要求。

泸州老窖旗下泸州红高粱现代农业开发有限公司副总经理张庆良告诉我们，国窖红一号每年还要做良种的扩繁，进行提纯复壮，避免品种退化。

"这个过程要到海南去做南繁加代选育，选育相当于提纯，然后复壮，再把这个原原种拿回我们的基地扩繁成原种。良种生产出来之后，再发给种植户进行种植。"

张庆良所说的原原种，是指育种专家育成的遗传性状稳定的品种或亲本的最初一批种子，也就是2009年通过审定时的国窖红一号，其纯度为100%，是繁育推广良种的基础种子。

原种是指用原原种繁殖1～3代或按原种生产技术规程生产的、达到原种质量标准的种子，其纯度在99.9%以上。

良种则是由原种生产出来的，供大面积生产使用的种子。

这样循环一次，需要两三年时间。

"比如2022年的种子，拿到海南去种两季，两季后选育优株进行提纯复壮，然后把原原种拿回来在2023年进行扩繁，就会成为2024年的种子。"

这项保证国窖红一号纯度的工作，由泸州老窖酿造原粮中心负责。

一粒小小的种子，从落土播种到进入窖池，中间需要经历漫长而繁复的科研过程。

其间难度和对于白酒品质的重要性，并不亚于白酒酿造工艺本身。

有机"升级"

泸州老窖不仅是行业率先选育酿酒专用高粱品种的企业，也是率先提出"有机高粱"理念的。

前者是从源头保证白酒的品质，后者则是从源头保证原粮的品质。

只有这样，才能完全满足单粮酿造对于高粱品质的要求。

2001年，泸州老窖提出"有机高粱"的种植标准，并在基本无工业污染的龙马潭区、泸县乡村试点，建起了省级授牌的泸州老窖原粮种植基地。

从原粮种植基地，到有机原粮种植基地，这个"升级"的过程是极为严格的。

首先是禁止在种植基地及其周边销售和使用禁用农药和肥料，基地附近的水源不能有任何污水、废水，基地附近也不能建设有废弃排放的企业。

仅是这三点，可供选择的地块就少之又少。

接下来是长达两三年的"净土"。按照有机原粮的种植要求，进行反季作物糯红高粱、软质小麦的规模种植，逐渐消除基地土壤中残留的有害物质。

由于单粮酿造对高粱品质的需求较高，基地的建设也相应地需要高标准。

从一开始，泸州老窖就在基地管理上，采取统一供种、统一浸种、统一育秧、统一指导病虫防治和统一监测。

三年后，由泸州老窖报送的"国窖酒生产工艺研究"，获得 2004 年度四川省人民政府科技进步一等奖，是行业首个省级科技进步奖一等奖。其中，基地建设成为其重要的技术支撑。

同年，泸州老窖正式启动"有机原粮基地"试点。

又用了四年时间，2008年，国窖1573成功通过国家有机认证，成为第一个获得国家有机认证的浓香型白酒。

▲ 晒高粱

如今，泸州老窖的有机高粱基地广泛分布于泸州市龙马潭区、江阳区、纳溪区、泸县、合江县五个区县十余个乡镇上，共有24个农场。

为保证种植过程真正实现有机，每个有机农场又划分为5～8个生产小区，以小区为单位进行管理和考核。

每个有机农场聘用4～5个管理人员，包含农场场长、生产管理员、农事记录员和有机生产监管员，实现管理上的环环相扣。

其中，来寺农场是泸州老窖有机高粱基地的第一个农场。2003年开始"净土"，2006年正式成为有机高粱种植基地。

来寺村党总支书记、村委会主任罗冬梅2006年回到来寺村工作，见证了最早的100亩试点，一步步变成今天的4100亩红高粱基地。

村里有1400多户人家，其中500多户在种高粱，每年为村上创收六七百万。均摊到全村4000多村民头上，每人每年也有1500元左右的产值。

有几十户贫困户就靠着种高粱，实现了脱贫。

"因为是订单农业，老百姓收入稳定，种出来的东西不愁销路，可以放心种。而且收入一直在增长，从1块多到4块多，这是看得见的变化。"

罗冬梅说，以前村里的基础设施很差，运高粱很吃力，产业做得大但是运输困难，如今也都得到解决，水利设施的改善也很大。

"有高粱产业，村里才能得到改善。目前我们正在争创省级糯红高粱园区。"

来寺村村民种高粱的收入，还引得邻居的艳羡，罗冬梅语气里不无自豪，"有的村子没有纳入老窖的订单，村民就很羡慕，说'来寺村的高粱能卖到4块多，我们就只有3块多'。"

种了十几年有机高粱，当地不管男女老少，对"有机"生活的要求都很高，"不仅高粱是有机的，他们种的蔬菜和其他作物也是有机的"。

来寺村的有机生活背后，是泸州老窖为一粒高粱奋斗了25年。

而回溯这期间所有的努力，其实都可以浓缩为两个字：单粮。

世界的单粮

单粮的定义，不仅是只用高粱这一种粮食酿造，也指特定品种、特定区域。

就像国窖1573只用国窖红一号，茅台酒只用红缨子，如此才能保持稳定而独特的风味。

这或许是所有酒种的共性。

在葡萄酒领域也有单酿和混酿。勃艮第就是著名的单酿葡萄酒产区，产于此的"葡萄酒之王"罗曼尼康帝是由百分之百的黑皮诺酿制，黑皮诺则是葡萄品种之皇后。

上千年来，一代代勃艮第人的酿造经验证明，这一品种非常适合勃艮第的风土。

黑皮诺生长在勃艮第最好、最稀贵、最小面积的一块葡萄园里，产量极为稀少，由它酿造的罗曼尼康帝就更显珍贵。

世界上还有很多产区，都出产了顶级的单酿葡萄酒。

如意大利的巴罗洛和巴巴莱斯科产区，是用单一葡萄品种内比奥罗酿造。德国的摩泽尔河产区，以酿造单一品种雷司令葡萄酒著称。

阿根廷和新西兰，也是以酿造单一品种的葡萄酒而闻名，马尔贝克和长相思是它们各自的代表作。

葡萄酒行业有这样一句话："从单一葡萄园生产葡萄酒是神圣的，因为它体现了世界上除了那一小块土地之外没有的所有风味、芳香和微妙之处。"

单一麦芽威士忌也有着异曲同工之妙。

威士忌中，来自同一家酒厂、只以发芽大麦为原料的单一纯麦威士忌绝对是品质上的王者。

麦卡伦旗下的单一纯麦威士忌，被誉为"威士忌中的劳斯莱斯"。

很大程度上，单一纯麦威士忌可以让酒厂按照自己想要呈现的风格方式，表达它们的威士忌产品。

除了单一纯麦威士忌，其实还有纯麦威士忌，由不同酒厂的单一纯麦威士忌调和而成。

所以，单一纯麦威士忌中的"单一"，更多是对单一酒厂的限定，就像国窖红一号对种植区域的限定。

而在白酒领域，相似的例子还有茅台。作为中国顶级白酒的代名词，茅台也是单粮。

无论是白酒中的单粮、葡萄酒中的单酿，或威士忌中的单一麦芽，单一原料酿酒的共同好处都很明显——酿造过程中，可以把特定原料发挥到极致，使风味浓郁、突出而独特。

世界上的许多好酒，共享着单粮的妙处。

▲ 来自世界的佳酿喜好"单一"原料

我们见证了川南最后的那片"红"

时值7月末，空气里暑热仍盛，此时的川南泸州已是一片火红。

作为酿造白酒的主要原料，当高粱穗子中部以上的籽粒转红之时，就意味着最适宜的采收时机已经到来。

通常这段最佳的收割期，只有短短20天左右。

于是在立秋前夕，我们一行五人带上摄影器材，驱车赶往泸州市江阳区通滩镇大坝村，去见证和记录了川南最后的那片"红"。

川南"红粮"

泸州地处四川盆地南缘地带，长江沱江交汇处。

以中部长江河谷为最低中心，泸州南部靠近云贵高原，地形以紧密的低山和中山为主，海拔从250多米逐步上升到1600多米。

北岸则为四川盆地微缓的倾斜平原，除局部低山外，大部分为缓丘、宽谷，呈现出一派平畴沃野、田连阡陌的地貌景观。

被泸州当地称为"红粮"的糯红高粱，就广泛种植于这些缓丘和宽谷地带，这里也是传统的西南酿酒糯高粱优势种植区域。

▲ 凡是含有淀粉的粮食都可酿酒，唯独高粱酿酒口感更醇正，于是成为最广泛的白酒酿造原料

　　根据板块学说，深埋于泸州市地面以下6.3千米的地质基础是古老的扬子板块——发育于太古代（距今34亿～25亿年），是中国南方三大洋壳板块之一。

　　亿万年的地质变迁，形成了泸州以侏罗系、白垩系紫色砂岩、页岩、泥岩为主要成土母质发育而成的紫色土壤，其富含矿物质磷钾养分，肥力高，耕性好，是高粱等作物生长的沃土。

　　高粱又被称为蜀黍，"蜀"之一字表明了四川栽培高粱的悠久历史，而泸州历来是四川省高粱种植面积高度集中的区域。

　　每年七八月份，川南泸州一带，都会化身为一片起伏连绵的红色海洋。

　　在泸州泸县，人们还会将收割到的第一批高粱制作成高粱粑，以这道专属于高粱季的特色美食，来犒赏这一季的劳作。

　　我们走访的江阳区通滩镇大坝村，是泸州老窖分布在泸州各地众多有机高粱基地的其中之一。

　　泸州红高粱现代农业开发有限公司高级有机农场管理员唐友才告诉我们，泸州老窖已在江阳区、龙马潭区、合江县、泸县等地，建立了八大有机高粱基地。

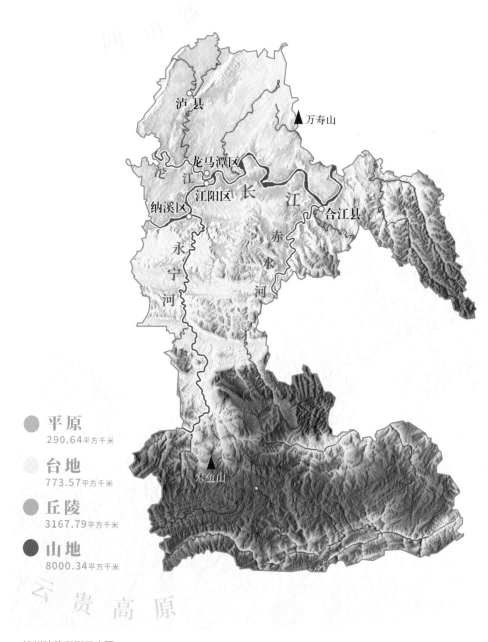

泸县

▲ 万寿山

沱江

龙马潭区

江阳区

长

江

纳溪区

合江县

赤水河

永宁河

● **平原**
290.64平方千米

● **台地**
773.57平方千米

● **丘陵**
3167.79平方千米

● **山地**
8000.34平方千米

木鱼山

▲ 泸州地貌类型示意图

数据来源：四川省第一次全国地理国情普查公报

站在通滩镇大坝村的田野上，连片的红高粱瞬间就霸占了视线。一阵微风拂过，高粱穗子随风晃动，叶子之间相互摩擦，沙沙作响。

这几日泸州都是40℃左右的高温天气，早上8点，已有不少农户戴着草帽手握镰刀，动作老练地在高粱地里抢收。

一眨眼的工夫，身后的背篓已被装满。

收割下来的高粱需要及时脱粒烘干，农户们就在自家院坝里晾晒起高粱。很快，一片片火红的晒场，如同色板映红了山间。

这些产自泸州的"红粮"，具有糯、红、粉三大基本特征，是酿酒的优质原料，不仅产量高，而且胚乳糯质，出酒率高。

其淀粉含量为62.8%以上，支链淀粉含量占比在90%以上，发酵时十分有利于锁住水分。

脂肪和蛋白质含量配比也恰到好处，能帮助酿酒微生物顺利产香。籽粒中富含的单宁、花青素等成分，也可生成芳香族酚类化合物赋予白酒特有的芳香。

有好山水，又有好的原料，孕育了川南泸州得天独厚的酿酒天赋。这也是泸州老窖为什么会诞生于此的重要原因。

除了天赋，后天的养成也很关键。泸州老窖是白酒行业率先进行酿酒专用高粱品种选育的酒企，并率先在行业提出"有机高粱"理念。

多年的品种选育和有机种植，不仅形成了泸州老窖领先于行业的原粮品质，也构筑了一套专属于泸州老窖的优质原粮"养成"法则。

"有机"的养成

一粒种子从落土播种，到变成原粮进入窖池，中间需要经历漫长而繁复的过程。

在通滩镇大坝村，我们遇到了泸州红高粱现代农业开发有限公司高级农艺师朱亮，他表示，影响高粱品质的第一因素是高粱品种。

泸州老窖选育酿酒专用高粱品种的探索，最早始于20世纪80年代后期。

1998年，以泸州本地优良品种青壳洋高粱和水二红为亲本杂交，经过4年7代选择，2003年得到稳定品系，并于2009年通过审定，被命名为"国窖红一号"。

短短几句话的背后，是长达十多年的科研之路。

量身定制的优良品种，从源头保证了泸州老窖酿酒原料的高品质，有机种植则是立足过程管理精耕细作，确保了原粮品质的不断优化。

2001年，泸州老窖率先提出有机种植理念，并在生态环境较好的龙马潭区、泸县进行试点探索，建起了省级授牌的泸州老窖原粮种植基地。

相较于非有机高粱，有机高粱的种植有着严苛的要求。

大到有机高粱种植的育苗、移栽、施肥、收割等所有环节，小到高粱地块每两株苗的宽窄距离、杀虫灯位置的安放等，都要逐一规范。

比如在病虫害防治方面，泸州老窖高粱基地坚持只进行生物药剂处理，不进行任何农药的添加。对杂草治理也是秉承绿色、有机的生态理念，不喷洒任何除草剂，纯靠人工进行拔除。

每年四五月份，是高粱长势甚喜、杂草也随之疯长的时节，那段时日最让农户们焦头烂额。

"刚把这边的草拔出，另一边的杂草又密密麻麻地长出来，简直就是与时间赛跑。"通滩镇大坝村村民朱冬梅告诉我们。

朱亮也回忆说，"刚开始农户们都有点嫌麻烦，部分农户还不太愿意进行合作，后来经过多次的培训和鼓舞，加之农户自身也尝到了一些种有机高粱的甜头，才逐步达到了如今统一标准的种植管理模式。"

在不断总结和积累经验的基础上，泸州老窖的高粱技术人员将这些"规定动作"编制成了《泸州糯红高粱有机种植技术规范》，后来通过四川省质量技术监督局审核，被发布成为泸州市地方标准。

2004年，泸州老窖高粱种植基地获得"无公害原粮基地"认证证书。

4年后，泸州老窖有机高粱基地获得北京中绿华夏有机食品认证中心有机认证，国窖1573也通过国家有机认证，成为中国第一款浓香型有机白酒。

为了长期规范有机高粱种植和有效管理，泸州老窖还组建了泸州红高粱现代农业开发有限公司专家团队，包括唐友才和朱亮都是团队成员之一。

在日常基地管理中，以泸州老窖股份有限公司副总经理、首席质量官何诚带队，专家团及相关质管部门会定期对基地生产管理进行有机督查，还专门设置了分区动态考评定价机制。

根据抽查结果，专家团会针对高粱品质打分，最终按分数进行排名定价，高分高价，低分低价，公平公正。

　　这些措施不仅有效调动了农户的种植积极性，也确保了有机高粱的品质。

　　"何总一直强调，我们的工作要聚焦有机，严格按照有机标准进行种植管理，坚持做细有机、做实有机、做好有机，保障酿酒有机原粮品质。"唐友才说。

　　从立春播种到惊蛰移栽，立夏拔节到立秋收割，有机糯红高粱的收获，须经过育苗、孕穗、抽穗、扬花、灌浆、腊熟等整个生长周期。

　　泸州老窖高粱基地"有机"二字背后，也曾历经20多个春夏秋冬不断养成。

　　无论是种好一株糯红高粱，或是建好一块有机农田，其间难度和所需付出的努力，都不亚于白酒酿造本身。

▲ 农民正将收割的高粱穗堆在一起

　　所以好酒之好，不仅体现在其酿造技艺的精湛、文化底蕴的深厚，而是将原粮、土壤、技艺、人文等诸多"极致"酿于酒中，由此才成就得天独厚的有机好酒。

一瓶好酒的价值

　　作为全国高粱生产大省，也是全国酿酒用高粱的核心产区，2020年四川省高粱种植面积为126万亩、总产量41万吨。

　　尽管产业规模已位居全国前列，但对比四川白酒产量全国第一、占比超过53%的巨大需求来看，未来四川省高粱产业发展潜力巨大。

　　由于高粱种植土地适应性广泛，加大高粱产业发展，对于带动地方经济、促进农民增收也意义深远。

　　2022年7月26日，四川省农业农村厅曾针对四川省政协十二届四次会议第1058

▼ 泸州老窖酿酒原粮——川南糯红高粱

号提案做出答复。

这份名为《关于将高粱作为我省特色农业加快推进的建议》的提出者，是泸州老窖股份有限公司副总经理、总工程师沈才洪。

在答复中，四川省农业农村厅表示，未来将鼓励农业科研院所、高校、企业研究培育更加符合白酒酿造工艺和质量提升的品种，将优质专用品种和绿色生产技术在酿酒专用粮基地进行大面积示范推广。

同时，将积极支持更多的白酒龙头企业在省内建设酿酒专用粮基地、巩固"优粮名酒"效益联动机制，鼓励白酒企业按照"优质优价"原则组织专用品种订单生产，推进一产三产融合发展，促进基地内农户增收致富。

可以想象，未来围绕一瓶好酒的原粮建设，在川南这方热土上，还会延伸出更多的可能。

而在酿酒专用品种培育、基地建设、订单生产等方面，泸州老窖早已以先行者的姿态，探索出了一条可行之道。

早在2001年提出有机高粱理念之初，泸州老窖就着手帮助农户改进高粱种植方式，不仅免费提供优良品种和种植技术，还在高粱种植期间进行指导培训。

2006年开始，泸州老窖再度对高粱种植体系进行升级，通过"公司+有机农场+农户"的运营模式，逐渐建立公司和种植户之间的利益联结机制，提升了区域内农业规模化、集约化和专业化水平。

唐友才告诉我们，泸州老窖高粱基地建立的初衷之一，就是带动农户增收。

泸州老窖坚持用十多年的时间建立有机高粱种植基地，完善相应基础设施，用最先进的种植技术支持生产，以工业反哺农业。

为了规范种植，泸州老窖实行"五统一"模式，即统一管理模式、统一技术规程、统一培训、统一考核定价机制和统一回收管理。

虽然这种做法大大增加了高粱成本，每斤高粱的成本高达八九块，但是能从源头把控高粱品质，也能支持本土高粱种植业发展，帮助农户增收。

为了从根本上解决农户的后顾之忧，泸州老窖还以高于市场价的价格收购高粱。有机基地高粱订单价格达每千克9元左右，比一般高粱价格高20%以上。

"高粱品质变优了，产量翻番了，单价也增高了，我们的收入自然也就上去了。"正在田地忙碌的村民王长容脸上挂满了笑意。

"相比起稻谷一块左右的单价，泸州老窖以四块五左右的高价收购我们的高粱，加上在品质升级后，一亩地的产量能达到250千克，平均每亩地一年就有大约2000块的收益，比起我们之前自己种植、自己售卖，收益可以说是直接翻番了。"村民朱冬梅也高兴地算起了经济账。

短暂交谈过后，他们又投入忙碌的抢收中。很快，这些收割下来的高粱会被脱粒烘干，去除杂质后颗粒归仓，进而成为一瓶好酒的酿造原粮。

从乡间到基地，从农户到高粱，这一方水土一方人，因为一瓶酒紧紧联系到了一起。

他们因酒而兴，也共同构成了一瓶好酒的根基。

这些"国宝级"藏酒洞，究竟有何玄机

发源于川西北九顶山南麓的沱江，自深山涌出后，便一路向南。

先是接纳毗河、清白江、湔江、石亭江，再穿龙泉山金堂峡，过资阳、资中、内江、自贡，在四川盆地的千里沃野蜿蜒700多千米后，最终由泸州汇入长江。

两条大江在泸州交汇，如巨龙入海，烟波浩荡。

当地人把这种奇特景观称为"海观"，还曾在江边建起一座海观楼，"海观秋澜"也成为泸州八景之一。

印度有一古谚语，认为"两河交汇处必有神迹"，而在长江与沱江合流处，也的确隐藏着另一奇特现象。

北京大学物理学院大气科学系钱维宏教授提出，好酒的诞生通常有三个地理关键词：左岸、臂弯、地层。

即河道的左岸、河流弯曲或交汇形成的"臂弯"处，通常会沉淀更多的泥沙和矿物质，更利于形成动植物和人类生息的土壤、作物、优质水源等，进而成为酿酒的好地方。

一张泸州老酒坊分布图显示，泸州老窖明清36家酿酒作坊均是沿长江和沱江分布，且多聚集于河流左岸或两河交汇处，恰好印证了这一科学规律。

这也成为泸州老窖作为"浓香鼻祖"诞生于此的奥秘所在。

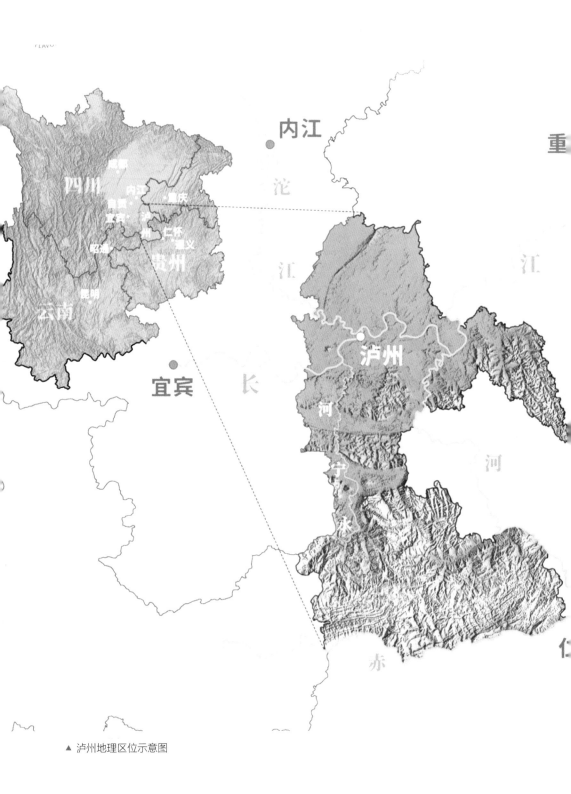

▲ 泸州地理区位示意图

　　而在沿河林立的老酒坊中，泸州老窖纯阳洞、醉翁洞、龙泉洞三大天然藏酒洞也隐立其间。

　　白酒素有"三分酿，七分藏"之说，贮藏是好酒从生涩到老熟的必经过程。

　　而在长江与沱江交汇的这一方酿酒宝地，天然洞藏也蕴藏着泸州老窖对好酒品质塑造的极致表达。

泸州：白酒的洞天福地

　　在中国酿酒版图中，以川南黔北为核心的西南地区，无疑是腹心之地，而泸州自古就有"西南要会"之称。

　　从地理位置来看，泸州位于四川省东南部，是西南唯一直接接壤川渝滇黔四个省市的城市，同时控扼两江（长江、沱江）两河（赤水河、永宁河），区位优势十分明显。

　　如果不考虑川滇西部的高原山地，仅从人口相对密集的西南腹地来说，泸州实际处于一个通达四方的"西南之心"枢纽位置。

　　这样的特殊位置，让泸州历来都是西南地区的商贸物流中心和长江上游重要的港口城市。

　　旧时《宋会要辑稿》已有记载，宋徽宗曾诏云："泸州西南要会，控制一路……可升为节度，赐名泸川军。"

　　明朝时，泸州与成都、重庆三足鼎立，成为当时全国33个商业大都会之一。

　　特殊的地理位置，不仅成就泸州在政治、经济上的重要地位，也塑造了这座千年酒城的酿酒禀赋。

　　由于地处四川盆地向云贵高原过渡的中心地带，泸州在地形上兼有天府之国的平原沃野和高原山地的奇秀险峻，地貌复杂多样，也是全国唯一的浓酱双优白酒原产地。

　　在长江与沱江环合相拥之处，有一座五峰岭，也叫学士山，便是以地势险要著称，被誉为"四川盆地南大门"。

　　1916年，驻防泸州的朱德在登上五峰岭后曾留下："泸阳境内数名峰，绝顶登临四望空。立马五峰天地小，群山俯首拜英雄。"

▲ 泸州老窖三大藏酒洞位置示意图

泸州老窖三大藏酒洞中的纯阳洞和醉翁洞，就位于五峰岭南麓，龙泉洞则位于长江之畔的凤凰山麓。

其位置特点均是"临江边，山麓下"，聚江河山川灵气而自然形成，数百年来，一直是泸州老窖原酒的修身之地。

2013年，纯阳、龙泉、醉翁三大藏酒洞，与泸州老窖1619口百年以上老窖池群、16处36家明清酿酒作坊，一并入选全国重点文物保护单位，成为全国仅有的"国宝"洞藏。

在中国传统文化中，天然洞穴时常被描述为世外桃源般的洞天福地。

《隋书·经籍志》中的《洞仙传》，郦道元的地理名著《水经注》，都曾记录下诸多神秘洞穴的特殊地貌和古老传说。

"洞中方一日，世上已千年"的说法，也由此流传至今。

对于酒的洞藏，虽无明确历史溯源，但将美酒藏之于洞，吸纳天地精华灵气，已是传承许久的古老传统，并在酒城泸州得以浓缩呈现。

洞藏之于美酒究竟有何好处？为何白酒有"三分酿，七分藏"之说？泸州老窖的国宝级藏酒洞，又有何玄机？

"老熟"的奥秘

书法界有一说法叫"人书俱老"，出自唐代书法理论家孙过庭的《书谱》："初谓未及，中则过之，后乃通会，通会之际，人书俱老。"

是说随着书法造诣的提升，人与技法进入天然通会的成熟之境，于平正与险绝中，呈现一种中和之美。

洞藏之于酒的影响，也异曲同工。

新酒初成，往往酒味辛辣，只有通过贮藏，才能让酒体变得幽雅细腻、平和协调、陈香舒适。

而洞藏，因洞内空气流动极为缓慢，相对恒温恒湿，为白酒酒体的酯化、老熟、生香提供了更为稳定的环境，被认为是新酒陈熟的绝佳之地。

泸州老窖三大藏酒洞作为行业唯一的"国宝"洞藏地，除了数百年来形成的独特洞藏环境外，其特殊的地理位置，也成为泸州老窖高品质白酒养成的另一奥秘所在。

以纯阳洞为例，其所在的五峰岭正好位于长江与沱江交汇处，受山体阻挡，两江汇流在山前形成一个浩荡臂弯，这一位置被当地人称为"回水沱"。

河流交汇于此产生的大量水汽，使得纯阳洞内湿度常年保持在85%左右，温度恒定在20℃上下，这正是白酒的最佳储藏条件。

而江水终日拍打山体，也使得洞内形成微妙共振，让酒体在轻微振动中加速老熟。

作为国宝级藏酒洞，纯阳洞内一排排大小不一的陶坛，显示了时间在这里留下的痕迹。

这些大都是20世纪50年代公私合营时期由各个作坊留存下来的，很多都是有着百年历史的文物级酒坛。

几乎每一个酒坛的表面，都长满了厚厚的酒苔。这些由神奇的霉菌构成的酒苔，是酒分子与洞内空气中的微生物长期自然作用形成的"宝贝"。

▲ 拥有"液体黄金库"之称的藏酒洞

与山洞藏酒相得益彰的，则是陶坛。泸州老窖采用的陶坛，均是以川南地区特有的上好黏土为原料，经过踩揉、拉坯、成型、黏合、泥浆凝结、高温烧制等多道手工工序制作而成。

这些经高温煅烧后的陶坛，黏土中所含的有机物已被烧尽，其他气体成分也均被排除，形成许多微小的孔隙，仿佛是陶坛中亿万个灵敏的鼻尖。

正是由于这种网状微孔结构，使得陶坛中的酒并不是完全密封的，而是与外界环境进行着缓慢的物质交换。

在长时间的存放过程中，小分子、低沸点的杂味物质会逐渐挥发，外界空气通过微孔进入酒体，促进氧化和酯化，从而生成具有芳香气味的酯类物质。

在天长日久的内外交互中，坛中酒体也日渐老熟，从辛辣变为柔和，进而在时光中成就一坛极致好酒。

然而，并非所有酒体都适合洞藏。以泸州老窖地、窖、艺、曲、水、粮、洞七大酿酒资源来看，洞藏作为白酒的修身之地，意味着是在前面诸多酿酒要素基础上的升华。

只有那些本身已经具备好酒特质的酒体，才能经由洞藏进入"通会之际"，从而完成酒质和口感上的老熟与蜕变。

好酒"十分酿，十分藏"

每年农历二月初二，位于泸州城中心的凤凰山麓，都会在熏香烟火中显得格外肃穆。

作为中国浓香型白酒的发源地，泸州自古便有祭拜先贤、感恩祈福和"烧头香，喝春酒"的传统。特别是在"二月二，龙抬头"这天，泸州的酿酒作坊都会举行春酿封藏仪式。

2008年，泸州老窖率先在酿酒行业恢复了封藏大典的祖制。

十几年来，每年的国窖1573封藏大典，都会成为酿酒人表达对天地造化感恩、对礼制传统敬守、对自然酿造虔诚的重要礼典。

作为大典的重要仪式之一，泸州老窖会将一年中最为珍贵的国窖1573春酿原酒，与对传统最崇高的敬意一起注入陶坛。

随后在凤凰山下，伴着一声"出酒咯"的雄浑号子，国窖班的师傅们便会踏着鼓点，将这些春酿美酒送入龙泉洞中。

这些承载了自然和时间精华的至臻春酒，之后就将在沉睡中老熟生香，等待至少五年后的蜕变启封。

地处长江之畔、凤凰山麓的龙泉洞，与纯阳洞、醉翁洞一样，都属于依山傍水的洞天福地，因洞前有一口历史悠久的"龙泉井"而得名。

在其不远处，便是曾聚集大量泸州老酒坊，也是今天1573国宝窖池群的所在地——营沟头，这里也被视作中国白酒的"浓香圣地"。

千百年来，龙泉井水始终不绝，营沟头一带也因这好山好水林立着温永盛、春和荣、洪兴和、永兴诚、鼎丰恒等一大批酿酒作坊。

营沟头的先民们用龙泉井水酿制出了泸州老窖美酒，再将新酒储存于龙泉洞中陈酿升华。在井与洞的相得益彰中，实现好酒酿造的生生不息。

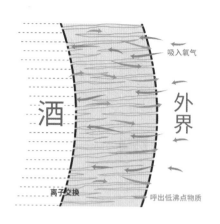

陶坛微孔网状结构为酒体提供了"呼吸"通道

▲ 陶坛储酒功能示意

显微镜放大10万倍的陶坛壁，显示出大量的微细小孔

▲ 显微镜下"会呼吸"的陶坛

相较于白酒行业约定俗成的"三分酿，七分藏"，泸州老窖由古至今的发展演变，则演绎了好酒"十分酿，十分藏"的成长路径。

好酒方可洞藏，好酒更需洞藏，这是自然造化的魅力，也是泸州老窖传承千年的先贤智慧。

其洞藏好酒的奥秘，在于山川地利，在于器艺相宜，更在于时光流逝所带来无法被复制的老熟平和之美。

于好酒而言，时间是最好的塑造者。

第四章 薪火相传

口传心授的秘密

对于讲究身手力道的酿酒而言，一手绝活也是酿酒师行走江湖的必备技能。泸州老窖酒传统酿制技艺之所以能够延续数百年，得益于口传心授的师徒传承。而浓香型白酒如今的繁荣景象，亦离不开泸州老窖对浓香技艺的数百年传承之功和将浓香工艺传向全国的推广之功。

傳 承 活 文

酒业大师，为何于斯为盛

"择一事，终一生，不为繁华易匠心。他们是劳动者的赞美诗。"

"他们扎根在酒业一线，道法自然、天人共酿，用才华与汗水成就了美酒，惊艳了时光。"

"他们拥有传承的力量。技艺在言传身教中赓续，精神在潜移默化中流芳。"

这是第三届"中国酿酒大师"颁证大会为41位当选者写下的颁奖词，正如颁奖词所言，这些酿酒大师们"择一事，终一生""扎根酒业一线"，让"（酿酒）技艺在言传身教中赓续"。

于中国酒业而言，"酿酒大师"是标杆，是榜样，是推动酒业不断向更高、更远发展不可或缺的力量。

41位新晋"中国酿酒大师"中，有两位来自泸州老窖，分别是泸州老窖集团（股份）公司党委书记、董事长刘淼与泸州老窖股份有限公司副总经理、首席质量官何诚。

至此，"中国酿酒大师"评选历经三届，116位酒业人荣获过这一行业最高荣誉。

自2006年首届"中国酿酒大师"评选至今，中国酒业又经历了近20年风雨征程，此间，这些酿酒大师们为酒业繁荣躬耕一线，贡献着自己的力量。

在更长的时间跨度上，"大师"一直是酒行业生机勃勃、展现无穷活力的核心力量。他们代表着登峰造极的酿造技艺，代表着敢为行业先的创新精神，更代表着虚怀若谷、乐于奉献的高尚情怀。

他们，值得被行业铭记，被时代铭记。

泸州老窖，大师的"摇篮"

"中国酿酒大师"评选肇始于2006年，由中国轻工业联合会与中国酒业协会联合评选，评选标准严格，是中国酒类行业最高荣誉。

迄今为止，"中国酿酒大师"评选工作分别于2006年、2011年和2021年开展了三届，前两届评选出75位"中国酿酒大师"，目前仍在职在岗的仅23位。

第三届"中国酿酒大师"从2021年开始评选，全国酿酒行业共申报266人，最终41人当选，其中，白酒行业仅27人当选。

值得一提的是，三届"中国酿酒大师"评选中，来自泸州老窖的张良、沈才洪、张宿义、刘淼、何诚共计5位大师获此殊荣，在行业中居于领先地位。

作为中国名酒引领者，泸州老窖从来都是诞生大师的沃土。

自公元1324年的"制曲之父"郭怀玉，至1573年的"国窖始祖"舒承宗，再到中华人民共和国成立后创建多项技术的"酒城三成"（张福成、赵子成和李友澄）、陈奇遇、赖高淮等，乃至今日，泸州老窖的历史功勋册上可谓群星闪耀、大师辈出。

泸州老窖悠久灿烂的文化和迄今传承24代的技艺传承中，一代代大师们的薪火相传，是其中最宝贵的部分，正是这样的传承，让浓香型白酒酿造技艺臻于完善，让泸州老窖的品质基因深入人心。

回顾中华人民共和国成立后，中国名酒70年的光辉历程，泸州老窖始终以浓香典范和名酒价值标杆的角色，牵头或参与行业标准的制定，推动着酿造工艺进步，引领着中国白酒的发展。其中，"大师"的价值不可估量。

20世纪50年代，酿酒工业尚处于严重依靠老酿酒师手工艺的阶段，技艺传授基本依靠口传心授，依赖在实践中常年的练习和积累。

这段时期，被誉为"酒城三成"的泸州老窖酒传统酿制技艺第十七代传承人张福成、赵子成、李友澄小组，通过积极探索，创新酿酒技术和工艺，发明了"滴窖减水""加回减糠"及"匀、透、适"等酿酒工艺，总结形成了先进操作经验和技

▲ 第三届"中国酿酒大师"颁证大会嘉宾合影

▲ 泸州老窖集团（股份）公司党委书记、董事长刘淼（左起第二位）被授予"第三届中国酿酒大师"奖杯、奖牌和证书

▲ 泸州老窖股份有限公司副总经理、首席质量官何诚（左起第二位）被授予"第三届中国酿酒大师"奖杯、奖牌和证书

术措施，被行业誉为中国白酒"三成操作法"。

1953年，四川省专卖事业公司总结出版《李友澄小组酿酒操作法》一书，将这种操作法推广全国。

这种工艺既节约粮食，又增加产量，很好地解决了粮食与酿酒原料的矛盾，不仅对浓香型白酒提高出酒质量和产量做出了重大贡献，还被原轻工业部认定为中国酿酒工艺的技术标准之一，成为全国最早的范例，先后吸引全国各大酒厂取道泸州观摩学习。

▲ 泸州老窖集团（股份）公司党委书记、董事长刘淼作为第三届"中国酿酒大师"代表出席活动并发言

其后，泸州老窖酒传统酿制技艺第十八代传承人陈奇遇首开尝评勾调技术的先河，提高并稳定酒质，将泸州老窖大曲酒以质量等级进行划分，提出"特曲"概念。

在泸州老窖特曲之前，中国白酒并没有特曲这个品类。陈奇遇在尝评勾调技术的基础上，按照酒质从高到低，将泸州老窖大曲酒依次划分等级，形成了泸州老窖特曲、头曲、二曲、三曲的产品类别。

这种质量等级划分不仅有利于保持产品品质的提升，还可以满足不同消费者的需要，被众多酒企采用并沿用至今。特曲品类的创立，推动了浓香型白酒香遍天下，"特曲"也由此烙印在中国白酒的发展史上。

从那时起，越来越多的技术突破逐渐揭开了浓香之"谜"，让泸州老窖的浓香风味广为人知，也让浓香型白酒酿造技术广为传播。

彼时，赖高淮刚刚进入由36家作坊整合组建而成的泸州曲酒厂（泸州老窖前身），厂里还延续着中华人民共和国成立前眼观、手摸、鼻闻的传统检验方式。

也是从那时起，赖高淮等人开始筹建酒厂第一家专业化验室，在一穷二白的基础上开展原材料、半成品、成品酒的常规理化分析检测工作，收集整理了中国白酒固态发酵工艺的科学分析数据，为传统酿酒工业向现代化接轨、迈进积累了大量宝贵的数据资料。

其后的几十年里，泸州老窖的酿酒师们首创"老窖培养""浓香型白酒勾调"

▲ 泸州老窖博物馆中，关于"酒城三成"的
图文展览

等多项重大白酒酿造科研技术。

在此期间，泸州老窖根据"泸州老窖试点"成果编撰的《泸州老窖大曲酒》，完成了中国白酒从口口相传向科学传承的过渡，成为当时整个白酒酿造行业最全面、最权威、最先进的酿酒技艺教科书。

泸州老窖酒传统酿制技艺在传承中不断创新、突破，也由此涌现出一批批卓越的酿酒大师，他们或积极推行现代化企业建设，或创新发展浓香型白酒酿造理论，或积极推进酿酒微生物的研究与应用，无不为泸州老窖乃至中国白酒行业做出卓越贡献。

大师的脚步往往注脚着行业的脚步，受益于大师们孜孜不倦、不断钻研的匠人精神，中国酒业方得以在几十年里飞跃发展，产业成熟度大幅提升，白酒行业也由此进入量质齐升、繁荣发展的新时代。

大师的"品格"

翻开中国白酒大师名录，我们不难发现，那些大师们，大都有着共同的行业品格：他们善酿、善钻、善于创新，他们更有着高远格局，不吝分享，乐于将自己探索出的新技术、新工艺公诸同好。

泸州老窖便是最好的例证。20世纪60～80年代期间，泸州老窖的大师们便将多年实践研究形成的先进理论和技术，毫无保留地在全国白酒企业推广应用。

泸州老窖面向全国酿酒行业开办酿酒技术、尝评勾调、调味与理化检验、厂长企业管理培训班。

▲ 1964年5月15日至7月20日，新疆建设兵团酒厂宋义彬、李祖功（20世纪80年代任伊犁大曲酒厂厂长）等七人前来泸州曲酒厂（泸州老窖前身）学习，回厂后立即建立了浓香型白酒酿制小组。同年12月，"伊犁牌"商标正式注册，后发展为现在的"伊力特"

　　从1979年起，受商业部、轻工业部、农林渔业部等多个部门委托，泸州老窖先后开办了数十期酿酒工艺和成品勾调培训班，培训了8000多名酿酒技工，被行业誉为"中国白酒黄埔军校"。

　　在泸州老窖企业文化展厅内陈列的关于酿酒技艺培训班的旧报纸、老照片中，泸州老窖酿酒大师的名字和影像随处可见。

　　20世纪80年代前后，先后有四川、陕西、云南、河南、安徽、湖北、辽宁、江苏、广西、甘肃、新疆、内蒙古等省份的酒厂派技术工人到泸州老窖学习，人数之众，数以万计。

　　泸州老窖举办的"浓香型白酒生产工艺""理化分析与生产""制曲工艺与质量""勾调尝评技术"等多期酿酒技术培训班，培训遍布全国白酒企业和科研单位。

　　也正是得益于此，我国白酒生产由传统经验型向现代化科学的过渡有了坚实的理论和技术基础，也奠定了泸州老窖浓香鼻祖和浓香型白酒质量控制中心的地位。

　　在泸州老窖浓香酿制技艺的基础上，浓香型白酒在全国各地落地生根、创新发展，呈现出如今多流派、多风味的百花齐放新格局。

▲ 四川泸州曲酒厂一车间厂区大门

▲ 1979年9月，"四川省名曲酒尝勾调学习班"举行，轻工业部和四川省专卖局聘请泸州曲酒厂赖高淮
（第一排右起第三位）为授课教师，并由他主编教材

大师，不只是技艺

1994年，经历市场化探索、股份制改组的泸州老窖正式在深交所挂牌上市，自此，泸州老窖迈入了现代化白酒工业发展道路。

毫无疑问，不论对泸州老窖还是整个中国白酒行业来说，这都是一个全新的时代。泸州老窖在此刻更是展现出超前的品牌发展理念和现代企业管理理念。

当然，在传统白酒企业向现代化白酒企业跨越的历程中，亦少不了"大师"的前瞻性指引。

2000年以后，泸州老窖开始积极推行现代企业管理制度，除生产上严格坚守质量第一的理念外，还建立起区域业务执行中心、总部专业指挥中心相结合的矩阵

机制新 活力增

"川老窖"开拓市场创佳绩

本报讯 8月以来，"川老窖"在深圳股市上行情看涨，成为异地明星股。行家们评价说，高价位是靠优业绩支撑起来的。今年上半年，该公司主营业务收入14061.68万元，税后利润5924.97万元，每股收益0.74元，每股净资产4.81元，分别比上年同期增加23.7%、1.69倍、1.1倍和32%。

这家公司的前身是泸州老窖曲酒厂，今年经批准改组建为泸州老窖股份有限公司。公司成立后，企业努力按新机制运作，将原机关39个机构精减合并为19个，机关人员减少84人。接着，引入激励和竞争机制，从分配制度入手对劳动人事制度进行了全面改革。在经营策略上，公司根据市场需要对产品结构进行调整，并对产品的市场投放进行调控，扩大了市场占有率，产品畅销全国，价格稳中有升。

该公司用募股的资金1.24亿元，建了现代化包装中心，改造了老车间，生产能力提高了1000吨；充实了科研力量，加强了新产品开发，今年已完成老窖白兰地和泸州老窖30度特曲两个新产品的研制工作，投放市场后，效果很好。公司还跨出行业搞开发，增强了企业后劲。

(许廷圭 本报记者 张枝俊)

四川日报 1994年9月19日 第三版

▲ 1994年9月19日，《四川日报》报道泸州老窖上市情况

式新型营销管理模式，大力推进经销商产权联盟体建设和区域性战略合作伙伴建设，使公司产品市场占有率、经销网络覆盖面呈现快速扩张的局面。

　　在管理上实施"数字化泸州老窖"的信息化发展战略，从数字化的角度对传统企业进行流程再造，并启用现代企业制度规范公司运作。

　　行业发展上积极跟踪和分析中国白酒产业的发展方向，提出"白酒产业集群"理论，以此为基础，创立泸州老窖酒业集中发展区，为中国白酒企业向规模化、集群化、循环经济方向发展提供了崭新思路。

　　文化品牌建设上，1996年，"1573国宝窖池群"入选行业首家全国重点文物保护单位；2006年，"泸州老窖酒传统酿制技艺"入选首批国家级"非物质文化遗产名录"，使泸州老窖成为酒类行业第一家活态"双国宝"单位。

　　而承载"1573国宝窖池群"和"泸州老窖酒传统酿制技艺"的超高端品牌"国窖1573"自亮相之日起，便成为广受消费者追捧的中国白酒鉴赏标准级酒品。

▼ 泸州老窖黄舣酿酒工程技改项目鸟瞰图

在品质基础、品牌文化、现代管理的基础上，一家现代化白酒企业逐渐成型。

2015年，泸州老窖提出构建起大品牌、大创新、大项目、大扩张"四大支撑"体系，实施"一二三四五"战略规划，在良性快速发展中紧紧围绕企业目标发起冲刺。

泸州老窖酿酒工程技改、白酒工业4.0等重大项目，为公司跨越赶超赢得先机。

2016年，泸州老窖黄舣酿酒生态园启动建设，引领中国白酒智慧酿造走上新台阶。

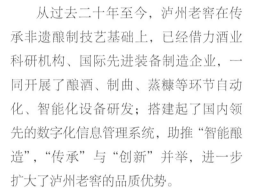

从过去二十年至今，泸州老窖在传承非遗酿制技艺基础上，已经借力酒业科研机构、国际先进装备制造企业，一同开展了酿酒、制曲、蒸糠等环节自动化、智能化设备研发；搭建起了国内领先的数字化信息管理系统，助推"智能酿造"，"传承"与"创新"并举，进一步扩大了泸州老窖的品质优势。

如今，泸州老窖已建立起涵盖原粮种植、酒曲生产、酿酒生产、基酒储存、勾调组合、灌装生产和质量检验等环节众多技术标准构成的较为完善的质量技术标准体系，做到了各环节和各过程可控制、可查询、可追踪，真正实现了"让中国白酒的质量看得见"。

中国白酒行业是一个大师辈出、群星闪耀的行业，对行业而言，大师始于技艺，但绝不止于技艺，他们是行业的脊梁，是时代的开创者。

正如作为第三届"中国酿酒大师"代表的刘淼在发言中所说，在新的时代，中国酿酒大师更要勇担民族技艺传承、民族产业创新、民族品牌振兴的使命。

泸州老窖"车间主任"进化史

2022年6月27日,一场大雨并没有让泸州老窖1573国宝窖池群清凉几分,临近7月的泸州已逐渐进入高温天。

几处角落里的风扇显然不能缓解马冲与何晨昕的热感。

仅是配料、拌糟环节,汗水便爬了满面,到了上甑时,两人红蓝搭配的酿酒服更是湿得彻底。

这是2022年泸州老窖"怀玉杯"酿酒技能大赛的现场,26岁的何晨昕正在挑战上届总冠军马冲。

期间,中国酿酒大师、泸州老窖酒传统酿制技艺第22代传承人张宿义数次走到两人身边,仔细打量他们的操作手法,给现场嘉宾介绍技艺时,也会对选手点评一二。

看台上曾传授过马冲与何晨昕酿造技艺的张鲲,也密切关注着每一个细节——虽然这样的比拼对于一线的酿酒工而言,是最平常不过的事情。

95后的车间主任

何晨昕和马冲都是泸州老窖酿酒生产技术校招的第一批学生。

在泸州老窖有一项传统,不管是哪个岗位,进入酒厂都得先去车间轮岗。

▲ 何晨昕在比赛现场

▲ 马冲（右一）在比赛现场

▲ 国窖班车间

　　"我当时是在7003车间（始建于清康熙年间的洪兴和作坊）实习，最开始也去过7001车间。"何晨昕回忆说。

　　在他眼中，被称为"国窖班"的7001车间是一个有着十八般武艺的地方，与马冲的对决也是在这个古老的车间举行。

　　"因为有高强度的体力劳动，开始真是很难坚持，但是酿酒中心的氛围非常好。很多时候一个甑旁只有一个学生，却围着七八个老师傅，大家像是要把自己知道的技艺都教给我们。"何晨昕笑称。

　　马冲也是如此，喜欢深入研究酿酒工序原理的他，时常向身边的老师傅请教工艺上的困惑。

　　"刚进来自己完全是个小白，所以不断地在摸索，不断地请教，老师傅们也会毫无保留地把技能和经验传授给大家。"

　　或许正是这份毫无保留和热情包容的氛围，留住了这批从大学到一线的年轻人。

　　与想象中酒企酿酒岗位留不住大学生不同，和马冲、何晨昕一同来到泸州老窖的30多名学生，几乎都在一线岗位留了下来。

　　出生于1996年的何晨昕，如今已是泸州老窖最年轻的车间主任。这一职位在他2017年刚进厂的时候叫"大组长"，再往前追溯，则是"大瓦片"。

　　这里的"瓦片"，指的是酿酒师。

　　中华人民共和国成立之前，由于普通劳动人民很少有受教育的机会，工人文化程度相对较低。

　　彼时在川南地区的酿酒行当里，当有需要记录每天的产酒数量，或统计酒工一天的工作量时，就会用瓦片来计数，代替文书记载。

久而久之，"瓦片"就成了酿酒师的代名词，而"大瓦片"，则特指那些技艺高超又颇有领导能力的酿酒师傅，以示对他们的尊敬。

在泸州老窖700年的漫长技艺传承中，曾浮现过无数"大瓦片"的身影。

特别是在早期缺少精密仪器和科学分析的情况下，"大瓦片"的丰富经验和精湛技艺，就成为生产顶级白酒最重要的秘密武器。

▲ 梅瓣碎粮

从历史中走出的"大瓦片"

电影《一代宗师》里说：功夫是纤毫之争。

对于讲究身手力道的酿酒而言，一手绝活也是酿酒师行走江湖的必备技能。

古时在无法用科学数据来定量酿酒操作方法的时候，白酒酿造对润粮、拌糟、上甑、摘酒等工序同样有着极高的要求。

而功底扎实的"大瓦片"们凭借丰富的经验，往往只需扫上一眼，就能测算出糟醅数量间的毫厘之差，通过眼观和轻闻，便可分辨出酒体的厚薄、轻重以及味觉的层次和质感。

纵观泸州老窖的发展演进中，"大瓦片"一直扮演着重要的角色。

在长达数百年的时间里，有资格收徒弟的酿酒师多为酒坊里的"大瓦片"，并由此成为泸州老窖技艺传承的基础。

教徒弟时，"大瓦片"会在不同季节和时辰演示酿酒的各个环节给徒弟看。

梅瓣碎粮、打梗摊晾、回马上甑、看花摘酒等技艺都是只可意会不可言传，一言蔽之，口传心授。

而泸州老窖的酿酒技艺之所以能够延续700年，酿造技艺精湛且具备无法复制性，也是得益于这样的师徒传承。

在泸州老窖酒传统酿制技艺的历代传承人中，亦不乏从"大瓦片"中脱颖而出的人才，譬如泸州老窖酒传统酿制技艺第六代传承人、泸州老窖大曲工艺发展史上继郭怀玉、施敬章之后的国宝窖池创始人舒承宗。

舒承宗原是军户后人，中武举后担任陕西略阳县副断事一职，为人豪爽仗义，后辞官归乡酿酒。

为了酿出好酒，舒承宗曾拜泸州施源为师，学习泸酒技艺。

受前人酿酒工艺的启发，舒承宗从泸州城外五渡溪采集纯黏性黄泥，筑建窖池群用以酿酒。

在此基础上，他还总结出"配糟入窖、固态发酵、酯化老熟、泥窖生香"的一整套酿酒工艺技术，奠定了此后全国浓香型白酒酿造技艺的基础，并推动泸州酒业进入空前的兴盛时期。

浓香型大曲酒酿造由此进入"大成"阶段，"泥窖生香，续糟配料"也成为浓香型白酒最重要的工艺特征。

而由舒承宗开建的窖池群也连续不间断酿酒直至今天，就是如今我们看到的"中国第一窖"——1573国宝窖池群。

如今来看，正是诸多如舒承宗这般的"大瓦片"对酿造技艺的传承、思考、改良，构成了泸州老窖开创我国浓香型白酒酿造工艺标准的起点。

之后数百年间，随着泸州老窖不断迎来新的发展阶段，"大瓦片"这一角色也同步发生着新的演进。

▲ 1953年，四川省专卖事业公司总结出版的《李友澄小组酿酒操作法》

从"大瓦片"到"大组长"

中华人民共和国成立后，"大瓦片"的称号慢慢被生产组长取代，车间里的工人往往称其为"大组长"。

在当时，要当"大组长"，需要经过厂里严格审核才能通过。泸州老窖酒传统酿制技艺第十七代传承人、"酒城三成"之一的李友澄便是一位"大组长"。

1952年，李友澄成为泸州老窖第一批入党的共产党员，同年被调任生产组长。也是在这一年，泸州大曲酒（泸州老窖特曲酒前身）获得首届"中国名酒"称号。

作为浓香型白酒的工艺开创者和唯一全国名酒，泸州老窖当时也是全国酿酒行业争相学习的范本。

19岁开始学习酿酒的李友澄，有着"大瓦片"吃苦耐劳、善于思考的特质。在被调任为生产组长后仅一年，便凭借高超的酿制技艺，创造出一套完整的"匀、透、适"酿酒操作法。

这套操作方法在很大程度上可减少粮食的浪费，一经推出后便得到了四川省商业厅和国家轻工业部的总结和推广。

1956年，李友澄又创造性地在大甑上推行"焖水"操作法，解决了蒸粮上下不一致的关键问题，达到了熟粮糊化良好和均匀一致的要求，提高了出酒率。

这一系列酿造技艺的改良，后来与泸州老窖另两位劳动模范张福成、赵子成的改良技艺合称为"三成工艺技术操作法"，在全国酿酒业广泛推广。

由于对浓香型白酒提高出酒质量和产量做出了重大贡献，这一操作法还被当时的轻工部认定为中国酿酒工艺的技术标准之一，成为全国最早的范例。

1959年，以"酒城三成"命名的酿酒操作法，被收录进了由国家轻工业部主持编辑出版的中华人民共和国成立后第一本白酒酿造工艺教科书——《泸州老窖大曲酒》，由此引领中国白酒迈入产业时代，实现历史性的跨越。

回过头看，这一时期泸州老窖已经形成了以组为单位的酿造制度。

不同小组之间的工艺改良，也犹如一场场技艺比拼，极大激发了酿酒工人的积极性，各小组为了荣誉也是铆足了劲儿打磨酿造技艺。

比如李友澄小组便凭借在小曲酒生产上的丰富经验，将李友澄小组酿酒操作法推广到西南、中南地区，进而形成川法小曲白酒产区。

一直到马冲进入泸州老窖后的第二年，也就是2018年，"大组长"的称呼才正式变更为车间主任。

改变的是称呼，不变的是传承

白酒作为相对传统的行业，以往酿酒车间里更注重实操工序的准确度，却对背后的机理难以道明。

近些年来，泸州老窖率先启动大规模校招大学生进酿酒车间。拥有科学理论基础的大学生，开始成为泸州老窖新一代的技术骨干。

作为最早一批进入泸州老窖的校招大学生，何晨昕和马冲，以及同期进厂的许多大学生酿酒工，在经过初期的实操技能学习后，都先后担任了不同车间的车间主任。

新的传承也由此开始。

现在的泸州很少再有"大瓦片"的说法，马冲与何晨昕也只在车间老师傅的嘴里听说过。

但"大瓦片"的特质仍能在其二人身上寻得——马冲上甑时"轻撒匀铺"手法

▲ 千锤百炼方铸就匠心

一绝，何晨昕有人人称赞的"看花摘酒"技艺。

从"大瓦片"到车间主任，改变的不仅是称呼。

如今，马冲已从车间主任岗位逐渐走上管理岗位，担任黄舣酿酒生态园项目的负责人。

他曾做过黄水方面的创新性实验，这些融入了科学机理的酿造思考，或许就是未来泸州老窖酒传统酿制技艺向上发展的伏笔。

何晨昕则成为泸州老窖最年轻的车间主任，开始带着新一批进入泸州老窖的大学生奋斗在一线。

在"大瓦片"时代，古法技艺的传承全凭口传心授、言传身教，而在车间主任时期，传统的"传帮带"被注入了更多科学动能。

何晨昕如今教授徒弟技艺时，会让徒弟从现象找原理，从专业技术和科学原理领悟酿造过程的每一步。

对古老的酿酒技艺而言，向科学传承的转身，正在建设泸州老窖领先于行业的人才队伍。

而在历史的长河中，一种技艺能够跨越时间，离不开期间的每一步。

从昔日的"大瓦片"，到"大组长"，再到车间主任，改变的是称呼，不变的是背后每一代人对技艺的潜心修炼和倾囊相授。

如果说"大瓦片"时期是泸州老窖酒传统酿制技艺传承扎下的根，"大组长"时期让这份传统技艺成长为一棵参天大树，那么现在的泸州老窖，或许将在车间主任时代成为中国浓香型白酒的一片茂林。

随着更科学化的技艺传承模式日渐成型，已走过700年的泸州老窖酒传统酿制技艺，也将在这样不间断的生长中，生生不息。

与时间对话：
国宝窖池里的护窖人

《周礼·考工记》曰："知者创物，巧者述之。守之世，谓之工。"智慧的人创造器物，巧干的人传承工艺，守护着它世代相传，这便是工匠。

53岁的李昆或许并没有想过，在泸州老窖1573国宝窖池群跨越450年的宏大叙事里，他正是传承窖池养护工艺，可谓之"工匠"的"巧干之人"。

时间的年轮迈入2023年，1573国宝窖池群已经连续使用整整450个年头，成为中国连续使用时间最长的活文物窖池，是唯一与都江堰并存于世使用至今的活文物。

而这古老的国宝窖池如何存活于世，养护窖池工作是怎么进行的？这也是李昆和他的护窖工友们一生的事业。

耐得住寂寞，一辈子与窖池为伴，他们从年轻到年老，在充满历史感的窖池里打磨着自己一生的光阴，守护着这一口口珍贵的"活文物"。

与时间对话的"护窖人"

21岁那年，李昆进入泸州老窖，成为1573国宝窖池群的一线工人。自那时起，在窖池边忙碌，成为他每天的日常。

一大早进入国窖班车间，从检查窖池开始，而后穿梭于起窖、下糟、拌料、上甑、蒸馏、摊晾、入窖、发酵等循环往复的工艺操作中，甚至吃饭、走路、睡觉都在思考怎么做好酿酒的每一道"绝技活"。

李昆说，好的酒离不开好的窖池，窖池为酿好酒而生，而"护窖师"则是为窖池而活。

窖池开酿后，酿酒人用口传心授的方式，代代传承养窖、护窖的方法，保证窖池在每一次酿造中的作用能够发挥到极致。

"酿酒学徒的成长，至少要经过10年不停歇的学习和酿造。"或许在外人看来，酿酒、养护窖池是一项枯燥而乏味的体力活，但在李昆心里，这却是他一生的荣耀。

浓香型白酒酿造窖池不同于其他香型，"千年老窖万年糟""以酒养窖"是浓香窖池能够传续千年"活着"的奥秘。

"活着"的微生物、"活着"的窖池、"活着"的酿制技艺和永不停歇的养护，向世人阐释着国宝窖池之所以能够称之为"活文物"的核心机密。

公元1324年，制曲之父郭怀玉发明了甘醇曲，酿制出第一代泸州大曲酒，开

▲ 泸州老窖酒传统酿制技艺——打梗摊晾

创了浓香型白酒的酿造史。

1573年，国窖始祖舒承宗采用泸州城外五渡溪优质黄泥建造窖池群，奠定了浓香型白酒工艺中最为关键的环节——泥窖。

与此同时，他探索总结出"配糟入窖、固态发酵、泥窖生香、续糟配料"一整套浓香型白酒的酿制工艺。至此，浓香型大曲酒的酿造进入"大成"阶段。

持续450年不间断酿造，"活窖池"从未易址，"活技艺"从未断代。

如今，李昆的身边又多了一批年轻的护窖人，90后的何旭就是其中一员。在李昆看来，这就是传承，一代又一代人通过实践摸索、口传心授，将国宝窖池守护下去，是他们的使命。

国宝窖池的养护窖流程，就是这样在数百年光阴里"一点点摸索出来的"。

糟子放下去之后，需要进行第一步封窖。李昆和他的同事们需要将酒糟踩成馒头形，随后用黄泥加尾水制成的封窖泥将窖池密封，通常窖泥厚度需达到10～12厘米。

封窖之后便是改窖，需要护窖工人将封窖泥抹平。为了保证窖泥的密封性，护窖工需要每天用黄泥浆来刷封窖泥。

▲ 酿酒师傅们交流经验

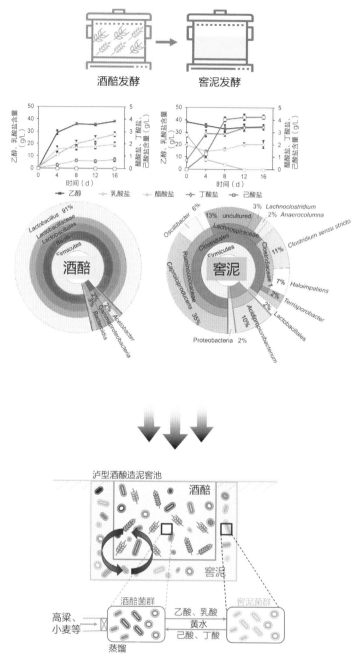

▲ 泥窖微生物菌群活跃，为酿造泸型酒提供了有利环境，图为酒醅与窖泥菌群的"分工合作，协同产香"机制示意图

　　窖池的养护，更体现在一轮发酵完成，酒糟起完之后。这时窖池内的微生物菌群仍然需要足够的"养分"来维持活性，所以护窖工需要每隔两小时用尾水淋一次窖壁，加上酒曲来保护窖泥。

　　如此保养下来，窖池才能算真正的"不间断使用"。并且，为了保护酿酒环境的完整性，窖池不能轻易搬迁挪动，这也让老窖池多了一份不可复制的属性。

　　有趣的是，泸州老窖1573国宝窖池群的窖池分布并不十分规律。这是因为在古代，这些窖池群并非一户所有，而是邻近的多家作坊合并而成。

　　有的窖池表面上为一口，实则是由两口大小有细微差别的窖池组成，稍大一些的被称为"夫窖"，较小一些的被称为"妻窖"，"夫妻窖"也恰好体现了老窖池不可迁移的特性。

　　正是"活文物"的这些特性，以及泸州老窖对窖池的珍视，使得我们今日踏进酒城泸州，仍能够感受到明清时期泸州酿酒行业的繁盛。

　　在1573国宝窖池旁，身穿酒红色镶边、深蓝色打底工作服，脚踩黑色布鞋的何晨昕手握钉耙娴熟地翻拌糟醅。

　　2017年，从天津大学毕业后，何晨昕就进入泸州老窖，在7003车间（始建于清康熙年间的洪兴和作坊）实习一段时间后，他被调到被称为国窖班的7001车间

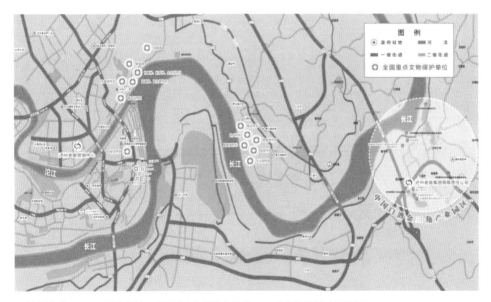

▲ 泸州老窖1619口国宝窖池、16处36家明清老作坊、三大藏酒洞分布平面图

▲ 何晨昕（右一）跟着导师秦辉（左二）学习酿酒

继续学习酿酒。

汗水爬满脸庞，双手不停地搅动着粮糠，这是国窖班师傅们最常见的画面。"酿酒护窖工作，最大的考验是体能，尤其对刚入行的年轻人来说，酿酒的苦并不是一般人能吃的。"何晨昕说。

泸州老窖特有的"以窖养糟、以糟养窖"工艺特点，其"续糟配料"为：每一轮发酵，都要去掉上一轮发酵面糟，重新投入粮食和酒曲，这就最大限度把上一轮酒糟中的香味成分自然保留到下一轮发酵。

这种巧妙的部分替换酒糟方式，不仅始终保留了最古老、最原始、最古朴的酒糟香味成分，而且跟随时间的不断推移，酒糟中积累的香味成分匹配度越高。

所以，衡量老窖池价值的关键标准，就在于是否从未间断生产。

泥中黄金，国宝窖池里的秘密

作为年轻一代的酿酒人，何旭有着硕士研究生的高学历，这也让年轻一代的护窖人对窖池养护和窖池内微生物发酵生香的核心奥义有着更为深刻的认知。

国宝窖池因为年代久远，文物价值重大，其养护也不同于普通窖池养护。

在窖池使用过程中，有很多原因都可能造成珍贵的老窖池被损坏。比如酿造过程中，人工挖伤窖壁；用尾酒淋窖池壁时，尾酒用量少、淋壁方式不当，窖壁吸水、吸收营养不足；窖池中酒醅不足，窖口暴露等。

所以在使用和养护过程中，老窖池的护窖师傅也是需要有多年经验，并且遵循严格的养护操作规范。

老窖池中的窖泥，经过年复一年的粮糟发酵，总酸、总酯含量和腐殖质与微生物种类都达到优越状态。这些持续酿酒数百年的老窖池和老窖泥，也被视为"活文物"，身价堪称泥中黄金。

为什么窖龄跟酒质有如此密切关联？这则是源于微生物种类不同。

作为地球上的古老生物，微生物在自然界分布极广，不论是人迹罕至的两极地区还是气候恶劣的沙漠地带，或是藏身于泥窖中酿成香气馥郁的杯中醪，微生物都是"看不见的功臣"。

酒的形成就是源于微生物的发酵。发酵，让寻常的粮食、谷物、葡萄等产生了奇妙的味道。《尚书》记载："若作酒醴，尔惟曲蘖。"

想要一壶甜酒，就需要恰到好处的酒曲；而意欲品一壶芳香四溢的好酒，则少不了酒曲、酒醅，和用于发酵酒醅的泥窖窖池中的微生物——其中微生物的生息繁衍，是为好酒之关键。

酿酒和护窖师傅们深谙此道，这也让他们在养护窖池的工序上不敢有丝毫懈怠。

窖泥里的微生物虽然种类繁多，但分工极为明确。一部分微生物负责把酒糟里的淀粉转化为葡萄糖，另一部分微生物负责把葡萄糖分解为酒。

随着窖池连续使用的时间延长，微生物一方面会不断富集繁衍，同时经过驯化，会更加适应酿酒需求，而变得更加丰富和纯化。

如果不做好养护，封窖泥就会出现失水、干裂、变形，从而影响窖池内母糟发酵生香，对酒的产量和质量都有很大影响。

泸州老窖一直有"传帮带"的传统。刚进车间的年轻人，可以选一名老工人作为自己的师傅，主要学酿酒操作；还有科学化的导师带徒制度，经过学员报名、资格筛选、导师库建立、师徒双选等程序，青年员工可与技术大家结为师徒。

这就是"双导师"制度，前者偏实践，后者更擅长将理论与实际结合起来。

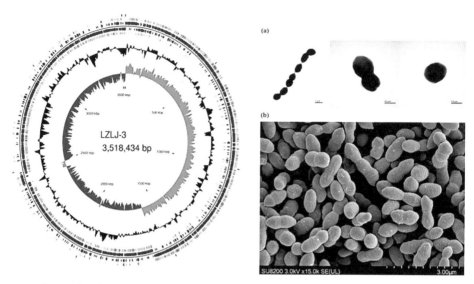

▲ 2021年，国家固态酿造工程技术研究中心沈才洪主任、王松涛副主任团队在国宝窖池发现的两种厌氧微生物新种"白酒布劳特氏菌LZLJ-3"和"不动嗜热费鲁斯菌 LZLJ-2"

"一方面需要师傅口传心授，另一方面也需要自己在实践中去感受体验每一个步骤的核心要义。"何旭说。

正是这样的谨小慎微，让窖池内的微生物在数百年的繁衍生息中得以绵延不绝，得以与时间对抗形成巨大的能量，得以馈赠给人们上千种满足美酒香味生成的"醇、酸、酯、醛"等物质。

百年窖池，时间的朋友

对李昆和他的同事们来说，传承酿造技艺，呵护好每一口老窖池，是值得用一辈子去做的事业。

老窖池最关键的养护原则，就是连续使用，保持窖池中微生物的"活性"。如果停止酿造超过3个月，窖池内的微生物就会大面积死亡，从而丧失使用价值。

而窖池连续使用的时间越长，其酿出的好酒就越多越好。

北纬28°这样一个神奇的纬度，日照、温度、湿度等似乎都为微生物生长创造出得天独厚的条件。

20世纪60年代，白酒研究者们逐步明确了浓香型白酒主体香味物质来自窖泥中的己酸菌。己酸菌对营养条件要求较高，多存活于适宜酿造浓香酒的老窖泥中。

而取材自泸州城外五渡溪特有的黄泥，黏性强，富含多种矿物质，其所含微生物种类繁多，数量庞大，长年累月的发酵作用下，便能形成良好的生态系统，继而酿出醇香美酒。

微生物微妙变化的背后，是时间的酝酿和打磨，它们在看不见的地方一年年酝酿着醇香美酒，同人、同历史、同岁月变迁数百年来"互利共生"。

中国酒城泸州，更是集"地、窖、艺、曲、水、粮、洞"这些自然环境条件于一体，在铸就传世窖池不可复制性的同时，亦成就了文化遗产的活力与传承力。

今天，泸州老窖拥有全中国90%以上的、仍在使用的酿酒活文物老窖池，这也是泸州老窖历史以来被誉为"浓香鼻祖""中国第一窖"的原因之一。

1996年11月，泸州老窖始建于公元1573年的明代古窖池，被国务院评定为白酒行业首家全国重点文物保护单位，由此成为"国宝窖池"。

2006年、2012年、2019年，1573国宝窖池群因其对人类文明的特殊贡献，相继入选《中国世界文化遗产预备名单》。

在2013年，泸州老窖1619口百年以上酿酒窖池群、16处36家明清酿酒作坊及三大藏酒洞，一并入选全国重点文物保护单位。

泸州老窖也由此成为白酒行业规模最大、品类最全、保护规格最高的"国宝"单位。

2018年12月1日，《泸州市白酒历史文化遗产保护和发展条例》（简称《条例》）正式施行，《条例》以30年为门槛，将持续生产使用30年以上且仍在生产使用的老窖池、作坊及储酒空间，作为核心文化遗产资源列入名录进行保护。

像1573国宝窖池群这样连续使用数百年的老窖池，当然更是名副其实的国宝，除了酿造好酒的使用价值外，其"文物"价值也难以估量。

在漫长的历史演进中，由于各种自然或人为原因，窖池想要保持连续数百年无间断使用，是非常困难的事，这也是国宝窖池的珍贵之处。

中国古建筑学家、原国家文物局古建筑专家组组长、原中国文物研究所所长罗哲文曾说："泸州老窖国宝窖池不如庞大的古建筑群，没有繁复的精雕细刻，没有奇巧的工程技术，但她却有深厚的文化内涵。她继承了几千年来酿酒工艺的悠久历史和奇妙的酿制技术，涵盖了文物的历史、科学、艺术三大价值的内容，她反复为

中国的世界遗产预备名单（2019版）

项目名称	代表性景点	类型	所在省区
红山文化遗址	牛河梁遗址、红山后遗址、魏家窝铺遗址	文化	辽宁、内蒙古
中国白酒老作坊	山西杏花村汾酒老作坊及 四川泸州老窖作坊群、成都水井街酒坊、剑南春酒坊及遗址、宜宾五粮液老作坊、射洪县泰安作坊、红楼梦糟房头老作坊、古蔺县郎酒老作坊	文化	山西、四川
扬州瘦西湖及盐商园林文化景观[11]		文化	江苏

▲ 因其对人类文明的特殊贡献，泸州老窖作坊群入选《中国世界文化遗产预备名单》

国家创造经济效益，因而她又有高出文物的独有的经济价值，是公认的'活文物'。"

凤凰山下，长江之畔，窖泥的选择，窖池的筑造，既是龙泉井水与川南有机糯红高粱的天然契合，也是700年酿制技艺的传承，一代代酿酒人与护窖人的匠心呵护。

时间沉淀，一觞回味悠长，纯阳洞、醉翁洞、龙泉洞中泸州老窖酒的老窖陈香，见证着泸州老窖化粮为醴的博大智慧，也见证着百年浓香活态传承的永续流传。

从第一口泥窖筑起至今，450年光阴流转，泸州老窖护窖人所传续的工匠精神，仍旧以鲜活之姿，向世界、向未来传递着浓香国酒最极致的文化内涵。

国窖班里的年轻人

见到何旭的时候，他正在泸州老窖酒非遗传承中心国窖班车间，也就是1573国宝窖池群所在地。

身穿藏蓝色的褂子和短裤，脚踩黑色布鞋，介绍起眼前的国宝窖池来十分地道。神情动作都表明，他是这里的"老师傅"。

唯独鼻梁上那副黑框眼镜，透露了他与这里的一丝"不和谐"。

2017年，何旭从四川大学化学专业研究生毕业，以分析检测岗位被泸州老窖校招进公司，却在轮岗中选择成为酿酒工人，一头扎进车间就是五年。

和他同期进入泸州老窖的李河，此时正在泸州老窖黄舣酿酒生态园参与智能化酿造技改项目——他是从非遗传承中心抽调过去的年轻人之一。

同样的硕士研究生学历，同样是90后，他们一人在最古老的国宝窖池车间，一人在智能酿酒的前沿阵地。

透过他们的故事，泸州老窖的传承与创新似乎都变得更鲜活起来。

新老交替

何旭所在的手工班组，一共有55人，半数以上为年轻人。这里面又有20人为本科学历，5人为硕士研究生。

就在五年前，也就是何旭刚来那一年，车间里50多人几乎都是老酿酒工，本科生也只有三四个。

几年时间，一部分老师傅退休，一部分去了黄舣酿酒生态园。何旭和同期进厂的李河、马冲、何晨昕，先后担任了非遗传承中心五个车间的主任。

在泸州老窖最古老的车间里，一场新旧交替的进化正在上演。这种变化，只要走进车间就能明显感受到。

放眼望去，在这个浓缩了数百年时光的车间里，几乎都是年轻面孔，和想象中老窖池应该配以经验老到的老酿酒工全然不同。

不过很快，这些年轻人就让我们明白，在如今的泸州老窖，年龄与技艺水平并不总是成正比。

从2018年到2021年，李河、何旭、马冲、何晨昕四个年轻人曾分别在泸州老窖酿酒技能大赛中夺得年度冠军。

何旭甚至在总冠军争夺中，战胜了自己的师傅——上届擂主张鲲。

而四人中年龄最小的何晨昕，生于1996年，到现在也是泸州老窖最年轻的车间主任。

正常情况下，一名普通的酿酒工人成长为车间主任，需要一二十年的

▲ 何旭的师傅，曾经连续三年在酿酒技能大赛中获得冠军的张鲲

▲ 李河在2018年泸州老窖酿酒技能大赛夺魁

▲ 何旭获泸州老窖第九届劳动榜样酿酒技能电视大赛总决赛冠军

历练。显然，他们的成长速度，与高学历是分不开的。

在泸州老窖有一项"铁律"：无论什么学历，只要进入酒厂都需要先经历半年的轮岗，深入销售、包装、生产等不同的一线岗位。

而进入酿酒车间，就得从晾堂工做起。

对这群刚毕业的年轻人而言，轮岗显然不是走走程序那么简单。

在川南酿酒行当里，一向流传着"有儿不进武糟房，有女不嫁烤酒匠""没有三百斤毛毛力不要当烤酒匠"的说法。轮岗到酿酒车间，自然也会体验到这份苦。

拌粮、拌糠、蒸粮、摊晾、加曲、入窖，这样的晾堂动作重复上千次，才能进一步练习"回马上甑"，成为一名酿酒师。

"轻撒匀铺、探气上甑"，看似简单的八个字口诀，却是很多人练了上千次也学不会的。

初学者往往只能施展"四面红旗"，在甑边四个方向来回走动，分四次完成上甑动作。

只有真正有经验的老师傅，才能发挥"一手太极"。蹲腿、转身，让力道从腿传至腰间、腕间，上甑一气呵成。

酿酒环节里，除了动作表现是否流畅，上甑操作的好坏还直接影响到酒的产量与优质比率。

何旭记得，自己初学上甑时，每到交酒查账，都会发现每甑端出来的酒少个5到10斤。

有时因为端甑端得不稳，直到取二段、三段酒时，酒花仍未散开，导致酒度和香味大打折扣。

"那时候只追求快，师傅就告诉我，要讲究均匀性。我的每个动作、每个细节，对酒都有影响。"

饶是何旭，面对这一将糟醅撒入甑桶的上甑操作，也练习了整整两年方才能熟练上手。

而身材稍瘦的李河，在练习上甑的时候，因为每天坚持扎马步端甑，甚至练出了结实的肌肉。

尽管酿酒生活有些苦累，但奇妙的酿酒过程，还是吸引这些年轻人留下来，并将更多科学的方法糅入其中。

"从高粱转变成酒出来，看着是很简单的，就是粮食转化为酒，但其实这个过

▲ 泸州老窖酒传统酿制技艺——回马上甑

程还是很复杂的，就觉得我们应该去把它研究透彻。"何旭说。

在非遗传承中心当车间主任时，他们四人几乎每天都一起吃饭，探讨工艺细节与管理经验。

"我们还经常一起去把每个车间的糟子都抓来看下，捏一捏，看配料合不合适，这个气候是不是应该这样配。"李河说。

如今，已经成长为老师傅的他们，也开始带新一批进入泸州老窖的年轻人。

在最讲究传统的国宝车间，这些高学历的年轻人，正在用更科学的方式，更为快速、准确地传承着泸州老窖宝贵的酿酒技艺。

双导师制

每个刚进车间的新人，都可以选一名老工人作为自己的师傅。这种"传帮带"的传统，在泸州老窖已经实行很多年。

何旭的师傅，就是曾经连续三年在酿酒技能大赛中获得冠军的张鲲。

"年轻人，又是研究生，起点很高，他们的理论知识更加扎实，学什么东西都很快，也能很快地运用。"

谈到在比赛中打败自己的徒弟，张鲲其实很自豪。在他眼中，何旭积极性高，肯下功夫，体力又好，因此成长速度很快。

而对于传统技艺和师傅的经验，年轻一代也是非常敬重的。何旭说，生产中有很多环节，采用现代工艺反而不适用，这便体现了前人的智慧。

他们渴望从操作经验丰富的师傅们身上，学到更多东西。

几乎每个老师傅，在休息时间都会被徒弟们追着问问题。

不过，在泸州老窖，师傅并不总是权威，师傅向徒弟学习的情况也并不少见。

▲ 泸州老窖酒传统酿制技艺——回马上甑

▲ 泸州老窖"导师带徒"拜师仪式

　　张鲲说，酿酒中的有些原理，之前理解得比较浅。而这些年轻徒弟们，却能直接把分子式列出来，包括分子之间如何转化、结合、相互平衡，理解就会更深刻。

　　会观察和思考，并擅于分析原因，这些都是大学生酿酒工的特质。

　　泸州老窖很早就意识到，将经验与科学结合，才是"活态双国宝"未来能永续传承的核心。

　　为了更加科学有效地培养人才，泸州老窖在"传帮带"基础上，还实行了导师带徒制度。经过学员报名、资格筛选、导师库建立、师徒双选等程序，青年员工可与技术大家结为师徒。

　　正如李河所说，车间的师傅偏向于实际生产操作，技术导师擅长将理论与实际结合起来，自己总能从"双导师"身上各取所长。

　　导师带徒这一制度的创办，则要从李河的技术导师——中国酿酒大师、泸州老窖股份有限公司副总经理、安全环境保护总监，泸州老窖酒传统酿制技艺第22代传承人张宿义的故事讲起。

▲ 泸州老窖股份公司副总经理、安全环境保护总监，泸州老窖酒传统酿制技艺第22代
传承人张宿义

时间回到20世纪90年代，当时的酿酒工学历普遍不高，更多是依靠经验吃饭。

1993年，22岁的张宿义带着发酵工程专业知识前往泸州老窖，被工人们称为
"张大学"。

工作29年，张宿义从泸州老窖第一个大学生酿酒组长，成长为博士研究生、
教授级高级工程师、泸州老窖酒传统酿制技艺第22代传承人。

他坦言，在酿酒一线的多年历练，以及"传帮带"传统的浸染，对自己日后从
事白酒技术研发至关重要。

现在不管走到哪个酒厂，他总能把它们的工艺特点、精髓乃至问题，看得清清
楚楚。

与此同时，张宿义也察觉到上一代人在酿酒过程中"知其然，不知其所以然"
的局限。

"一般的老工人只能凭借经验判断不同温度、湿度条件下，生产配料中水和辅
料的比例，但感性认知对品质的把控总是有限。科班出身的90后善于通过理论建

模的方式进行计算，比如不管入窖淀粉浓度多高，计算得出每次酒糟发酵只会消耗10个淀粉左右，以此为依据调整配料，将有效提高优质酒的生产效率。"

在技术工人文化程度低、酿酒工人高龄化日益突出的背景下，带领一批有知识的90后、00后扎根行业，酿出更高品质的白酒，就是导师带徒的意义。

师傅和导师，两个词之间有着微妙的差异。两者合而为一，就是泸州老窖为"更好地传承、更好地创新"所做的努力。

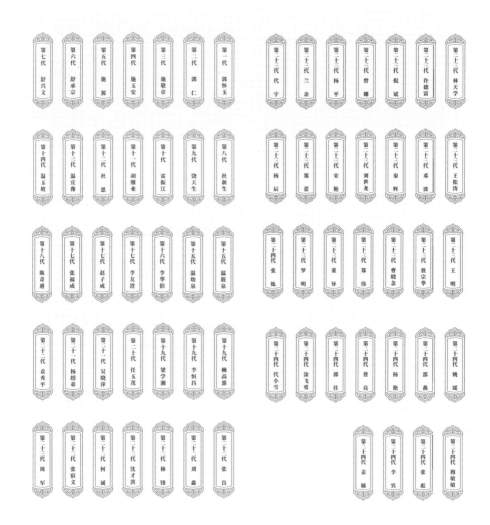

▲ 泸州老窖酒传统酿制技艺传承谱系

▲ 2023年泸州老窖·国窖1573封藏大典祭祀仪式

"最传统"遇上"最创新"

无论是张宿义与李河,还是张鲲与何旭,两代人之间的师承关系,都是泸州老窖酒传统酿制技艺传承了24代的缩影。

作为中国首批国家级非物质文化遗产,泸州老窖酒传统酿制技艺自公元1324年郭怀玉首创"甘醇曲",成为第一代宗师以来,严格遵循谱系传承了700年,历经24代。

针对传承人的认定,泸州老窖参考《国家级非物质文化遗产代表性传承人认定与管理办法》,在行业开创性地建立了《泸州老窖酒传统酿制技艺传承人认定与管理办法》,规定泸州老窖酒传统酿制技艺传承人每12年进行一次代际赓续。

最近一次代际赓续,是在2021年泸州老窖·国窖1573封藏大典上。通过代续仪式,迎来了泸州老窖酒传统酿制技艺第24代酿酒门人。

李河有一个梦想,就是成为泸州老窖酒传统酿制技艺未来的传承人。

将这种传承放置于整个行业来看,所有酿酒人其实都处于一个巨大的分水岭上。

2020年，一项关于酿酒工人的数据广为流传：

我国白酒传统酿造技艺的国家非遗传承人，平均年龄超过62岁，且只有12人。从事传统酿酒工作的工人平均年龄超过48岁，且每年人数呈负增长。

酿酒工人的青黄不接，是所有白酒企业面临的共同问题。机械化与人工的共存，也成为不可避免的趋势。

而泸州老窖，却在人才培养与古老的技艺传承之间，开辟了一条新路。

"90年代，我们刚参加工作那时候，没有哪个企业敢把大学生放到一线岗位上去，更没有一个敢放老窖池。都认为一旦操作不当，这个窖池就要出问题。"

针对这一观念，张宿义提到了中国航天事业。

在最为顶尖的科技人才队伍中，45岁及以下的占83.1%，35岁及以下的占52.5%，神舟十三号载人飞行的总调度员也是位90后。

"我相信这些大学生，他们有这个专业素养和专业的背景，知道方法满足微生物发酵，怎么去配料，怎么去操作。"

▼ 泸州老窖黄舣酿酒生态园

张宿义告诉我们，如今在泸州老窖黄舣酿酒生态园，整个生产基地的设计过程，包括负责窖池培养、设备、生产工艺管理、分析检测的都是高学历人才。

"而且有些是刚刚参加工作一年两年，直接上来就干这个投资100多个亿的大工程。我那个项目组，把名单拿出来一看，基本上没有老工人在里面，全是科班大学生。"

张宿义认为，在传统工艺的基础上，高学历人才可以通过科学来正确认识和处理生产中存在的问题。

"实际成绩也印证了，有我们这批老同志带他们，这些年轻人的确能承担起责任。不管是质量的保证、技术的保证，都可以使泸州老窖的生命力更加长久，那么对白酒行业来说，也应该走这条路。"

今天的泸州老窖，既拥有1573国宝窖池群和泸州老窖酒传统酿制技艺"活态双国宝"，也拥有能代表行业最高智能化酿酒水平的黄舣酿酒生态园。

无论是"最传统"，或是"最创新"，背后都源于对高品质的极致追求和传统技术的科学传承。

"机械化发展和智能化发展，特别是智能化，实际上都是数字化模拟人工操作。上甑的动作、配料、窖池、酒曲都没变的，都是传统的。"

张宿义认为，泸州老窖的智能化，都是建立在传统的基础之上，并且更加科学，更加精准。

往往越是老企业，越难以适应时代的变化。而泸州老窖的人才培养机制和理念，却体现了一家老牌企业开放包容的胸怀和长远的眼光。

某种程度上，作为浓香鼻祖的泸州老窖，也是行业的开山之人。如何更好地传承传统技艺，是每家酒企都亟须思考的问题，更是泸州老窖的责任。

而在当下行业再度面临转变的时刻，泸州老窖又走在了前面。这一步里，既有时代的变化，亦推动了白酒行业的进化。

在白酒的未来赛道，浓香为何更具优势

在以香型划分的白酒版图里，浓香、酱香、清香三分天下，割据着中国白酒市场。

三者之中，又以浓香名酒数量最多，市场影响最为深远。

我国的长江中上游地区以其良好的地理生态环境，赋予了浓香型白酒恰到好处的酿造生态和多样的风采。

在中国白酒江湖中，无论是自然生态、人文底蕴，还是技艺传承、品质创新，浓香型白酒都有着极为优越的条件和优势，这也给了浓香在未来竞争中更为广阔的空间。

从"浓香正宗"到浓香天下

1952年，为推动酒业恢复发展，在中国专卖事业总公司主持下，首届全国评酒会在京召开。

经过激烈角逐，茅台、泸州老窖、汾酒、西凤酒最终脱颖而出，获得了中国最早的"四大名白酒"称号。

其中，泸州老窖因醇香浓郁、清洌甘爽、回味悠长、饮后尤香等典型酒体风格

历届全国评酒会
浓香型白酒获奖名单一览

第一届

泸州老窖

第二届

泸州老窖、五粮液、古井贡酒、全兴大曲

第三届

泸州老窖、五粮液、古井贡酒
剑南春、洋河大曲

第四届

泸州老窖、五粮液、洋河大曲
剑南春、古井贡酒、全兴大曲、双沟大曲

第五届

泸州老窖、五粮液、洋河大曲
剑南春、古井贡酒、全兴大曲
双沟大曲、沱牌曲酒、宋河粮液

历届全国评酒会浓香型白酒获奖名单一览

而被行业普遍熟知，众多白酒企业到泸州老窖取经。

这一时期，行业尚未诞生浓香、清香、酱香等香型概念，泸州老窖生产工艺也被称为"泸香型"，全国众多白酒企业都以泸香型标准为工艺参照。

随后在1963年的第二届全国评酒会上，包括泸州老窖在内的多个浓香型白酒产品获奖，占据八大名酒中半数席位，进一步促进了行业对浓香产品的深入研究。

白酒香型正式得以划分，则需追溯至1979年的第三届全国评酒会。

彼时，行业首次提出用香型来区分各个典型白酒的差异，真正划分出了浓香型、清香型、酱香型、米香型四大基本香型，泸香型也被正式称为"浓香型"。

从"泸香型"到"浓香型"，一方面展示了泸州老窖对于浓香技术的推广之功，另一方面也奠定了泸州老窖"浓香正宗"的宗主地位。

后来，在四大香型的基础上，全国各地白酒因工艺、口感、文化等不同，逐渐衍生出白酒十二大香型。

在此之中，浓香型白酒在品牌数量、市场影响力，以及国家名酒所占比例上，都居于绝对优势地位。

第三届全国评酒会评出的新八大名酒中，浓香型占据其五；第四届全国评酒会中评出的十三大名酒中，浓香占据其七；第五届全国评酒会中评出的十七大名酒中，浓香占据其九。

历届全国评酒会对后来白酒行业香型格局的影响极为深远，尤其是浓香型白酒在泸州老窖的市场影响和技术推广之下，呈现出"大江南北一片浓"的繁荣景象。

浓香型白酒在全国的市场份额增速迅猛，其后几十年里，浓香型白酒在市场覆盖率和产销量上都长期占据全国市场半壁以上江山。

时至今日，在浓、清、酱三大主流香型占据整个白酒行业超95%市场的格局之下，浓香依旧以不低于70%的市场份额牢牢坐稳全国白酒交易份额的头把交椅。

浓香型白酒的"浓香天下"态势中，尤以长江上游四川盆地的浓香企业最为繁荣，"浓香正宗"泸州老窖所在的泸州，更是被称为中国浓香型白酒的发源地。

四川盆地有着白酒酿造得天独厚的自然条件，这里属亚热带季风气候，地处群山合围之中，冬暖夏热，风微雨多。

独特的地形孕育出空气中大量、多样、活跃的微生物，泸州老窖所处的长江、沱江交汇处气候温润，更是深得自然生态之禀赋。

这里独有的黄泥筑窖，因微生物能在泥窖的缝隙中繁衍栖息，迭代繁衍，时间越久，参与发酵生香的微生物越丰富，酒体越香。

数百年酿造技艺传承中，泸州老窖以"续糟配料"工艺，让微生物与香味物质相生相伴、和谐相随，形成了浓香型白酒"千年老窖万年母糟"的独有工艺特点和"窖香浓郁、绵甜醇厚、香味协调"的酒体口感特征。

自20世纪50年代起，浓香型白酒的酿制技艺自泸州老窖向全国扩散开去，则成就了泸州老窖不可撼动的"浓香鼻祖"地位。

浓香荣耀，亦是泸州老窖荣耀

如前文所述，浓香型白酒如今的繁荣景象，离不开泸州老窖对浓香技艺的数百年传承之功和将浓香工艺传向全国的推广之功。

20世纪前叶，泸州老窖已经名满天下：在国内，泸州老窖是四大名酒之一，

"中国名酒"的开创者；在国际上，泸州老窖更是1915年巴拿马万国博览会金奖获得者。

自20世纪50年代起，泸州老窖开始了向全国推广浓香技艺的历程。

当时，泸州老窖酿酒技师李友澄、张福成、赵子成，被誉为"酒城三成"，是行业响当当的酿酒明星。

他们发明的"滴窖减水""加醅减糠"及"匀、透、适"等酿酒工艺，被国家轻工业部认定为中国酿酒工艺的技术标准之一。

"三成工艺技术操作法"在全国酿酒业推广，促进了我国酿酒业发展，特别对浓香型白酒出酒质量和产量的提高做出了重大贡献。

此后，泸州老窖更是不遗余力地将浓香型白酒酿制技艺向全国播撒。

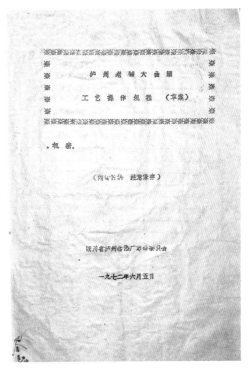

▲ 1972年《泸州老窖大曲酒工艺操作流程》在行业内广泛推广

1957年10月，"泸州老窖大曲酒操作法总结工作委员会"成立，对泸州老窖曲酒操作法进行整理、查定总结。

此次查定总结出版了中华人民共和国成立后第一本白酒酿造专业教科书《泸州老窖大曲酒》，确立了踩窖、量质摘酒、高温量水、窖冒高低等工艺操作，推动了包括浓香型在内的白酒行业发展。

后来，在1963年至1972年间，泸州老窖试点又从制曲、酿造工艺、微生物等方面进行全面的查定，对浓香型白酒的总结更为详细。

正是这两次基于泸州老窖查定试点，制定出浓香型白酒酿造操作标准，为后续浓香扩张发展奠定了技术基础，开启了对酿造微生物、酿造工艺、尝评勾调等方面的深入研究。

在泸州老窖的研究成果基础上，20世纪70~90年代，泸州老窖编写出150多万字的教材，印刷成册，作为商业部、轻工业部、农牧渔业部、四川省酿酒培训班教材。

　　泸州老窖还开设了"浓香型白酒生产工艺""理化分析与生产""制曲工艺与质量""勾调尝评技术"等各类培训班，将浓香型白酒的工艺密码传向全国各地。

　　20世纪60~80年代期间，先后有四川、陕西、云南、河南、安徽、湖北、辽宁、江苏、广西、甘肃等省酒厂到泸州老窖学习相关酿酒技术。

　　珍藏在泸州老窖博物馆中的文献史料表明，北京牛栏山酒厂、江苏洋河酒厂、双沟酒厂、安徽古井贡酒厂、内蒙古河套酒厂、新疆伊力特酒厂等如今在行业内占有一席之地的白酒上市企业，都曾在泸州老窖学习过。

　　泸州老窖先后举办数十期酿酒科技技术培训班，为全国20多个省市的酒厂培养了数千名酿酒技工、勾调人员和核心技术骨干。

　　这些酿酒技术培训促进了中国白酒的科技进步，推动了浓香型白酒的发展，"浓香天下"的中国白酒格局悄然成型。

　　在后来的细分品类创新上，浓香型白酒也展现出极强的包容性，诞生出以洋河为代表的绵柔浓香、以古井贡为代表的淡雅浓香、以宋河为代表的平和浓香、以仰韶为代表的陶融香等多种细分品类。

　　发展至今，以泸州老窖为代表的浓香型白酒已经形成了泛全国化生产格局。

　　川酒产区、苏酒产区、徽酒产区、鲁酒产区、鄂酒产区的产量高居全国前列，而豫酒、东北等地也有众多浓香型白酒企业。

　　这种繁荣格局，对浓香型白酒后续发展无疑是有利的，多元的风格品类成就了浓香天下的稳固地位。

　　如今回头看，浓香型在技艺推广、品类创新、香型表达上，更具前瞻性和包容性，相比于其他香型，浓香显然更具可塑性和成长性。

　　在白酒酿酒工艺向全国普及推广的历程中，以泸州老窖为代表的中国浓香名酒企业无疑作出了举足轻重的贡献与引领作用。

　　1989年，酒界泰斗周恒刚亲笔为泸州老窖题写"浓香正宗"四个大字，充分肯定了泸州老窖的行业地位。

　　已故酒界泰斗秦含章老先生也曾在其自传《含章可贞》一书中表达了对泸州老窖的高度赞誉。

　　他在书中写道："泸州老窖是中国历史上最悠久的，有400多年，一直到现在，知名度很高……泸州老窖从历史到现在，代表了中国酿酒工业的最高水平。"

他还强调："在科学研究上，谁首先研究，谁首先推广，谁就是发明，就是老祖宗。研究泸州老窖，全面分析化验，以此作为依据来制定国家标准，人们才知道它是浓香型的鼻祖，所以它是浓香型的标准。方法的建立、标准的建立，首先是从泸州老窖出发，所以说它是鼻祖。"

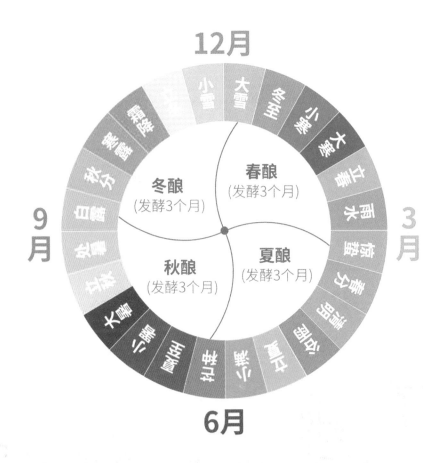

一年一个生产周期，单排三个月发酵期，
四次投粮，四次蒸煮，四次投曲，四次发酵，四次取酒；
春夏秋冬，四季酿酒，周而复始，年复一年。

▲ 516浓香工艺之5个"四"

浓香的未来，何以更强？

每种香型都是当地自然、地理、人文禀赋的产物，各香型之间并无高下之分，他们共同造就了中国白酒美美与共的蔚为大观。

而在未来市场竞争中，每一种香型也都有其向上的空间和潜力。如何找到自身优势，在科研、技艺、品质基础上找到更为契合市场的发力点尤为关键。

对于浓香型白酒来说，除了自然、地理、人文方面的厚重底蕴外，其更为显著的优势则在稀缺的老窖池、技术保障、品质基础、人才支撑等多个维度。

工艺方面，浓香工艺比其他香型更为复杂，其优质酒产出也更为稀缺。

浓香工艺被概括总结为"516浓香工艺"：即5个"四"，1个"无限循环"，6分法工艺。

5个"四"，指的是一年四次投粮、四次蒸煮、四次投曲、四季发酵（春酿、夏酿、秋酿、冬酿）、四次取酒。

1个"无限循环"，指的是浓香型白酒独有的"续糟配料"工艺，新粮老糟，无限循环，周而复始，年复一年。

6分法工艺，指的是在投粮、堆糟、发酵、蒸馏等环节，都要进行更为复杂的"分层"操作，即：分层投粮、分层下曲、分层堆糟、分层发酵、分段摘酒、分级储存。

其中，新粮老糟的无限循环工艺也正是浓香老窖池不同于其他香型的独特价值。

正是这样的无限循环，让窖池内酿酒有益微生物繁衍栖息，代代接种，酒体也随之越发浓香。

《庄子·天下》篇中有："一尺之棰，日取其半，万世不竭。"

浓香的核心奥秘正是如此，"续糟配料"工艺每次丢掉1/4的老糟，剩下3/4的母糟再加入1/4的新粮，周而复始，年复一年。

这是浓香所独有的工艺特点，其他大部分香型在开启下一轮发酵之前，其上一轮的母糟都将全部丢弃，没有香味接种、代代循环的传承。

浓香型白酒的风味品质里，有着古老的微生物在数百年的传续中所带来的芳香物质，也有着酿酒人代代传承、不断提升的酿制技艺。

这是时间与匠心的古老传承与历史沉淀，也是浓香型白酒独有的稀缺特质。

此外，浓香型白酒是世界所有的酒中发酵期最长的品类。这其中，泸州老窖的平均发酵期普遍在90天以上。

世界各类酒种，包含中国白酒中的其他工艺，都是两个过程，即"淀粉转化为糖"（糖化）过程和"糖变酒"（酒化）过程。

而浓香型白酒由于单排发酵期长，生香过程尤其漫长，这也是"浓香"的由来。

白酒酿造环境极其复杂，种类繁多的窖泥微生物物种间的相互作用，对白酒酿造至关重要。

一直以来，泸州老窖高度重视科技创新，依托国家固态酿造工程技术研究中心等科研创新平台，深化产研融合。

泸州老窖开展了人工菌群设计以及泥窖微生态系统功能调控的科技创新，为深刻阐述"泥窖生香、老窖出好酒"以及"新窖老熟"等奠定了坚实的理论和实践基础。

研究表明，浓香型窖池窖泥中的己酸菌、丁酸菌、甲烷菌是浓香型酒主体生香功能菌，对浓香型白酒典型风格的形成发挥着重要作用。

而随着窖龄增加，这几种主体功能菌数量也在不断增加。

这也是浓香型白酒"泥窖生香、老窖出好酒"的核心原理，是浓香型白酒的品质基因和独特的核心优势。

正是这样的探索与创新，让浓香型白酒在追求更高品质、更科学的酿造技艺的道路上走得尤为坚实。

基于对技术、品质、人才的孜孜以求，泸州老窖研发的浓香型塔尖产品"国

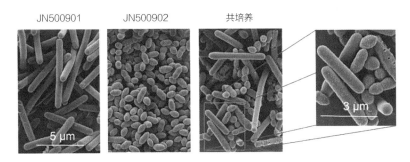

▲ 江南大学许正宏教授团队与国家固态酿造工程技术研究中心沈才洪正高工团队的联合研究，揭开了"活泥生香""老窖出好酒"的科学机理

窖1573"不仅让浓香型白酒有了更具价值品质的表达，也让浓香的未来变得更为广阔。

周恒刚曾在鉴评国窖1573时称赞，"泸州老窖就像一个美人，增一分则长，减一分则短，恰到好处，无可挑剔。"

国窖1573也由此被确定为中国白酒鉴赏标准级酒品。

白酒的未来赛道，主战场之一将是高端白酒之间的竞争，拥有更高品质产品的白酒品类注定拥有更具确定性的未来。

在这一点上，浓香型同样优势明显。中国酒业协会理事长宋书玉曾以"老、不、长、特"四种特性概括了高品质浓香型白酒独特、稀缺品质与浓香之美。

"老"指的是浓香型白酒全世界唯一的数百年不间断酿造的老窖池，这些老窖池都是"万中无一"的活文物。这个"老"字，决定了优质白酒的稀缺性。

"不"指的是浓香型白酒不间断发酵、生产，代代传承，不可复制，不可迁徙。同样的工艺、同样的原料、同样的技艺，放在另一个地方，就酿不出一样的美酒。

"长"指的是浓香型白酒在世界所有蒸馏酒中的发酵期最长。

"特"指的是浓香型白酒工艺有非常多的特殊工艺，在所有蒸馏酒工艺中，浓香工艺最复杂、最考究、最经典。

"老、不、长、特"决定了浓香型白酒在未来赛道中高端稀缺的独特品质，是其占据未来竞争优势的核心要素。

面向未来，不论从产业规模还是产业发展成熟度来看，浓香仍将拥有明显的市场优势。

据统计，2021年酱香型酒产能约为60万千升，占我国白酒总产量715.6万千升的8.4%。以未来5年白酒总产量持平、酱香型酒释放20万千升新增产能估算，也仅为白酒总产量的11%。而清香型白酒目前的行业占比，约为15%。

从这个角度看，不论是酱香还是清香，都还不具备全面切割浓香市场的能力。

而从企业的品牌建设水平、企业组织化程度、市场运营水平等方面看，浓香型企业更具备成熟的现代企业管理能力。浓香的品牌个性、品牌张力与活力也比其他香型有着较为明显的优势。

除此以外，浓香型白酒也更符合当前全国主流消费人群的消费习惯，浓香口感的普适性并未改变，而这种普适性在短期内也很难被改变。

　　再从浓香型白酒自身来看，其基本面也呈现出良性增长的趋势。

　　以浓香型代表企业泸州老窖为例，近几年业绩一直处于双位数增长态势，营业收入在近四年里从百亿跨越至200亿，相当于四年内再造了一个泸州老窖。

　　与此同时，浓香型白酒在追求更高品质的道路上，也一直不断实现着产品的更新迭代，以此牢牢掌握着对消费市场的把控能力。

　　从泸州老窖近年来推出的新品来看，无论是国窖1573·品河山的高端拉升，还是泸州老窖1952的名酒价值再造，或是高光的轻奢定位，以及黑盖的颠覆性诞生，都显示浓香型白酒基于品质基础与可塑性的优势，集中发挥技术、科研、市场、营销等组织化行动优势，共同实现着关键变革。

▲ 品质坚守、技艺传承，造就的浓香产品点亮可持续的未来

以上优势都显示出，浓香型白酒在未来竞争中仍将牢牢掌控市场的能力和确定性。

作为唯一蝉联五届"中国名酒"称号的浓香型白酒，泸州老窖在近百年时光里，担负起了浓香的传承与创新之责，并以"浓香鼻祖""浓香正宗"的使命担当，树立起中国名酒的品质标杆，引领着浓香的未来。

正是这样的品质坚守、技艺传承，让浓香昨天的辉煌与今天的努力，为其明天的长足奔跑积蓄了足够的力量。

诗自黄河长江吟，酒从泸州老窖来

2023年1月11日，在南海之滨，成立了一年多的泸州老窖·国窖1573研究院迎来它的2022年度总结暨2023年工作研讨会。会上，它的一项重要研究成果重磅发布，即《中国泸州老窖文明史》。

《中国泸州老窖文明史》由中国作家协会会员、独立文化学者陈传意历时6年创作而成，封面遒劲有力的"中国泸州老窖文明史"九个字，系第九届中国作协副主席、中国作协诗歌委员会主任、国际诗酒文化大会组委会主席吉狄马加所题，在立足中国、面向世界的世界汉学书局正式出版，世界汉学书局董事长、世界汉学研究会会长、吉林大学教授、博士生导师木斋亲任主编，并将其列入《世界汉学丛书》。

这一个个学界熠熠生辉的名字，就注定《中国泸州老窖文明史》的生而不凡。

在史学家看来，这是一部以"通贯"和"周赡"为鲜明特质的中华白酒文明巨著；在文学家看来，这是一部横贯千年、一唱三叹的中华白酒文明长歌；在酒业人看来，这是一部极具创造性、创新性的中华白酒文明开山之作……

但凡地球上大江大河交汇疆域，无不诞生人类原始卓越文明。

九曲黄河，哺育了古老华夏，诞生了《诗经》，堪称黄河文化之天章；万里长江，滋养了沧桑民族，光降《楚辞》，钦叹长江文化之璀璨，翕成中国古典诗歌现实主义与浪漫主义两大精神源头。

黄河岸边喜有佳酿，而长江与沱水交汇地畔伴随泸州老窖文化，曾经沧浪卷起千堆雪。

翻开厚重的封面，《中国泸州老窖文明史》以此开篇，洋洋洒洒30万字，挥就中国白酒行业首部以"文明史"为题材的企业史书——诗自黄河长江吟，酒从泸州老窖来。酒脉与文脉汇于泸州，"老窖文明"自此演进。

书中前言要旨确立了中国白酒行业首部以"文明史"为题材的企业史书这一立意定位，并立足泸州老窖，但又跳出泸州老窖，从中华文明这磅礴宏大视角中去审视、去度量、去探究，以"泸州老窖的天道自然""泸州老窖的精神缔造""泸州老窖的青春岁月""泸州老窖的超拔时代""泸州老窖的文学重镇"五个方面展现栩栩如生的中国白酒千年文明脉动。

▲《中国泸州老窖文明史》书籍内容选摘展示

与会不少文化权威专家认为，这本书代表了中国白酒文明研究的最新高度，极大地拓宽了白酒历史文化视野。

这样的著作立意及呈现方式，开创了中国白酒行业首部白酒文明扛鼎巨著，在中国白酒文化研究领域具有里程碑式历史意义。

酒脉

所谓文明，并非少数智者设计规划，全是天道自然与地貌物候条件促成的产物。一方水土自有一方天物，一方天物自有一番神奇。

而泸州的天道自然极适合酿酒。

陈传意在《中国泸州老窖文明史》中写道：

"滥觞雪域高原的金沙江、岷江汇入母亲河长江，转瞬与沱江邂逅于泸州，缔造神美圣洁的天道自然，冉冉抚育巴蜀泸州老窖文化血脉，源源不断地倾注中华酿酒文明浩瀚长河。

岷山观瞻、峨眉拥抱、竹海呵护、沱水亲抚、长江滋养……好山、好水、好风土、好自然，天道和谐凝聚一方、亲拥一方、造化一方，也就不遑多让地酿出风行世界的泸州老窖来。

泸州老窖酿造的主要原料，即远古氏族培育的五谷，早在一万年前，就生长在泸州；作为世界自然遗产丹霞地貌的北向延伸，泸州大地富含微生物、矿物质，是泥窖生香的生命基因与发酵玄机；温馨滋润，终年不下零度的亚热带气候，不仅使得微生物得以代代延续，这举世无双的太极环境，也成为'窖老者尤香'的终极密码……"

"人道是天道的赓续，人性是物性的绽放"，在这片令人刮目相看的天府山水中，人便会自然而然地融入，在时空流转中，不自控地进行天道自然追问与生命万物探索，于是便酿出了泸州老窖，造化了世界一脉酿酒文明。

"谈'泸州老窖文化'，不应只限于其正式命名'泸州老窖'后的近代文化传承，而应当指泸州地域所经历的自远古以降、悠久漫长的酿酒文化传承、开创与弘扬过程。"

在陈传意看来，伴随泸州自然演进，中国酿酒文化早在巴蜀玄古混沌之际，就开始萌动孕育天道，脱颖而出。转瞬，告别温馨摇篮，步入天真童年，而至浪漫青春，弱冠风华，成熟老到，浓香四溢。

"远古，中华酿酒文明就在这长江与沱江、赤水河融汇的青山泥淖中，悄然繁衍，漫澜巴蜀，滋人心窝。"

如今，回溯泸州文化，方能"如品一壶泸州老窖，无论古往今来、悲欢离合、爱恨情仇，一切一切，尽皆付与天府山水史诗、泸州清隽风土间"。

正因如此，《中国泸州老窖文明史》立足于文化哲学视野，始终贯穿了中华酿酒文明历史脉络，对中华酿酒文明正脉、浓香型白酒鼻祖泸州老窖的酒史发展进程做了多维度的分析和探讨。

书中既有博古论今的历史、哲学、文学内容，也有旁征博引的自然地理、社会科学等知识，全面展现了泸州老窖国窖人在巴蜀天道自然间，融和天道、人道与酒道，树立了璀璨夺目的中国酿酒文化风向标，创造了出人意表的世界酿酒文明的独特一脉。

"我曾遍访各大中国名酒企业，并结合史书文献进行考证推断，唯有泸州老窖拥有几千年不间断的文明传承，脉络清晰、自成一体，方可担得起本书书名的'文明'二字，这也是为何本书为中国白酒首部文明史著作的重要原因。"

作者陈传意认为，"文明"二字背后，是因泸州拥有四大与众不同的精神滋养。

通过持续深入的调查研究和科学严谨的求证推断，陈传意得出泸州老窖在文献学、考古学、天人合一的企业哲学以及中国酿酒文化重镇这四个方面有着与众不同的文明禀赋和精神特质。

如从文献学和考古学考证，先秦的巴乡清酒、汉代的泸郡嗹酒、北宋的贡酒"大酒"，及至元代泸州老窖酒传统酿制技艺第一代传承人郭怀玉发明"甘醇曲"跨度之久，足以体现历史悠久，文脉绵长。

▲《中国泸州老窖文明史》发布现场，众多专家学者讨论交流

由此推动中国白酒大曲酒开基肇业，此后一代代泸州老窖国窖人不断传承创新，不断引领中国白酒发扬光大，至今已绵延传承至第二十四代。

"没有调查就没有发言权，目前白酒行业有一股浮躁之风，有不少通过一些老物件、诗词作品及文学传说等进行包装凝练，但很多都无稽可考，经不起历史推敲。"陈传意直言不讳地指出，唯有泸州老窖是有正史可溯、传承有序，从几千年中华文明中汲取精神养分而成长起来的文化名酒。

欣喜之余，陈传意在书中如此写道："泸州老窖文化，伴随多元一体的中华民族伟岸、壮丽而磅礴之步履，历经千劫万祀，从未间断，在世界酿酒文明长河中，有着最早独立之起源，玄古之渊薮，绝无仅有，硕果仅存。"并将之凝练为"璀璨夺目的中国酿酒文化风向标，出人意表的世界酿酒文明新载体。"

文脉

巴尔扎克曾说，"文学是一个民族的秘史"。而翻开中国白酒的"秘史"，密密麻麻地写着——泸州。

中国第一部浪漫主义诗歌总集《楚辞》中，载有泸州之相关辞藻，如《九歌》斯吟"瑶席兮玉瑱，盍将把兮琼芳。蕙肴蒸兮兰藉，奠桂酒兮椒浆"，此"桂酒"即巴楚桂花制酒。彼时，泸州隶属巴楚，早有以果实酿酒传统，中国最早的荔枝酒便酿制于泸州。

与《楚辞》并称"风骚"、写实诗歌渊薮《诗经》竟有位泸州作者，所记"吉甫作诵，其诗孔硕"。吉甫即泸郡尹吉甫，西周股肱之臣，文韬武略、封侯拜相，足见上古泸州人才辈出。

上古以降，诗辞文赋不断滋养，泸州即为诗酒文学重镇，泸州老窖亦成诗酒文学遗产。孔孟仁义，老庄淡泊，我佛慈悲，无不钟情巴蜀；大海拾珠，兹如唐诗，只要触摸泸州，品味泸州老窖，便难离得。

于是方有杜甫"蜀酒浓无敌，江鱼美可求"；有黄庭坚"江安食不足，江阳酒有余"；有苏轼"佳酿飘香自蜀南，且邀明月醉花间，三杯未尽兴犹酣"；有杨慎"艳西蒌弦别思长，华灯相对少辉光。江阳酒熟花如锦，别后何人共醉狂"；有张问陶"衔杯却爱泸州好，十指寒香给客橙"……

▲ 泸州老窖·国窖1573研究院特聘专家、中国作家协会
会员、独立文化学者陈传意分享《中国泸州老窖文明
史》创作历程

秦汉成章，唐宋文煌，明清寄情，历代泸州风流倜傥不绝如缕，于是，诗酒缱绻不舍，巍然筑起一道精纯雅丽的诗酒文学长城。

"天道恩赐，造化泽世，诗酒文化总让人钦叹生命楚楚动人"，陈传意因此更感怀于泸州老窖，"如无诗歌负载体的泸酒，恐也难以滋抚灿出泸州老窖文化脉系来"，而"如无诗人前来品藻泸酒，诗化泸酒，恐怕泸州老窖文化藏在深闺，何时才为人识？"

于是，泸州老窖涵诗，辞涵泸州老窖，文赋泸州，互为知己，难舍难分。

泸州老窖文明

在汉语中，"文明"一词，最早出自《易经》，有"见龙在田，天下文明"；在英文中，文明（Civilization）一词源于拉丁文"Civis"，本质含义为人民生活于城市和社会集团中的能力。

无论中西，文明的核心都是人。

泸州老窖文明亦如是。泸州老窖之所以能够成为世界酿酒重要发祥地，和泸州老窖国窖人朝夕无辍的传承与创新精神极大相关。

"酿酒，如仅作为酿造工艺操作，就永远难有大作为、大发展、大前途，久而必将走向自我封闭，直至穷途末路，就因缺乏一个酿酒文化精神体系。"

陈传意认为，"就因泸州老窖国窖人早已破除仅从酿酒技术操作到技术操作的周而复始，而不断从文化传承视角，从文明绵延高度，并以传统优秀文化为先导，不断缔造一种与泸州自然生态相默契、与传统优秀文化相得益彰的酿酒文化精神体系，堪称收揽形而下，建树形而上，高瞻远瞩，卓尔超拔！"

在《中国泸州老窖文明史》中，陈传意用整整一个大章的内容，考证泸州老窖的精神缔造，最终得出结论，泸州老窖传承《易经》阴阳辩证思绪、《老子》天人合一精神，遵循儒、释、道文化精神，并以文化人格将泸州老窖文化倾情引入一派精神超拔境界，缔造了一条遒劲典雅的中国酿酒文化脉系，谱写了一支冠古绝今的中华酿酒文明长歌。

可以毫不夸张地说，一部泸州老窖文明史，即是一部中国白酒发展史。是以这部《中国泸州老窖文明史》，被视为中国白酒文化研究领域的扛鼎之作。

但它的意义并不止于此。

西南大学教授李文学评价其，"像诗歌般优美，可读性极强，是一部具有行业创造性、创新性价值的皇皇巨著。"

"更难能可贵的是，其视角并非聚焦于泸州老窖这家企业，而在跳出泸州老窖本身，站在绵延数千年的中华文化这一磅礴视角，在灿若星海的历史经卷中，去分析和梳理我国白酒文化的传承谱系。"

木斋也表示，"这本书具有历史性、文化性、学术性等多重开创性意义，开拓我们对中国白酒文化的研究视角，触动了世界汉学对酒文化的思考探索，为后续中国白酒文化的研究阐释具有重要推动作用。"

木斋还高度评价："《中国泸州老窖文明史》是世界汉学研究的一张亮丽名片。"

正如陈传意在书中所言，"文化自信就是倾心继承与弘扬中华优秀传统文化，既要深谙它在历史文明演进过程中，是个历史文化范畴，又要充分挖掘它的原始基底文化，即曾经神奇匹配与维系中华文明发展的精神价值。"

"人类不能数典忘祖，抛弃根脉。"

在极大肯定该书历史贡献的同时，与会不少专家还认为，以泸州老窖为代表的中国白酒文明，还有很多文化基因仍然躺在遥远的历史深处亟待挖掘和弘扬。

"作为我国国粹文化的杰出代表，在各界专家努力推动下，目前已诞生出长城学、敦煌学等众多国粹学科，相信在未来不久，泸州老窖同样可以发展成为与长城学、敦煌学等相媲美的泸州老窖学，推动中国白酒文化研究迈入全新境界。"陈传意表示。

　　而如何做到继承弘扬优秀传统文化？打开这部《中国泸州老窖文明史》，答案就在其中。

　　椰风送暖，春潮拍岸。在南海之滨举行的一本新书发布会，或许已扇动了东方白酒文明研究的翅膀，也可能意味着一个全新的白酒文明时代已经来临。

▲《中国泸州老窖文明史》书籍

穿越时空的魅力

450余年"活窖泡"持续静默生香，700年"活技艺"从未断代，泸州老窖以"一杯浓香佳酿连接过去、现在与未来。作为唯一蝉联五届"中国名酒"称号的浓香型白酒，泸州老窖坚定"浓香鼻祖""浓香正宗"的使命，守护、发扬"活态双国宝"文化遗产，传递中国白酒深厚的文化内涵和"浓香一脉"的荣光，引领着浓香的未来。

当70年遇上700年

在中国白酒发展的历史长河中，70年只是稍纵一瞬。而自中华人民共和国成立后至今这70余年，却堪称波澜壮阔。

70多年来，白酒在产量、品质、技术、品牌等各个维度，都呈现巨大的飞跃。中国白酒不仅成为国民经济和产业发展中重要的支撑力量，在世界酒业舞台上也熠熠生辉。

回望中华人民共和国成立之初，全国白酒产量总和仅为10.8万千升。换算成500毫升规格约为2.1亿瓶，意味着平均两个人一年才可以喝到一瓶白酒。

而到2021年，白酒行业规上企业总产量已达到715.63万千升，比中华人民共和国成立初期增长了66倍。白酒销售收入则达到6033亿元，利润总额1702亿元，占全国酿酒行业总利润的87.3%。

同年，在由英国品牌评估机构Brand Finance发布的《2021年度全球最具价值烈酒品牌50强》榜单中，中国白酒品牌占据9席，品牌价值占烈酒榜单品牌总价值的68%。

其中前五强，全部被中国白酒包揽，中国白酒在全球烈酒市场已然跻身主导地位。

为什么白酒产业会在70年间迎来翻天覆地之变？是什么力量推动了中国白酒取得如此成就？

倘若要追根溯源，则应回到1952年。

发轫1952

中华人民共和国成立伊始，百业待兴。彼时的中国热血奋进，却也是物资极度匮乏的年代。

由于白酒在战争、医疗、外交等诸多方面有着重要作用，同时也是地方财政的主要来源，所以一度被上升到"战略物资"的高度。

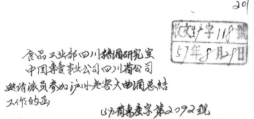

▲"泸州老窖试点"相关工作函

1956年周恩来总理组织制订的中华人民共和国成立后第一个中长期科技规划中，白酒与原子弹、氢弹和火箭并列在一个纲要内，可见国家对白酒生产的关注程度。

然而中华人民共和国成立之初，白酒行业仍以小锅坊和手工作坊为主，酿造水平参差不齐，缺少统一的操作规程和品质标准。

为了提高行业的规范程度和酿造水平，国家一方面通过赎买、公私合营等方式，完成对私家作坊的改造，同时计划在全国开展一场名酒评选，以选拔出的名酒作为工艺普及的范本。

于是在1952年，首届全国评酒会应运而生。包括白酒、黄酒、葡萄酒、果酒等103个酒样参评，最终评选出八款全国名酒。

其中，泸州老窖、贵州茅台、山西汾酒、陕西西凤被评为名白酒代表，被称为四大名白酒。

当时对于名酒的考量标准，除了品质优良、历史悠久且在全国畅销外，还有重要的一条原则就是酿造方法特殊，其他地区不能仿制。

比如当年评委会对泸州老窖大曲酒（泸州老窖特曲）的评价是：

"四川泸州老窖酒（西南区四川泸州）——泸州老窖酒窖之建立已具有三百年以上历史，酒窖用土筑成，与普通一般白酒迥然不同，具特殊之香味，饮用后更觉适宜爽口……他处鲜有此种名贵美酒，所含成分也合于标准……绝非他处所能仿制者。"

在这样的标准之下，评选出的四大名酒，几乎都成为开宗立派的一代宗师。

如泸州老窖之于浓香，茅台之于酱香，汾酒之于清香，西凤之于凤香。

特别是泸州老窖、茅台和汾酒，蝉联历届"国家名酒"，浓、清、酱也成为白酒行业兴盛至今的三大主流香型。

四大名酒的问世，宣告了中国白酒由此进入名酒时代。正是在名酒的全面引领下，中国白酒开始了辉煌壮阔的产业进阶。

而这其中，若论及对白酒行业影响最大、流传最广者，则当数浓香。

回到文章开头的那个问题：是什么力量推动了中国白酒在70年间取得翻天覆地的成就？

答案也正在于此。

当然是浓香

回望1979年第三届全国评酒会首次划分白酒香型，香型只是作为一种技术标准，用以区分不同工艺的白酒。

后来随着白酒行业竞争的升级，香型角逐越来越成为白酒价值竞争最基础的阵地。

从白酒行业的发展规律来看，当行业的老大是什么香型时，它所代表的香型就会迎来兴盛。而在过去70多年，白酒行业一共历经四任"行业老大"变迁。

首先是从中华人民共和国成立至1989年，泸州老窖长期占据白酒行业第一代霸主。

1990—1994年，汾酒跻身"汾老大"，成为行业第二代霸主。

1994—2012年，五粮液成长为"白酒大王"，位居行业第三代霸主。

从2012年至今，茅台取代五粮液，成为行业第四代霸主。

纵观这四代霸主，分别涵盖了浓香、清香和酱香三大主流香型。而前后诞生两代霸主的浓香型白酒，则稳居行业老大地位长达50多年。

今天众人听闻"浓香天下"，只道是浓香型白酒长期占据白酒行业70%的市场份额。而在老一辈酒业人的记忆里，那却是一段浓香攻城略地的激荡往事。

从全国评酒会上的名酒格局变化，也能看出这股潮流。

在首届全国评酒会评出的四大名酒中，浓、清、酱、凤各占一席；随后第二届名酒评比中获胜的"老八大"名酒中，有四个为浓香；第三届的"新八大"名酒中，浓香占到五个；第四届则是"十三中有七"；第五届为"十七中有九"。

作为国家名酒阵营中比重最大的白酒香型，浓香型名酒不断涌现出来的背后，所折射出的是浓香型白酒整体市场扩容和品质升级的发展趋势。

浓香也由此成为当之无愧的中国白酒第一大主流香型。

浓香的兴起，让全国白酒行业纷纷以浓香为贵，许多原本做清香的企业挖起了窖池做起浓香。甚至在贵州，当时也有不少企业改酿浓香酒，今天的黔派浓香其实就有当时的遗留。

时至20世纪90年代，随着川酒大流通，全国大大小小的白酒，都努力让自己向"川酒味道"靠拢。而在当时，向川酒靠拢，就是向浓香靠拢。

浓香之于白酒行业的意义，不仅在于其产量之大、市场之广、名酒之众，更在

于浓香工艺的健全，给白酒行业打下了坚实的品质根基。

而在这一过程中，泸州老窖作为浓香鼻祖和第一代行业霸主，长期扮演了推动白酒行业科学发展的传道授业者的角色。

功在泸州

从20世纪50年代以来，在浓香工艺梳理、人工老窖技术、白酒勾调、人才培养等诸多方面，泸州老窖均扮演着开天辟地的角色。

早在1953年，泸州老窖就根据上级安排，派出张福成等泸州酿酒技师，向宜宾酿酒工人传授浓香工艺，使中华人民共和国成立前夕停产的宜宾酒厂重新恢复生产。

中华人民共和国成立之初，为了提高白酒的产量和质量，当时国家在白酒行业进行了两大战略部署，一是组织全国名酒评比，另一个是开展白酒生产技艺查定与试点工作。

1957年，中央食品工业部制酒局指示四川糖酒工业科学研究室派出陈茂椿主任、熊子书副主任带队进驻泸州老窖，由此开启了中国名白酒的第一次查定总结，简称为"泸州老窖查定"。

此次查定首次对浓香型大曲酒进行了系统的总结查定，并编写了中华人民共和国成立后第一本白酒操作教科书——《泸州老窖大曲酒》。

这是中华人民共和国成立以来第一次对中国白酒酿制技艺进行查定总结，形成了当时整个白酒酿造行业最全面、最

◀ 历届中国名酒获奖名单

权威、最先进的酿酒技艺成果，并将此成果面向全国白酒企业推广。

20世纪60年代以后，泸州老窖又面向全国酿酒行业开办了20多期酿酒技术、尝评勾调、调味与理化检验、厂长企业管理培训班，累计培训酿酒科技与经营管理人员数千人，将浓香型白酒工艺传播至全国。

如今在泸州老窖博物馆中还保留着一张照片，是新疆建设兵团酒厂宋义彬、李祖功（20世纪80年代任伊犁大曲酒厂厂长）等七人到泸州老窖学习时的合影，拍摄时间是1964年6月。

这是当时第一家走进泸州老窖学习的酒厂，学员回厂后立即建立了浓香型白酒酿制小组。同年12月，"伊犁牌"商标正式注册，后来发展为如今的"伊力特"。

20世纪80年代前后，泸州老窖又多次举办酿酒技艺培训班，先后有上万人到泸州学习，浓香型白酒随之在全国遍地开花。

除了为全国酿酒企业培养技术人才外，泸州老窖还为"国家名酒"评选工作培养了众多评委。

当时，"国家名酒"的评委是需要通过考试来选拔的。

在第四届全国白酒评委中，有三分之一参加过泸州老窖的系统培训，其中包括

▲ 1964年，新疆建设兵团酒厂到泸州老窖学习时留影

◀ 1981年商业部大曲酒
勾调技术训练班结业
合影

◀ 1981年四川省第二届
大曲酒工艺技术训练
班留影

◀ 1987年四川省第五届
白酒评选会与会人员
合影

当年评委选拔考试的第一名金凤兰。

第五届全国白酒评委共有40位，有21位在泸州老窖参加过系统培训，也包括当年的第一名李静。

仅在20世纪70～90年代，全国各大酒厂参加过泸州老窖培训的学员中，就产生了41位国家级酿酒大师，50多位国家级评酒委员，还有无数的省级评酒委员。

正是泸州老窖作为浓香之源和行业第一代霸主的技术输出，拉开了全国范围内大规模推广浓香型白酒工艺的序幕，进而塑造了今天的中国浓香。

而由此成长起来的无数酿酒人才，遍布全国各大酒厂和科研机构，不论地域，不拘香型，最终推动了整个白酒产业的技术升级。

为何是泸州老窖？

作为白酒行业早期技术进步的星火燎原地，泸州老窖之于白酒产业的意义，远远超出了一家企业的角色范畴。

某种意义上说，中国白酒产业后来的蔚为大观，最初的火种就在泸州，就在泸州老窖。

为何是泸州老窖？

如今在泸州老窖1573国宝窖池群观览区，能醒目看到两座特殊的时钟。

一座记录着1573国宝窖池群已连续不间断使用的时间，另一座则代表着泸州老窖酒传统酿制技艺薪火相传的时间。

泸州老窖集团（股份）公司党委书记、董事长刘淼曾总结道，在泸州老窖的发展历程中，有三个最为重要的"年份密码"：

第一是"公元1324年"，中国白酒"制曲之父"、泸州老窖第一代宗师郭怀玉发明甘醇曲，由此开创中国白酒的大曲时代，进而奠定了泸州老窖酒传统酿制技艺长达700年的24代无断代传承；

第二是"公元1573年"，"国窖始祖"舒承宗系统总结了浓香酿制工艺，始建国宝窖池，从而开创了浓香型白酒工艺中最为关键的泥窖生香，并连续使用了450年；

第三是"1952年"，泸州老窖作为浓香鼻祖，获得中国首届四大名酒称号，并成为唯一蝉联历届"国家名酒"称号的浓香型白酒。

这三个关键年份，也正好解答了"为何是泸州老窖"。

作为全国评酒会最早评选出的中国名酒，泸州老窖走过了辉煌壮阔的名酒70年，而作为中国大曲酒的开创者和浓香鼻祖，泸州老窖酿制技艺已有700年的成名史。

在700年的技艺传承中，泸州老窖其实早已是被历史选择的中国名酒。也正是这700年的岁月沉淀，让泸州老窖成为白酒行业的"活文物"和"教科书"。

而当70年遇上700年，泸州老窖厚积薄发，推动浓香型白酒成长为行业基石，便成为一种必然。

时至今日，尽管白酒行业几经沉浮，浓香型白酒依然牢牢占据中国白酒三分之二以上的市场份额。

除了产量优势外，浓香型白酒由于积淀深厚，也成为白酒行业工艺体系高度健全、香型品类极为丰富、文化传承完整有序的第一大主流香型，并最终奠定了"中国浓香"的产业格局。

而作为浓香型白酒的开山鼻祖，泸州老窖也继续以开创者的姿态，在技艺探索、文化重塑、品牌再造等方面引领着行业。

这是名酒70年的进取与荣耀，也是浓香700年的使命与担当。

而回望这一切，与其说是泸州老窖成就了浓香，不如说是历史选择了泸州老窖。

时间，成就"国宝"

单一麦芽威士忌，是将麦芽汁储存进不锈钢容器，冷却后加入酵母菌进行发酵。

白兰地，是将葡萄或其他水果破碎后，转入发酵池或发酵桶内直接发酵，抑或将果汁分离，加入酵母菌发酵。

中国白酒，则以固态发酵为显著特征，即将原粮和酒曲按一定比例混合，随后置于特定的容器——窖池内进行发酵。

中国有十二大白酒香型，三分之二都以窖池作为发酵容器。不同香型的白酒，窖池的形态也会有所差异。

放眼世界其他蒸馏酒，几乎没有任何一种酒如中国白酒这般，如此重视发酵容器。作为中国使用最为广泛的发酵容器，窖池究竟有何门道？

窖内有玄机

"窖"之一字，本义指贮藏物品的地穴。远古时期，人们就会利用地下空间进行仓储。

1971年，洛阳市东北郊发掘出一座古代地下粮库——含嘉仓，为隋朝建造，唐朝开始大规模存粮，是至今发现的中国古代最大的粮仓。

时隔上千年，仓窖中的粮食在取出后仍可发芽，仿佛时间的流逝被窖壁隔绝在外，由此达到保存食物的功效。

在数千年的文明演进中，地窖几乎都是作为储物的容器而存在。

即便是身为白酒最重要的发酵容器，并衍生出诸多繁复的使用讲究，但对大多数香型而言，窖池仍主要发挥着容器的功能。

比如清香型白酒的地缸，每年夏季都要把地缸周围的土挖开，换上新鲜的土。地缸内部在放入粮食发酵前，还要用花椒水清洗数遍。

酱香型白酒采用的泥底石窖，窖池四周由不易附着微生物的条石砌成，仅在窖池底部保留了窖泥。每年新的生产周期开始前，还会用柴火"烧窖"，去除上轮发酵时留下的糟味。

凤香型白酒的土窖，每年也会把窖池四壁的窖泥外层铲去，代之以新泥。

对这些香型来说，窖池里的微生物每年都在更新，原则上也不存在窖龄的积累。

唯有对浓香型白酒的泥窖而言，由于"千年老窖万年糟"的使用法则，时间才真正具有丰富的意义，窖池也在容器功能之外，被赋予了更为鲜活的灵魂。

为何浓香型白酒如此看重窖龄？则要从泥窖酿酒本身说起。

公元1573年，"国窖始祖"舒承宗始建国宝窖池，从而开创了浓香型白酒酿造中最为关键的泥窖生香工艺。

如今位于泸州老窖1573国宝窖池群内的明代窖池群，就是已连续不间断使用了450余年的国宝级老窖池。

泸州老窖的酿酒窖池，选用的是泸州城外五渡溪的纯黏性黄泥建成，其色泽金黄，土壤黏粒和腐殖质含量高，富含有益微生物。

微生物学上有个概念，叫微生物的固定化技术，就是将特选的微生物定位于限定的空间区域，使其高度密集并保持生物活性，在适宜条件下快速、大量繁殖，进而提高工作效能。

作为集糖化、酒化、酯化等多种生化反应于一体的酿酒容器，某种意义上，泥窖有可能是中国最早应用微生物固定化技术的典范。

由于泥窖内拥有包括原料、酒曲、窖泥和周边环境共同构成的微生物系统，这些微生物具有动态成长的特性。

养护得好的泥窖，随着时间的推移，窖池内的微生物菌群会根据酿酒的需求，不断驯化和富集，进而形成多种微生物动态平衡且效果越来越好的酿酒微生物集群。

之所以白酒行业长期流行着"酒好还需窖池老""窖龄老，酒才好"等说法，奥秘也在于此。

那么，老窖池究竟是如何酿出好酒的？

老窖池内的微生物世界

《论语·为政》中有"三十而立"一言，意指人在30岁前后会有所成就。而泸州老窖，也将30年窖龄作为划分新老窖池的一道门槛。

2018年12月1日，《泸州市白酒历史文化遗产保护和发展条例》（简称《条例》）正式施行，这是全国首部旨在保护和弘扬白酒文化的地方性法规。

▲ 高高隆起的窖帽下，数以万计的微生物"员工"正在劳作着

《条例》中也是以30年为门槛，将持续生产使用30年以上且仍在生产使用的老窖池、作坊及储酒空间，作为核心文化遗产资源列入名录进行保护。

"30年窖龄以上的窖池酿出的酒，酒质明显醇厚，这是我们老师傅总结出来的规律。后来从科学的角度来分析，也印证了这个观点。"泸州老窖股份有限公司副总经理、酒体设计总工程师张宿义告诉我们。

为了解开窖池内微生物的秘密，泸州老窖多年来联合中科院、四川大学、江南大学等众多知名院校及科研机构，针对窖泥展开多项研究，明确证明了窖龄与好酒之间的品质关联。

以己酸菌为例，研究表明，在窖龄未达到30年前，该菌群的增长过程较为快速。30年之后，增速放缓，菌群会达到一种动态平衡的状态。

窖池"三十而立"的科学依据即来源于此。

之所以微生物菌群会对浓香型白酒的酿造起到决定性作用，是源于菌群的分解活动决定了其中有机酸和酯类物质的丰富程度。

其种类越丰富，产出的酒质便越好，这便是"老窖出好酒"的主要原因之一。

同时，有机酸、醇等产物在菌群的作用下继续代谢分解，可以形成大量二氧化碳、氢气及其他有机物质。

这种代谢，也是增加浓香型白酒中香味物质多样性的关键一环。

2022年，江南大学许正宏教授团队与国家固态酿造工程技术研究中心沈才洪正高工团队，联合在国际微生物领域著名学术期刊*Applied and Environmental Microbiology*（《应用与环境微生物学》）上发表的一篇论文，进一步解开了"活泥生香""老窖出好酒"的科学机理。

研究团队认为，在酿造生态系统中，微生物不是一座座孤岛，而是存在千丝万缕的联系。物种间的交互作用，对酿造微生物群落的结构及功能有着重要影响。

在这篇名为《浓香型白酒窖泥中产香微生物梭菌和互营球菌的互作机制》的论文中，两支团队对泸州老窖窖泥进行了重点剖析，并系统研究了此前从泸州老窖窖泥中分离出的两个新菌种——老窖梭菌和老窖互营球菌。

研究发现，老窖梭菌产生的甲酸，能被老窖互营球菌通过Wood-Liungdahl途径所利用，促进乙酸产生；乙酸又进一步被老窖梭菌通过逆β-氧化途径利用，从而促进丁酸和己酸积累。

丁酸和己酸都是白酒中重要的有机酸，也是主要的呈香呈味物质。浓香型白酒的主体香味成分己酸乙酯，就是由己酸通过酶促反应生成的。

而有助于丁酸和己酸生成积累的梭菌和互营球菌，在老窖泥中的丰度占比，均明显高于新窖泥。

由此，"活泥生香""老窖出好酒"的科学性再度被验证，来自历史和科学的双重选择，也让浓香型白酒化身为"时间的朋友"。

稀缺的"窖龄"

窖池易得，老窖池不易。一个"老"字，不仅需要漫长的时间流逝来成就，还需要杜绝使用期间的各种"意外"，始终保持窖池内微生物菌群的活性。

一旦窖池停止酿造超过3个月，窖池内的微生物就会大量死亡，从而成为不可

▲ 爱仁堂三百余年老窖大曲酒

被复活的"死窖"。

因此，窖龄的真正意义，并不单指窖池本身存在的年龄，更看重其连续使用的年龄。

也唯有持续酿造，以充足的养分保证窖池内微生物的持续代谢，才能促进微生物菌群不断驯化和富集，从而实现"老窖出好酒"。

"千年老窖万年糟"，便是浓香型白酒立足于持续酿造而得出的工艺精髓，其包含两大工艺要点：

一是"千年老窖"，即上文中提到的"活泥生香"；二是由"续糟配料"工艺而形成的"万年母糟"。

所谓"续糟配料"，就是每完成一次发酵周期，都去掉1/4面层糟，再重新投入新的1/4粮食和酒曲。

由此让新料和老糟代代循环，周而复始，最大限度地把上一轮酒糟中的香味成分自然保留到下一轮。时间越长，酒糟中富集的香味物质就越丰富。

这种巧妙的部分替换酒糟方式，不仅始终保留了最古老、最原始、最优质的酒糟香味成分，而且跟随时间的不断推移，酒糟中积累的香味成分匹配度也会越高，最终实现"以窖养糟，以糟养窖"的良性循环。

而无论是"千年老窖"还是"万年糟"，借由不间断生产沉淀下来的"窖龄"都是其核心价值所在，且窖龄越长，价值越大。

关于这一点，历史早有佐证。

1943年，民国教育家章士钊在泸州期间，曾作有一首《答筱泉并谢见赠旧窖名酒》：

> 春风又拂古泸阳，重问高人水一方。
> 闲与傅眉成诵读，老如姚鼐好文章。
> 早年佩服名难及，乱代经过情难忘。
> 名酒善刀三百岁，却惭交旧得分尝。

诗名中提到的"筱泉"，即为有着300多年酿酒历史的温永盛酒坊主人温筱泉。"名酒善刀三百年"，就是说温家老窖名酒像珍藏的宝刀一样有300年了。

当时陪同章士钊的书法家潘伯鹰也作了一首《会饮江阳席上作》，其中亦有"温家酒窖三百年，泸州大曲天下传"的诗句。

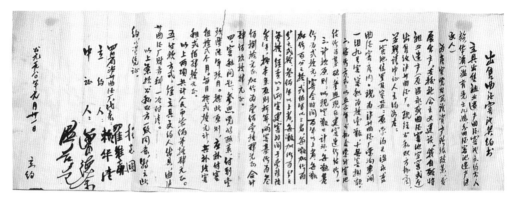

▲ 公私合营时期的窖池购买凭证

此外，在泸州老窖博物馆中现藏有一瓶"爱仁堂三百余年老窖大曲酒"，出产这款酒的爱仁堂作坊，也是泸州老窖36家老酿酒作坊的其中一家。

无论是"温家酒窖三百年"，还是"爱仁堂三百余年老窖大曲酒"，都是中国白酒历史上率先出现窖池与时间相关联的"窖龄酒"代表。

20世纪50年代，温永盛、爱仁堂和其他老作坊一起，以公私合营的方式组建了泸州市曲酒厂，也就是今天泸州老窖的前身。

公私合营期间，计算老作坊内窖池价格的标准，便是窖龄时间的不同。

一张公私合营时期的窖池购买凭证显示：

窖龄时间百年以上者，每甑加价百分之十；两百年以上者，每甑加价百分之二十；三百年以上者，每甑加价百分之三十……窖龄的价值由此可见一斑。

2011年，泸州老窖恢复推出了"三百余年老窖大曲酒"的现代版白酒产品，即百年泸州老窖窖龄酒，便是对窖龄价值的历史重温。

而窖龄的最高价值体现，则是成为国宝级的"活文物"。

早在1996年11月，泸州老窖始建于1573年的明代古窖池，便被国务院评定为白酒行业首家全国重点文物保护单位，由此成为"国宝窖池"。

2006年、2012年和2019年，1573国宝窖池群因其对人类文明的特殊贡献，相继入选《中国世界文化遗产预备名单》。

随后在2013年，泸州老窖1619口百年以上酿酒窖池群、16处36家明清酿酒作坊及三大藏酒洞，一并入选"全国重点文物保护单位"。

全国文保单位名称	公布批次	公布时间	时代	类别	所属企业
泸州大曲老窖池	第四批	1996年	明	其他	泸州老窖
水井街酒坊遗址	第五批	2001年	明、清	其他	水井坊
刘伶醉烧锅遗址	第六批	2006年	金至元	古遗址	刘伶醉
李渡烧酒作坊遗址	第六批	2006年	元至清	古遗址	李渡
剑南春酒坊遗址	第六批	2006年	清	古遗址	剑南春
杏花村汾酒作坊	第六批	2006年	清	古建筑	汾酒
五粮液老窖池遗址	第七批	2013年	明至清	古遗址	五粮液
古井贡酒酿造遗址	第七批	2013年	宋至清	古遗址	古井贡
宝泉涌酒坊	第七批	2013年	清	近现代重要史迹及代表性建筑	大泉源
茅台酒酿酒工业遗产群	第七批	2013年	清至民国	近现代重要史迹及代表性建筑	茅台
天佑德作坊	第七批	2013年	清	近现代重要史迹及代表性建筑	天佑德
洋河地下酒窖	第八批	2019年	1960～1975年	其他	洋河

备注：2013年，泸州老窖1619口百年以上酿酒窖池群、16处36家明清酿酒作坊及三大藏酒洞，一并入选"全国重点文物保护单位"，并入第四批保护名单。

▲ 中国白酒行业全国重点文物保护单位一览

名单来源：中国政府网

　　泸州老窖也由此成为白酒行业规模最大、品类最全、保护规格最高的"国宝"单位。

　　这些国宝级的老窖池，究竟好在哪儿？

　　不妨用中国古建筑学家、原国家文物局古建筑专家组组长、原中国文物研究所所长罗哲文的一段评语来作答：

　　"泸州老窖国宝窖池不如庞大的古建筑群，没有繁复的精雕细刻，没有奇巧的工程技术，但她却有深厚的文化内涵。她继承了几千年来酿酒工艺的悠久历史和奇妙的酿制技术，涵盖了文物的历史、科学、艺术三大价值的内容，她反复为国家创造经济效益，因而她又有高出文物的独有的经济价值，是公认的'活文物'。"

　　这是时间的浓度，也是450年国宝窖池的价值所在。

▲ 酿酒师傅们在窖池间劳作

国窖 1573：一瓶酒的长期主义

2022年8月，国窖1573·品河山在成都举行上市发布会，白酒包装设计大师万宇登台分享了自己设计这款产品的心路历程。

遥想21年前，同样是在成都，万宇也曾这样站在台上，向台下的数百位经销商阐释产品上的每一处构思，那是国窖1573首次公开亮相。

后来有亲历者回忆起那天的情景，"经销商全都站起来鼓掌，大家对这个产品很有信心！"

时光倏忽而过，当年的那些设计理念早已深入人心，国窖1573也稳居高端白酒之巅，成为中国白酒鉴赏级标准酒品。

作为行业首款独立高端白酒品牌，国窖1573不仅改写了中国白酒市场的品牌格局，更见证了白酒行业自千禧年以来的风云变幻。

一个什么样的品牌，才能跨过时代发展的洪流，越过万千品牌的厮杀，至今仍屹立于行业之巅？

我们找到了当年那批怀揣热血与梦想的主创团队。他们说，国窖1573的诞生，是时代的选择，是群体智慧的结晶，更是历史的必然。

▲ 国窖1573·品河山上市

"十字路口"的抉择

1998年，对中国白酒行业来说，不算是个好年份。

这一年，中国白酒产量从1997年的709万千升跌落至573万千升。而在更大的背景里，受亚洲金融危机影响，中国GDP增速也从9.2%下滑至7.8%，消费一度出现疲软。

此前的几年，在改革开放和市场经济浪潮的推动下，中国GDP增速一直保持两位数增长。白酒计划指标放开后，企业也纷纷扩产，产量攀升。

所以当时白酒企业面临这样突如其来的转折，无一不迷茫，不手足无措。

泸州老窖股份有限公司副总经理、泸州老窖酒传统酿制技艺第22代传承人张宿义形容那是一段"混沌时期"。

"混沌时期，大家都跌到谷底，都很迷茫，中国白酒到底该往哪个方向走？"

白酒似乎一下子就抓不住消费者了，所以很多企业病急乱投医。张宿义记得，那段时间出现了很多奇怪的口感和香型。

"我们该拿哪种产品和口感给消费者，是坚持传统工艺，还是重新做些改变?"

当时的张宿义，进入泸州老窖五年多。时隔多年回过头看，他才明白那场站在"十字路口"的抉择，是如此艰难且意义重大。

在这之前，白酒行业曾出现过诸多"标王"式的爆红神话，那些看似一飞冲天的成功案例，对很多人都有莫大的吸引力。人们在一片混沌的迷茫状态下，总是很容易跟随所谓的奇迹走捷径。

但正如财经作家吴晓波所言，"任何一个奇迹的基因中，无非生长着这样一些特质：非理性、激情、超常规、不可思议。总而言之，它不是理性的儿子。"

反复思虑的泸州老窖当然也明白这一点，毕竟，"标王"昙花一现的惨烈尚有余温。

所以，泸州老窖时任领导班子成员袁秀平选择了"坚持自己"——用心、用时间、用品质，打造出一个必须是"生命力强的好酒"。

张宿义谈道，"当时是从两个层面来判断的，一是消费者，二是专家。消费者和专家都说好的酒，才是生命力强的好酒，要两者兼备。品质的来源仍是酿酒生产基础的保障，如工艺、技术、勾调、储存等，但这些基础的来源，归根结底还是人才，用人才做支撑。"

作为底蕴深厚的浓香鼻祖和中国名酒，拥有优越生产基础和人才基础的泸州老窖，相较于当时绝大多数酒厂，是有选择权的。

更重要的是，泸州老窖近700年的酿艺传承和连续使用400多年的明清老窖池，早已为这款"生命力强的好酒"奠定了注定不凡的产品基调。

1996年，1573国宝窖池群被国务院评定为全国重点文物保护单位，这是行业首家获此殊荣的企业，也是白酒历史上第一次把一群古老的酿酒窖池推上"国宝"地位，"国窖"二字即由此而来。

彼时在袁秀平看来，"国宝窖池既然是世界酿造史上的奇迹，是酒界的唯一，那么国宝窖池酿造的酒就应该是民族工业的精品，是振奋民族精神的兴奋剂。"

在人们刚刚经历市场意识洗礼的20世纪90年代末，袁秀平便提出了"统治酒类消费的是文化"这一深刻洞察，并在白酒行业引起了强烈反响。

"酒业的竞争，首先取决于商品力、企业力、销售力的差别，进而分化出强者和弱者。强者能否持续走强，取决于其品牌是否有精神价值，其产品是否有文化品味和魅力。"

◀ 1996年，1573国宝窖池群被国务院评定为全国重点文物保护单位，这是行业首家获此殊荣的企业

随后，一场以国宝窖池为核心，涉及酒体、包装、创意等诸多层面力求极致的品牌和产品变革，正式拉开序幕。

作为中国白酒文化的浓缩和集大成之作，国窖1573成为上述理念的坚定践行者。

是群体智慧，也是历史必然

对国窖1573这样一款中国鉴赏级高端白酒而言，酒体设计是重中之重。

最初，以吴晓萍、沈才洪为代表的酒体设计团队接到的任务是，"口感上不能和原产品同质化。"

中国白酒由于是固态法酿造，生产影响因素极多。不同季节、不同窖池、不同工人操作，甚至同一窖池内不同位置、不同蒸馏时间的酒都不一样，并且白酒中香味成分极其复杂，多达上百种微量成分，有些成分含量微小却对酒体影响很大。

对于酒体设计师而言，尽管对酒库里的基酒、调味酒早已了如指掌，也不得不小心翼翼地摸索着每一步。

"就像瞎子杵着拐棍，佝着走，非常小心，要像中医一样摸脉诊断，酒体是什么性状、有哪些问题、哪种当主要酒体、消费者需要的是什么样的口感？"

▲ 周恒刚、梁邦昌等多位白酒泰斗参与国窖1573鉴评会　　▲ 白酒包装设计大师万宇

用了大半年时间，酒体设计团队才找到这个排列组合的最佳解法。又经过内部审核、消费者品尝反馈之后，国窖1573的酒体终于确定下来。

周恒刚、秦含章、梁邦昌三位酒界泰斗曾在品尝国窖1573后，录制了一期《三老话国窖1573》，"当时胶片很贵，所以要控制时长，周老和梁老都控制得很好，到了秦老这里，他说我一定要把泸州老窖讲透，用了很多胶片。"

周恒刚还留下一句经典评语，"国窖1573就像一个美人，增一分则长，减一分则短，恰到好处，无可挑剔。"

即便时间过去了数十年，彼时的见证者回忆起三位泰斗对国窖1573的评价，仍句句铭心。

泸州老窖股份有限公司副总经理、总工程师，泸州老窖酒传统酿制技艺第22代传承人沈才洪认为，随着时代的进步，工业技术在发展，人们对白酒的品质追求也在调整和增加。

为生产出更为稳定的高品质国窖酒，沈才洪在对每一基础酒源进行一一鉴定的基础上，根据其各自优缺点，取长补短，进行组合勾调设计。历经数百次大小放样组合设计，最终实现了国窖1573酒始终如一的完美品质。

而在酒体设计之外，国窖1573的包装和创意同样堪称经典。

作为白酒行业顶尖的包装设计大师，万宇曾给我们展示了一张手书，上面是国窖1573当时的设计理念。

　　"国窖"二字，是万宇手写的残缺老宋体，国在天，窖在地，白酒原本就是天地精华酝酿的产物，"国窖"就是集天地之灵气，汲日月之精华之意。

　　"1573"源于明代万历元年老窖池的年份，四个数字皆为阳数，加起来等于16，寓意"要顺"；其中相隔的两个数字，1和7相加等于8，5和3相加也等于8，寓意"发中套着发"；1573网络语言为"一往情深"，用谐音读起来，又似"一路提升、一路旗胜"。

　　作为中国第一个以数字命名的白酒品牌，国窖1573也成为白酒行业这一命名风潮的启蒙者。

　　国窖1573的瓶体和外包装中，还蕴含着五个"国"元素内涵，包括国红、国体、国玺、国花和国土。

▲ 万宇手书国窖1573创意理念

▲ 国窖1573酒瓶特写

　　国红：包装采用大面积正红铺陈，色调呈中国红基本色，寓意血统纯正、鸿运当头。

　　国体：瓶身正面"国窖"二字，为官方行文中使用最为广泛的宋体，因400多年历史而呈"古印"之风，寓意传承久远、文化深厚。

　　国玺：外盒上红下金双体结构，整体风格呈传统玉玺造型，寓意尊贵典雅、高端之选。

　　国花：基座打开后为金色牡丹花形状，寓意品质非凡、艳压群芳。

　　国土：国窖1573内、外包装上，五角星总数为960颗，寓意中国960万平方千米领土，也寓意"天地同酿，人间共生"的企业哲学。

　　而在酒体、包装确定后，一场围绕国窖1573的经典创意也呼之欲出。

　　2001年3月，全国春季糖酒交易会。在来自全国各地经销商的注视下，国窖1573惊艳亮相。

"你能听到的历史124年，你能看到的历史162年，你能品味的历史428年，国窖1573。"

当广告片中浑厚的嗓音讲述着国窖1573的厚重历史时，没有一位观众不为之动容。

作为中国资深广告创意人，国窖1573广告创意总监饶苑菁说，做了一辈子广告，这是他最满意的作品。

而为广告词配音的中国著名配音演员、语言表演艺术家孙悦斌则希望在有生之年，愿意为国窖1573广告继续配音，再配出后续300年文案所需要的声音来。

"国窖1573广告是经典中的经典，每年数字在变化，这是泸州老窖人的智慧，它可以传承，可以延续，已经成为国窖1573的一种风格。"

在白酒行业，这无疑是一场开天辟地的创新，在广告创意行业，亦是不衰的经典。一个伟大的白酒品牌，正式起航。

当天在场的经销商，作为这一历史时刻的亲历者，或许永远也不会忘记那一刻的心潮澎湃。

这么多年来，这支广告早已成为时代的经典，作为经典案例入选诸多广告教材，并伴随着中国酒业及消费者成长。

"您能听到的、看到的、品味的历史"也在逐年增加，从2001年的428，到2023年迎来1573国宝窖池群持续不间断酿造450周年的纪念大年。

这是国窖1573对时间的尊重、对文化的尊重，以至于到今天，国窖1573已经超过了白酒的范畴，成为了中国文化的代言。

正如泸州老窖企业文化中心总经理李宾所说，"国窖1573是顺应时代的一个结晶，泸州老窖很好地抓住了这个机遇，实现了一个在今天看来也是伟大的策划，历史是冥冥之中的。"

一瓶酒的长期主义

一个足以被称为经典的品牌，其成功往往不是一蹴而就的。

如果说以袁秀平为代表的领导班子是国窖1573的品牌缔造者，那么之后国窖1573历经淬炼，一路蓬勃，最终稳立于高端白酒品牌之巅，便很大程度上源于后来继任者的战略坚定。

无论身处哪个时代，文化的传承与发扬始终都是国窖1573品牌建设的核心。

2006年，泸州老窖酒传统酿制技艺入选"国家级非物质文化遗产名录"，泸州老窖由此成为第一家拥有"活态双国宝"文化遗产的白酒企业。

"中国文化能走多远，中国白酒就能走多远。"

在时任领导班子谢明、张良的主导下，拥有"活态双国宝"文化资产加持的国窖1573，迎来了品牌战略的进一步升华。

2008年的白酒行业，发生了两件值得铭记的大事。

一是泸州老窖首创国窖1573封藏大典，率先恢复祭祀先祖传统仪制，由此缔造了封藏大典这一经典的品牌文化IP，至今仍被全行业效仿。

二是国窖1573首开中国高端白酒定制元年，推出了中国首支高端定制白酒——国窖1573·定制壹号。

以文化为根柢，一手传承，一手创新，国窖1573在不断引领中国白酒文化表达之余，也成就了自身"中国白酒鉴赏标准级酒品"的品质和品牌高度。

时至2023年，国窖1573封藏大典已持续了16年，成为泸州老窖代表性文化活动之一。

而在泸州老窖黄舣酿酒生态园内，占地10万平方米，建筑面积3.3万平方米，按照中国第一、世界一流标准建设的浓香国酒定制中心——乾坤酒堡，也在2008年首开高端白酒定制先河后，再次将定制酒文化推向一个新高度。

在泸州老窖这家老牌酒企身上，能够清晰地看到一种长期主义和战略的稳定性。由此，每一次创新都成为了经典，进而塑造了企业几经历练始终笃定的稳健气质。

2015年6月，以刘淼、林锋为代表的新一代领导班子走上前台。彼时的白酒行业刚刚经受了一场深度调整，泸州老窖也面临着"重回三甲"的重大历史使命。

上任之初，拥有丰富实战经验的少壮派"淼锋组合"，便提出构建大品牌、大创新、大项目、大扩张的四大支撑体系，并针对品牌、产品、市场等领域进行一系列大刀阔斧改革，展现了这家老牌酒企的勇猛和精进。

随着"双品牌、三品系、大单品"的品牌聚焦日渐完善，泸州老窖也在厚重文化积淀的基础上，迎来了新一轮业绩爆发。而位于塔尖的国窖1573，则成为泸州老窖复兴之路的最重要支撑。

2017年3月，国窖1573在封藏大典上旗帜鲜明地提出"浓香国酒"占位。

同年，国窖1573"让世界品味中国"全球文化之旅、国际诗酒文化大会、大型民族舞剧《孔子》全球巡演、国窖1573WCGC世界企业高尔夫挑战赛等一系列品牌文化推广相继启动。

通过文化、艺术、体育等国际通用语言，国窖1573不仅向全世界传递了"让世界品味中国"的文化自信，也推动自身成长为具有世界影响力的高端白酒标杆品牌。

随着文化战略的不断深入，文化的力量也反哺品牌，在国窖1573的市场进程中逐渐释放，构建出强大的品牌护城河。

2020—2022年对中国和全球企业都极具挑战，有观点认为，白酒行业实际已进入新一轮调整期，且这轮调整的力度不亚于10年前。

▲ 泸州老窖集团（股份）公司党委书记、董事长刘淼（左二）、泸州老窖股份公司常务副总经理王洪波（左一），与澳大利亚网球协会董事会成员伊丽莎白·米诺格（右一）、澳大利亚网球协会首席商务执行官理查德·希斯格里夫（右二）共同鉴赏国窖1573

而国窖1573凭借品牌的张力，不仅在2019年单品销量突破百亿，更在充满竞争和不确定的市场环境下，展现出逆势上扬的发展姿态。

2022年8月25日，全球品牌数据与分析机构凯度BrandZ发布了一份《2022年最具价值中国品牌百强榜单》，国窖1573、泸州老窖分别位列白酒品牌榜单第三、第四，成为白酒行业唯一双品牌上榜企业。

品牌的力量，正不断在泸州老窖身上得以彰显，并成为其后续发展的坚实动力。

新百亿的下一程

相比于经久不衰，用历久弥新来形容国窖1573更为贴切。

直到今天，我们看到的国窖1573依然是充满朝气的、创新不止的，正如它背后的文化源泉，涌动不息。

对当年的缔造团队而言，国窖1573是他们每个人身上最为荣耀的勋章。后来他们在书写自己的人生履历时，总是把国窖1573放在最显眼的位置。

而作为伴随着改革开放一路成长壮大的白酒标杆品牌，国窖1573的蜕变，不仅是中国市场极具代表性的商业经典案例，也成为时代前行的一个缩影。

如果要拆解国窖1573历久弥新的原因，其实是方方面面的领先。

在品牌上，国窖1573首开高端白酒价值表达，成为泸州老窖率先在行业开启双品牌运作的一个创举。

有无数后来者，循着国窖1573的足迹找到自己的轨道，走向蓬勃发展。

在品质上，国窖1573以"中国白酒鉴赏标准级酒品"引领了白酒的高品位表达，而高品位的背后是高品质。

国窖1573之于产品本身的种种极致追求，在白酒行业做出了极为重要的品质表率，这种品质精神直到今天也潜移默化地影响着行业。

在传播上，国窖1573从产品名称到包装设计、创意思路，都创造了中国传统酒文化的新表达方式。

此前的白酒产品中，从未有人将数百年的历史积淀做如此立体形象的表达，国窖1573的这一创新，引发了前所未有的白酒文化潮流。

更为重要的是，这些创新、创造、创举，都不是一时浮云，而是围绕其深厚的

▲ 泸州老窖集团（股份）公司党委书记、董事长刘淼（右）与泸州老窖股份公司党委副书记、总经理林锋（左）

文化积淀，形成了根深叶茂的品牌文化体系。

2019年，国窖1573突破百亿，跻身白酒行业百亿超级大单品行列，已经验证了这诸多创举的成功。

百亿单品意味着什么？

无论在哪个领域，单品实现百亿都不是一个简单的数字，而是一道巨大的品牌分水岭，岭后才是行业龙头俱乐部。

然而，国窖1573单品销量突破百亿，也仅仅是其作为浓香国酒复兴之路上的一个进阶。拥有700年酿艺传承的泸州老窖，有着更大的追求。

身为国窖1573百亿、泸州老窖两百亿战略达成者，在泸州老窖集团（股份）公司党委书记、董事长刘淼看来，"杀出重围、回归前三"是"咬定青山不放松"的目标和动力。

　　而作为行业少有的双品牌运作成功典范，由国窖1573和泸州老窖双双构建的强大品牌体系，正在逐渐释放实现这一目标的蓬勃之力。

　　今天，当经典的国窖1573广告乐再度响起，依然浑厚的嗓音仍在缓缓讲述着那些古老却又鲜活的历史。而历史之所以鲜活，正源于那些不断缔造新历史的开创和引领，和一代代人的群体智慧。

　　在这背后，则是一个百年老字号企业稳定而持久的战略定力。

十代特曲的百年演进史

1324年，泸州老窖酒传统酿制技艺第一代传承人郭怀玉首创"甘醇曲"，被称为"天下第一曲"。以此曲酿造出的第一代泸州大曲酒，开创了中国大曲蒸馏酒的酿造历史。

20世纪50年代，泸州老窖第十八代传承人陈奇遇将泸州老窖大曲酒以质量等级进行划分，提出"特曲"概念。

特曲品类由此创立，并推动浓香型白酒香遍天下，"特曲"一词也光照中国白酒史。

2019年，泸州老窖特曲更迭至第十代。从第一代到第十代的品牌发展历程，也成为中国近现代白酒变迁的缩影。

百年经典，十代传承，特曲创立的重大价值与非凡意义，也沉淀于这绵延不断的时光与传续之中。

特曲进化史

作为浓香鼻祖，泸州老窖特曲十代传承的成长轨迹，几乎浓缩了整个浓香型白酒的发展史。

第一代

1915年【19世纪末20世纪初】
温永盛「三百年老窖大曲酒」
商标：豫记/筱记
瓶形：陶罐装

第二代

20世纪50年代
泸州老窖大曲
商标：白塔牌
瓶形：圆柱瓶
（麦穗牌酒标）

第三代

20世纪50年代
泸州老窖大曲酒
商标：白塔牌
瓶形：圆柱瓶

第四代

20世纪60年代
泸州老窖特曲
商标：工农牌
瓶形：圆柱瓶
（民间称"手榴弹瓶形"）

第五代

20世纪80年代
泸州老窖特曲
商标：泸州牌
瓶形：陶瓷瓶

第六代

1981年—1989年
泸州老窖特曲
商标：泸州牌
瓶形：白方瓶
（民间称"墨水瓶"）

第七代

1989年—2003年
泸州老窖特曲（盒异特）
商标：泸州牌
瓶形：刀币瓶
（又称"异形瓶"）

第八代

2002年—2007年
泸州老窖特曲（庆典装）
商标：泸州牌
瓶形：刀币瓶

第九代

2007年—2019年
泸州老窖特曲（老字号）
商标：泸州牌
瓶形：刀币瓶

第十代

2019年至今
泸州老窖特曲（老字号）
商标：泸州牌
瓶形：刀币瓶

▲ 泸州老窖特曲十代传承"进化史"

20世纪50年代，泸州老窖第十八代传承人陈奇遇首提"特曲"概念，泸州老窖特曲成为业内首个以特曲命名的白酒产品。

泸州老窖特曲可追溯的第一代产品是于1915年荣获巴拿马太平洋万国博览会金奖的泸州老窖"三百年老窖大曲"。

▲ 温永盛大曲获得1915年巴拿马万国博览会金奖奖牌，现藏于泸州老窖博物馆

陈列在"泸州老窖荣获中国名酒七十周年主题展览"上的温永盛老窖大曲酒样品照片和金奖奖牌照片，以及1947年《泸县一览》刊载温永盛作坊获奖的照片，足以佐证泸州老窖特曲曾经的辉煌。

而在1952年第一届全国评酒会上，首获"中国名酒"称号的泸州老窖大曲酒，则是泸州老窖特曲的第二代产品。

荣获首届"中国名酒"的泸州老窖大曲酒在那个年代被各大报纸争相报道，这些珍贵的历史见证也被收藏于泸州老窖展厅。

中华人民共和国成立之初，百废待兴，恢复与发展国民经济是国家首要任务。为保护传统酿酒技艺并扩大出口创汇，国家大力支持泸州曲酒厂推动酿酒技艺改良，提高产量与质量。

泸州老窖特曲当仁不让地担负起这一重任。

据泸州老窖前身——地方国营泸州酒厂《一九五九年度工作总结》记载，泸州老窖大曲酒曾远销全球30多个国家，且出口量逐年上升，其"醇香浓郁、回味悠长"的典型风格，赢得了国内外消费者极大赞扬，要求订货的欧亚国家不断增多。

泸州老窖博物馆的旧档案里珍藏着一封来自南洋的酒类收藏家寄过来的信笺，上面写着："在长年酷暑的南洋，在泸州老窖大曲内和以少许冰块饮用，香沁脾胃，醇醑肌肉，妙不可言。"

20世纪50年代的泸州老窖大曲酒被命名为"白塔牌"，也是泸州老窖在中华人民共和国成立后的第一个产品品牌。

▲ 1958年香港《经济导报》刊登"中国名酒"广告中的泸州老窖大曲酒，即为"白塔牌·麦穗牌"商标

如今在泸州老窖博物馆中，还陈列着"白塔牌·麦穗牌""白塔牌·金标""白塔牌·绿标""白塔牌·花标""鸡冠壶""五星白塔"和"小白塔"等七种"白塔牌"酒标。

1959年，"白塔牌"泸州老窖大曲酒还作为中华人民共和国成立"十年大庆宴会"的国庆用酒，出现在国家领导人和外宾的宴席上。

可以说，泸州老窖特曲的每一代产品都见证了浓香型白酒的成长，承载了企业发展的辉煌与时代的荣光。

不论在经济发展方面，还是在扩大贸易、满足人民消费需求方面，泸州老窖在四川乃至全国的经济发展中都具有重要的地位和作用。

20世纪60年代，顺应时代发展，"工农产品"遍地开花。

▲ 1979年获得第三届"中国名酒"的"工农牌"泸州老窖特曲

▲ 1984年获得第四届"中国名酒"的第六代"泸州牌"泸州老窖特曲，也被称为"墨水瓶"

1966年，颇具时代特色的"工农牌"泸州老窖特曲应时而生，替代原来代表泸州地方特色的"白塔牌"，开启了为期20余年的"工农牌"时代。

在那个年代，国家统一实行"统购统销"政策。除部队、企业或稍大机关事业单位有定量白酒配给外，民间白酒消费大多一票难求，这让泸州老窖特曲也成为了"紧俏物资"。

在中央，国家领导人常以"工农牌"特曲宴请各国元首。在地方，"工农牌"特曲因其限量只有县处级干部每月才有2瓶酒票配额，故称之为"老县长"。

值得一提的是，20世纪60年代的中国，物资尚匮乏，粮食短缺。泸州老窖响应国家号召，组织专业酿酒技师团队进行降度研制，生产出主要供应出口的"麦穗牌"特曲，极大地提升了中国白酒出口量。

1977—1978年的数据统计显示，泸州大曲酒每年出口量约占四川省名酒出口量的60%～70%。

而在国内，酿酒技艺的标准化和工艺的科学化，让泸州老窖优质产能得到极大提升，品质也非常稳定。泸州老窖特曲酒也由此走进了千家万户，拥有极高的市场占有率。

1988年，泸州老窖综合利税突破1亿元大关，居全国之首，比川酒其他5朵金花加起来的总和还多3000余万元。

泸州老窖还率行业之先，于1979年在白酒业中推行全面质量管理，形成了从农田到餐桌全过程的质量管理体系。

20世纪80年代初，伴随着市场经济的浪潮涌动，作为泸州市支柱产业之一的酿酒业也焕发出新的发展活力，泸州老窖新的品牌形象蓄势待发。

1981年，泸州老窖提出将"泸州"作为商标名，并在次年注册成功。从此，"泸州牌"商标拉开了泸州老窖新发展阶段的帷幕，"泸州牌"泸州老窖特曲从第五代产品一直沿用至今。

"泸州牌"泸州老窖特曲的诞生，见证了中国从计划经济向市场经济的转变，也见证了中国白酒行业在改革开放后一步步走向繁荣的历程。

20世纪80年代，泸州老窖成立全国首所酿酒技工学校，并出版《泸州老窖大曲酒操作法》《浓香型白酒生产工艺》等多本浓香型白酒技术书籍，对白酒行业影响深远。

在此期间生产的"泸州牌"泸州老窖特曲（白方瓶），在民间被称为"墨水瓶"，既是对在国家建设中发挥重要作用

▲ 1989年，酒界泰斗周恒刚（左一）为泸州老窖题写"浓香正宗"四个大字

▲ "泸州牌"泸州老窖特曲老字号装

▲ 第十代"泸州牌"泸州老窖特曲

的知识分子致敬，也是对泸州老窖开创"浓香天下"局面的纪念。

在历届全国评酒会中，泸州老窖特曲成为唯一蝉联五届"中国名酒"的浓香型白酒。

1989年，酒界泰斗周恒刚题字"浓香正宗"赠予泸州老窖。

在这一时期，"泸州牌"产品逐渐多元化，推出了黄盒特曲、精制特曲、精制头曲等多种产品。

进入新千年，为纪念泸州老窖首获"中国名酒"暨浓香型白酒典型代表50周年，泸州老窖在2002年推出泸州老窖特曲庆典装，成为特曲第八代产品。

同年，泸州老窖特曲通过国家质检总局原产地保护标志认证，一座城与一瓶酒得以完美契合。

2006年，"泸州老窖"荣获首批国家"中华老字号"认证，泸州老窖特曲老字号随之诞生。同年，泸州老窖酒传统酿制技艺入选首批国家级非遗保护名录。

直到2019年，泸州老窖特曲在既往高品质、非遗酿造技艺等固有优势上，着重在品质、体验和防伪方面进行了三重升级，由此诞生了泸州老窖特曲第十代。

百年时光里，在伴随时代发展不断迭代与进化的过程中，泸州老窖始终以厚重的品牌底蕴和酿艺传承，赋能泸州老窖特曲，稳固其"浓香正宗"地位。

何以为"特曲"？

泸州老窖特曲作为中国浓香型白酒的代表，其相关酿造技艺的产生、传承、发展均在川南泸州，这里是中国浓香型白酒的发源地。

泸州老窖酒传统酿制技艺包括泥窖制作维护、酒曲制作鉴评、原酒酿造摘酒、原酒陈酿、勾调尝评等多方面的技艺及相关法则。

这套技艺法则的孕育源于先秦，在秦汉以来川南酒业演变的特定时空氛围下得以发展，元、明、清三代正式定型并走向成熟，一直传承至今。

从公元1324年"制曲之父"郭怀玉酿造出第一代泸州大曲酒算起，泸州老窖酒传统酿制技艺已传续700年，是我国酿酒技艺和酒文化的一个典型实例。

在历经24代的技艺传承中，泸州老窖曾多次引领浓香型白酒工艺升级，特曲的诞生便是其中之一。

▲ 泸州老窖"特、头、二、三"曲酒分坛储存资料图

20世纪50年代，泸州老窖第十八代传承人陈奇遇发明尝评勾调技术，泸州老窖由此成为行业内第一家展开"尝评勾调"技术研发和应用的企业，对白酒品质稳定和确立酒质标准意义深远。

在泸州老窖特曲之前，中国白酒并没有特曲这个品类。在尝评勾调技术的基础上，陈奇遇按照酒质从高到低，将泸州老窖大曲酒依次划分等级，形成了泸州老窖特曲、头曲、二曲、三曲的产品类别。

"特曲"即指"特等曲酒"，意为特级品质的大曲酒，相当于"国优"品质标准，只有品质等级最高的酒才能被冠之以"特曲"之名。

"头曲"，就是"头等好的曲酒"，相当于"省优"标准，以此类推。

这种质量等级划分不仅有利于保持产品品质的提升，还可以满足不同消费者的需要，被众多酒企采用并沿用至今。

如今，消费者也早已习惯这样的划分，并清晰地认识到不同级别代表着不同的品质。

提起泸州老窖特曲，则不得不提陈列在泸州老窖博物馆中的一本《泸州老窖大曲酒》。

这是国家为推动白酒行业技术提升，组织专家对浓香型（当时还叫泸香型）白酒典型代表泸州老窖酿造技艺进行查定、总结，并于1959年出版的中华人民共和国成立后的第一本白酒酿造工艺教科书。

这本书统一规范了全国白酒的生产工艺，展示了以泸州老窖特曲为代表的浓香型白酒最高酿造水准。

泸州老窖由此成为中国白酒特曲品类的开创者，并建立起浓香型白酒生产标准。

泸州老窖的一张老照片显示，1964年9月，中华人民共和国轻工业部浓香型白酒标准正式发布，将泸州老窖特曲酒作为浓香型白酒的标准。

次年的泸州老窖工艺查定，是又一次规模超大、规格超高的"国家战略工程"，为中国浓香型白酒产业逐渐进入现代化、标准化、国际化和"微生物学范畴"，开辟了一条崭新的科学之路。

及至1987年，当年有报纸报道："泸州曲酒厂研制成功浓香型大曲酒标准样酒"。泸州老窖成为中国浓香型白酒理论和实物两大标准的唯一制定者。

标准的落定，不仅使得泸州老窖特曲被冠以"浓香鼻祖""浓香正宗"等荣誉称号，也极大促进了全国浓香型白酒企业的发展。

从此，以泸州老窖工艺标准为参照，浓香型白酒企业的生产工艺得以规范，为后续浓香型白酒在市场上快速发展奠定了基础。

百年特曲的时代分量

泸州老窖特曲的开宗立派，为中国白酒带来了特曲品类完整的技艺传承，特曲价值也由此得到彰显。

在"泸州老窖荣获中国名酒七十周年主题展览"中，首次展出了一份"1962年中国糖业烟酒公司成都分公司的价格通知单"。

通知单显示，在1962年11月1日之前，55%vol茅台酒零售价为每斤12元，60%vol泸州老窖特曲每斤售价10元，汾酒每斤8元，西凤酒每斤6元，普通五粮液每斤4.5元。

中国糖业烟酒公司四川省成都市公司价格调整通知单

金额单位：元　　　酒物字第 10 号　　　执行日期　1962年11月1日

产地	品名	规格	单位	原　价　项 批发	另售	批发	另售	价另市两 另零价(十进)
山西	65度汾酒	瓶装	1.1市斤	7.92	8.80	5.45	6.05	0.55
〃	〃 汾酒	〃	1.00市斤	7.30	8.00	4.95	5.50	0.55
〃	〃 汾酒	〃	0.5市斤	3.60	4.00	2.48	2.75	0.55
〃	〃 汾酒	〃	0.28 〃	2.02	2.24	1.39	1.54	0.55
〃	〃 汾酒	〃	0.8市斤	4.32	4.80	3.32	3.30	0.55
〃	45度竹叶青	〃	1.00市斤	7.74	8.60	4.50	5.00	0.50
〃	〃 竹叶青	〃	1.2市斤	9.29	10.32	5.40	6.00	0.50
〃	〃 竹叶青	〃	0.5市斤	3.87	4.30	2.50	2.59	0.50
〃	〃 竹叶青	〃	0.28市斤	2.17	2.41	1.26	1.40	0.50
〃	〃 竹叶青	〃	0.66市斤	5.11	5.68	2.97	3.30	0.50
〃	〃 竹叶青	〃	1.025 〃	7.94	8.82	4.02	5.13	0.50
吉林	12度通化葡萄	〃	1.00市斤	2.70	3.00	1.80	2.00	0.30
〃	12度通化葡萄	〃	0.5市斤	1.35	1.50	0.90	1.00	0.30
贵州	55度茅台酒	〃	1.00市斤	10.80	12.00	7.30	8.10	0.30
烟台	40度金奖白兰地	〃	1.434 〃	8.10	9.00	5.85	6.50	0.46
〃	〃 金奖白兰地	〃	0.706 〃	4.01	4.45	2.88	3.20	0.46
〃	〃 金奖白兰地	扁瓶装	0.332 〃	2.17	2.41	1.56	1.72	0.46
〃	18度味美思	瓶装	2.096 〃	7.16	7.96	5.39	5.99	0.29
〃	〃 味美思	〃	1.572 〃	5.40	6.00	4.05	4.50	0.29
〃	〃 味美思	〃	0.524 〃	1.79	1.99	1.35	1.50	0.29
〃	18度红玫瑰葡萄	〃	1.556 〃	5.40	6.00	3.87	4.30	0.38
〃	红玫瑰葡萄	〃	0.519 〃	1.82	2.02	1.29	1.48	0.28
〃	12.5度白玫瑰葡萄	〃	1.556 〃	5.40	6.00	4.23	4.70	0.31
陕西	65度(凤牌)西凤酒	〃	1.00 〃	5.40	6.00	4.50	5.00	0.50
陕西	65度(凤牌)西凤酒	〃	0.5市斤	2.70	3.00	2.25	2.50	0.50
陕西	65度(凤牌)西凤酒	瓶装	1.00 〃	5.40	6.00	4.50	5.00	0.50
陕西	65度(凤牌)西凤酒	瓶装	0.5市斤	2.70	3.00	2.25	2.50	0.50
陕西	65度(凤凰)西凤酒	瓶装	1.00 〃	7.20	8.00	4.95	5.50	0.55
陕西	65度(凤凰)西凤酒	瓶装	0.5市斤	3.60	4.00	2.48	2.75	0.55
宜宾	特五粮液	〃	1.00市斤			4.95	5.50	0.55 不动
宜宾	60度普通五粮液	瓶装	1.00市斤	4.05	4.50	4.05	4.50	0.45 不动
宜宾	60度普通五粮液	〃	0.85市斤	3.03	2.42	3.65	4.32	0.45
宜宾	60度普通五粮液	瓶装	0.85市斤	3.45	3.83	3.45	3.83	0.45
宜宾	60度普通五粮液	瓶装	0.5市斤	2.03	2.25	2.03	2.25	0.45
宜宾	60度普通五粮液	瓶装	1.00市斤	3.52	4.00	3.52	4.00	0.40 不动
泸州	60度特曲	瓶装	1.00市斤	9.00	10.00	5.40	6.00	0.60
泸州	60度特曲	瓶装	1.2市斤	10.80	12.00	6.48	7.20	0.60
泸州	60度特曲	瓶装	0.5市斤	4.50	5.00	2.70	3.00	0.60
泸州	60度头曲	瓶装	1.00市斤	7.20	8.00	4.95	5.50	0.55
泸州	60度头曲	瓶装	1.2市斤	8.64	9.60	5.94	6.60	0.55
泸州	60度头曲	瓶装	0.5市斤	3.60	4.00	2.48	2.75	0.55
泸州	60度二曲	瓶装	1.00市斤	5.40	6.00	4.05	4.50	0.45
泸州	60度二曲	瓶装	1.2市斤	6.48	7.20	4.86	5.40	0.45
泸州	60度二曲	瓶装	0.5市斤	2.70	3.00	2.03	2.25	0.45
泸州	60度二曲	散装	1.00市斤	3.08	3.50	3.08	3.50	0.35 不动
江津	发酵广柑酒	瓶装	1.00市斤			1.53	1.70	0.17
江津	高級吉柑酒	瓶装	1.00市斤			1.53	1.70	0.17

通知日期　1962年10月31日

▲ 1962年中国糖业烟酒公司成都分公司的价格通知单

而在1962年，大米的价格每斤才一毛，可见当时泸州老窖特曲的价值。

另一份1963年四川省白酒调价通知单也显示，当年四川省商业厅决定将高价销售的白酒降为平价销售的白酒，但泸州老窖、茅台、汾酒、西凤这些获得第一届"中国名酒"的白酒仍为高价销售白酒。

其中有个细节很有意思，在这份文件中，泸州大曲酒后面的括号里，特别注明了特曲和头曲。

特曲就是前文提到的"老县长"，一般只有县长及以上级别的人才能喝到。而特曲之外，泸州老窖头曲也是大众市场供不应求的产品。

特曲和头曲，在当时被冠以"高价名酒"，实际是政府以"价格杠杆"来调节市场，从中亦可反映出当时泸州老窖特曲和头曲在市场上的受欢迎程度。

70年后，一瓶来自1953年的1斤装泸州老窖大曲酒，在2021阿里拍卖全球老酒节拍卖之夜上拍出了118万元的天价，足见泸州老窖特曲在时光打磨下愈渐厚重的价值分量。

不过，特曲的价值还远不止于此。

无论是"中国名酒"开创者，还是"泸州老窖试点"、《泸州老窖大曲酒》所带来的白酒科研成果，抑或是作为浓香型白酒理论和实物标准的参照，都显示出泸州老窖对白酒行业的引领和推动作用，而这些引领很大程度上都归功于泸州老窖特曲。

泸州老窖对白酒行业的引领价值，更体现在其开阔胸怀和无私品格上。

一份1987年3月5日的《四川日报》，以"一花引出百花开"为题讲述了泸州老窖从20世纪50年代以来广开门路，广泛开展浓香型白酒酿制技艺培训的事例。

"一花"指的是泸州老窖，"百花"则是分布在全国各地的300多家浓香型白酒企业。

在泸州老窖博物馆里，关于"泸州老窖培训班"的老照片和文献资料比比皆是。

曾亲历这段历史的国际酿酒大师赖高淮说过这样一句话："在整个中国白酒企业中，所有浓香型白酒企业都在泸州老窖学习过，无一例外。"

历届评酒会上，浓香型白酒能够占据一半席位，浓香型白酒发展至今牢牢占据白酒市场大半壁江山，绝大部分原因正是源自这里，"浓香鼻祖""浓香正宗"的殊荣实至名归。

如今回过头看，泸州老窖特曲深刻影响了中国白酒尤其是浓香型白酒近70年来的发展，其品类价值和行业价值在中国白酒近现代史中举足轻重。

而在百年传承和产品更迭中，泸州老窖特曲作为浓香型白酒酿造技艺的集大成者，始终是衡量特曲品质的一把标尺。其自身也伴随历史的演进和时光雕琢，沉淀为一瓶历久弥香的传世好酒。

百年以来，时代在变，泸州老窖特曲的产品外观在变，但泸州老窖人对更高品质白酒的追求从未改变。

从诞生之日起，泸州老窖特曲便记录着岁月的变迁。对不同时代的人们来说，品一杯泸州老窖特曲，酒中之味是个人的经历，是时代的印记，更是对美好生活的向往与追逐。

这家企业的"浓香"档案，
记录了一个怎样的白酒行业

记录，是对历史最恳切的尊重。

而泸州老窖，就是白酒行业最好的记录者之一。

它一边记录自身，一边书写行业，浓香鼻祖的故事之所以能完整地传颂至今，亦是基于泸州老窖一直以来对历史的尊重。

行走在泸州老窖的档案室、博物馆，我们看到的不只是这一家企业的前世今生，更是整个行业的缩影。

作为历史与文化传承的载体，档案是人类发展史上的宝贵财富。泸州老窖的档案工作，对中国的酒文化体系、泸州老窖的酒文化脉络、"酒城"泸州的酒文化历史进行挖掘、梳理、传承，继而创新和弘扬，揭示酒文化的深厚底蕴和精神价值。

相较于不为外人所知的档案室，泸州老窖博物馆和"泸州老窖荣获中国名酒七十周年主题展览"则是对外展示的窗口，在其中，我们可以看到许多被时光掩盖的酒业印记。

一家善于记录的企业，一定是有历史可挖掘、有文化可发扬的企业。

泸州老窖集团（股份）公司党委书记、董事长刘淼说，"泸州老窖要以文化为魂，推动品牌升级助推企业高质量发展。"

深化档案工作，从中讲好品牌故事，也是泸州老窖文化铸魂战略的一部分。

"泸州老窖档案，浩如烟海"

四川酿酒的历史，最早可追溯到远古新石器时代。

漫长的演化进程，留下灿若繁星的巴蜀酿酒文化遗产，白酒又是四川美酒中最为宝贵的一部分。无数埋藏于地下的酒器、留存史书的记述，都是川酒古来便繁盛的力证。

其中，"浓香鼻祖"泸州老窖，既是川酒历史的主体，也是时代发展的见证者，从奇妙的1324年开始，泸州老窖的故事就未曾断续。

作为中国浓香型白酒的发源地，泸州老窖酒传统酿制技艺从元代开始，已传承24代人700年，是首批国家级非物质文化遗产，始建于1573的国宝窖池群连续使用至今，450余年来从未间断，被评为行业首批"全国重点文物保护单位"，是唯一与都江堰并存于世的"活文物"。

▼ 川酒古来繁盛的有力佐证——蜀地人民古代就开始使用大量酒器

在博大的中国历史文化体系中，白酒自有其优势和魅力，正是凭借深厚的历史文化底蕴和"活态双国宝"优势，泸州老窖才能奠定其"浓香鼻祖"地位。

数百年来，时代更迭、兴衰荣辱、酿艺传承，围绕"泸州老窖"这四个字，留下了太多珍贵历史——酿酒历史、酒中诗篇、古代酒器、酿造技艺、企业发展、所获荣誉等，无论翻开哪一篇，都有昼夜道不尽的故事。

所以，浩如烟海的泸州老窖历史文化，需要存进档案，使瞬间变为永恒。

档案具有历史再现性，它维护历史真实的面貌，与历史文明的产生和发展相伴随，功在当代，利在千秋。

始于中华人民共和国成立初期

2022年，国家档案局公布了首批企业集团数字档案馆（室）建设试点单位，泸州老窖股份有限公司档案馆成为全省唯一、全行业唯一的入选企业。

其实近几年，泸州老窖档案学术研究工作多次荣获国家档案局以及省、市档案局、档案馆表彰，今年其档案研究成果《基于企业历史档案研究成果的品牌与产品创意实践研究——以泸州老窖特曲60版为例》一文，还曾获得中国档案学会

▲ 泸州老窖档案馆

▲ 泸州老窖退休职工黄祥瑶已近90高寿，她闲暇时总会翻看过去的书籍、杂志以及老照片。这些资料大部分都是黄祥瑶工作期间整理、编辑出来的，为的是更好地研究、记录、宣传泸州老窖的文化和历史

"优秀奖"表彰。

档案就像老窖池，越老越有价值。

从中华人民共和国成立初期，泸州老窖就设立了专人负责档案工作。今天我们能在泸州老窖看到最多的关于1952年首届全国名酒评选的相关资料，也与泸州老窖这种超前的档案意识分不开。

后来泸州老窖的很多关键时刻，都得益于泸州老窖对历史的尊重与重视。

1931年出生的黄祥瑶，就是其中的代表。泸州老窖第一次系统梳理的文献资料，尤其在文化方面，有很大一部分就是黄祥瑶工作期间整理、编辑出来的。20世纪80年代，她进入泸州老窖，负责研究、宣传泸州老窖文化和历史。

1987年，泸州老窖成立档案室。这时，黄祥瑶及其同事开始首次对泸州老窖发展沿革、工艺传承、品牌宣传等方面进行全面系统的归纳整理。

1986年，泸州大曲老窖池群和龙泉井成功入选泸州市第二批重点文物保护单位，5年后晋级四川省文物保护单位。随后，在黄祥瑶和其同事王章华的提议下，泸州老窖决定将400余年的泸州老窖池群申报为全国重点文物保护单位。

在长达四年的资料梳理、申报与等待后，泸州老窖明代老窖池群成为整个白酒行业的首家全国重点文物保护单位，成为名副其实的"中国第一窖"。

如果不是当年这批老档案管理员的档案意识与历史意识，泸州老窖或许会错过一些高光时刻也未可知。

直到今天，泸州老窖已经建立起科学而庞大的档案管理系统，并在整个企业各个子公司、分支机构、部门构建了统一的档案体系，分布在全公司的专职、兼职人员有89人之多。

高级机要档案管理员袁霞介绍道，"设立兼职档案员有两个好处，一是能及时掌握所属部门的档案情况；二是能够做第一道关口，包括内容是否有归档价值。这从制度上保障了档案工作成为常态化的工作。"

当然，随着企业的发展，泸州老窖的档案远不止于当年的酒史资料，囊括了生产、销售、经营、文化等各个维度，多数是鲜为人知的，大家能看到的内容，更多呈现于泸州老窖博物馆、"泸州老窖荣获中国名酒七十周年主题展览"、系列企业文化书籍以及泸州老窖丰富的传播内容体系当中。

故纸堆里寻浓香

2022年，"泸州老窖荣获中国名酒七十周年主题展览"伴随着泸州老窖系列品牌活动在全国各地巡展，展厅所展出的许多珍贵的老照片、报纸、文献都是首次在行业公开。

而这里面，有很大一部分是多年来泸州老窖一点一滴从全国各地收集回来的。

《浓香何以香天下——中国名酒七十周年档案报告》作为资料收集成果之一，其中收录了大量中国名酒七十年以来"名酒评选""三大试点""生产销售""技艺传授"等多方面的原始档案、一手照片、珍贵文件。

景俊鑫是泸州老窖招收的一名考古学毕业生，他和更多同事一起顺理成章成为这项工作的主力。在他看来，"每一代泸州老窖国窖人都是历史的记录者，我们要做的就是做好他们的记录，传承好他们的泸州老窖国窖人精神，讲述好他们的荣耀故事。"

▲ 近年来从全国各地寻到的大量报纸、杂志、书籍、旧照片、商标等资料

　　这几年，景俊鑫不是泡在网上找资料，就是奔走于各地档案馆、图书馆、旧书店、小地摊、藏家之间。

　　而寻找文献资料的难度，用抽丝剥茧、缂丝绣花都不足以形容。

　　"有时候一些只言片语、一张截图，有可能半年时间都找不到，一整本书里可能就一个词与我们有关，但你必须为了这一个词去逐字逐句看完这本书，还有很多细节，比如泸州的'泸'，可能被写成了'沪'，大曲酒的'酒'可能被印成了'洒'，这些细节都不能放过。"景俊鑫表示。

　　而找到资料并不等于得到资料，这又是另一个繁琐的过程。

　　几年间，泸州老窖找回了数百份散落在全国各地的原始资料。

　　"泸州老窖荣获中国名酒七十周年主题展览"上有一张1947年出版的《泸县一览》的照片，上面写着：

　　泸县筱记温永盛大曲酒厂

　　泸县著名第一之老窖大曲酒厂

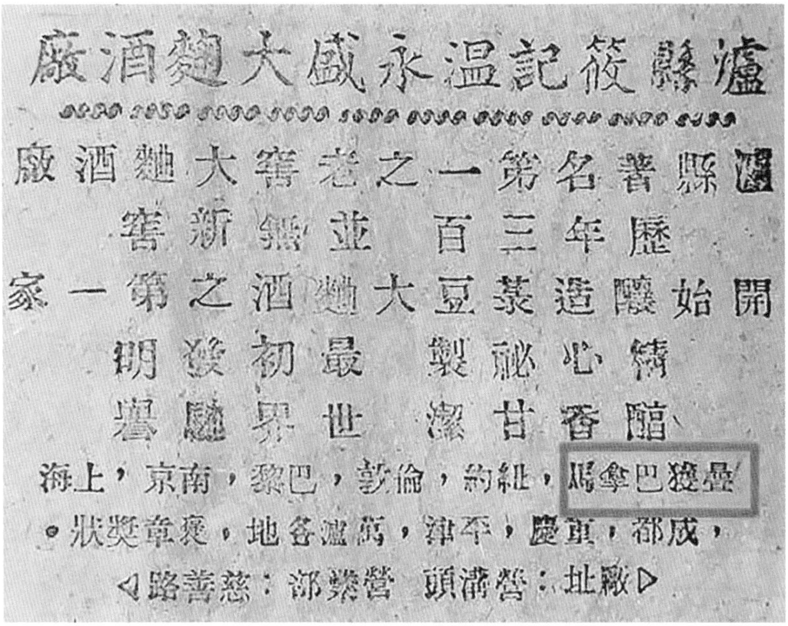

瀘縣筱記溫永盛大麴酒廠

瀘縣著名第一之老窖大麴酒廠

歷年三百　並無新窖

開始釀造綠豆大麴酒之第一家

精心秘製　最初發明

醇香甘潔　世界馳譽

疊獲巴拿馬、紐約、倫敦、巴黎、南京、上海、成都、重慶、平津、萬瀘各地褒章獎狀。

廠址：營溝頭　營業部：慈善路

▲ 1947年出版的《泸县一览》有力佐证了泸州老窖曾获得巴拿马金奖，也表明当时泸州老窖已经畅销海外，更有其厂址一直位于营沟头的记录

历年三百　并无新窖

开始酿造绿豆大曲酒之第一家

精心秘制　最初发明

醇香甘洁　世界驰誉

叠获巴拿马、纽约、伦敦、巴黎、南京、上海、成都、重庆、平津、万泸各地褒章奖状

厂址：营沟头

营业部：慈善路

上海七宝酒厂高级工程师易新华曾捐赠给泸州老窖一封介绍信、一张参加四川省名曲酒技术训练班通知伙食费收据、一张四川省曲酒工艺技术训练班出入证，其实这就是当年泸州老窖面向全行业广办培训班的缩影。

几页纸张背后，是"酒业第一大门派""中国白酒黄埔军校"的辉煌往事。

这些资料，有的来源看起来并不与酒有关。这些历史宝藏的"挖掘者"但凡

▲ 四川省曲酒工艺技术训练班出入证

▲ 1960年《重庆名菜谱》中的插图

▲ 在一藏家手中征集到的民国27年温筱泉等
  人编撰的《泸县志》原版文献

看到一本书的封面写有"副食品""专卖""土产""发酵"等字眼，就毫不犹豫地翻阅整本书，他们绝不会因此错过任何重要信息。就像他们的经验，能通过一本菜谱，找到一张非常珍贵的泸州老窖老照片。

在一本1960年出版的、早已发黄的《重庆名菜谱》上，泸州老窖人凭借敏锐的历史文化嗅觉，去翻阅了这本老资料。果然，在书里的一幅插图中，发现一个酒瓶，与泸州老窖"白塔牌·绿标"极为相似，后来经过多方考证，确定那就是一瓶罕见的"白塔牌"泸州老窖特曲的早期照片，是研究泸州老窖品牌发展、技术传播、运销格局等方面非常珍贵的图片史料。

这些零碎繁多的只言片语，组合在一起，就是一个真实的、生动的、底蕴深厚的泸州老窖。

其实，在泸州老窖搜集文献资料的过程中，会发现不少其他酒企的老资料，"我们找到酒企的资料，都会分享给对方，这时候大家不是竞争对手，都是这个行业的一分子。"

这种对其他酒企历史的尊重与保护，亦是泸州老窖作为名酒企业的大格局。

记录，是为了更好地弘扬

从浩繁史料中提取一个个精彩历史小切面，梳理其脉络，丰富其纵深感，这项艰巨的工作，显然不只是为了记住过去。

去伪存真、由此及彼、由表及里，才是泸州老窖竭力当好一个记录者，致力于开展档案工作的本质原因。

有人说，"档案作为一种记忆标示，是联系未来、现在和过去的纽带与桥梁。"

档案可以推动人类文明的发展和创新，而档案馆中所存储的文明，只有传播于世，为世人所认知、所了解、所吸收，才能够真正地实现释放其价值，创造出新的成果。

泸州老窖对档案的利用，凸显的就是档案在人类文明传承和创新中的依据、启迪、借鉴和引导的作用。

记录，一定是为了更好地弘扬。

泸州老窖的文献档案所记录的历史，实际上也是浓香型白酒的技术发展史、浓香型白酒品牌文化发展史，甚至是数百年来中国的酿酒发展史。

泸州老窖在当代白酒行业的发展中，有独特的使命与价值，而这一切，都以其深厚的历史为支撑，档案就是历史之真实性。

显见，泸州老窖的"记录意识"是领先于行业的。并且这种领先，不仅存在于档案工作，还表现在企业文化建设的方方面面。比如，泸州老窖可谓是白酒行业最爱出书的企业。

作为中国白酒最突出的代表，泸州老窖的历史故事与中国白酒一样源远流长，其擅于将这些故事结集成册，建立起品牌故事的宝库和丰碑。

这些年，泸州老窖陆续出版了《可以品味的历史》《泸州老窖藏典》《浓香何以香天下——中国名酒七十周年档案报告》《泸川杯里写丹青》《一壶老酒喜相逢》等诸多书籍，对企业的文化脉络进行了系统梳理与呈现。

"后之视今，亦犹今之视昔。"泸州老窖今日记录、归档的一切，来日都会成为其根基堡垒。

从名酒 70 年主题展览，
看泸州老窖何以浓香天下

　　70年的距离有多远，其中囊括的往事与记忆，历史的兴衰，如果压缩在一起，又是怎样的广度与宽度？很少有人能给得出具象的答案。

　　但从2022年7月15日开启的"泸州老窖荣获中国名酒七十周年主题展览"中，我们或许可以从展厅里的30余本旧书籍、40余张旧报纸以及70余张珍贵老照片中，寻到属于泸州老窖，属于中国名酒70年的答案。

　　这次展陈中，许多关于泸州老窖、关于中国名酒的珍贵史料都是首次在行业曝光。

　　70年的时光，仅名酒历史的厚度就远不止于此，但我们可以沿着这些发黄的故纸怀想一些往事，梳理一些名酒脉络，找寻一些属于名酒未来的轨迹。

从一场展览联想开去

　　由中国酒类流通协会主办的"名酒七十年 一起向未来"中国名酒品牌七十周年系列活动，于2022年7月15日在北京长城举办发布会暨启动仪式。

　　时隔70年，以泸州老窖、茅台、汾酒、西凤酒为代表的中国名酒将再次齐聚

▲ "泸州老窖荣获中国名酒七十周年主题展览"现场

北京，携手回顾历史，展望未来。

作为浓香型名酒的开创者，"泸州老窖荣获中国名酒七十周年主题展览"，正是与协会七十周年系列活动的呼应。

据策展人介绍，本次展览经过精心筹划和前期多方搜集整理，展陈史料之丰富，文献之珍贵与稀缺性，均刷新以往认知。

展厅分为五个章节，包括：名酒开创者——首定"中国名酒"；金奖蝉联者——定格"浓香鼻祖"；标准制定者——以"泸香"定义"浓香"；技艺传授者——定局"浓香天下"；行业引领者——定义中国荣耀。

站在展厅里，遥想距离最近的一次全国评酒会，已是30多年前的事了。

1989年1月10日，安徽合肥，来自全国各地的国家白酒评委们，聚集在炮兵学院招待所内一间并不宽敞的房间里，他们正在仔细品评着眼前的每一杯白酒。

这是第五届全国评酒会现场，安静又严肃。

而距此1000多千米外的酒城泸州，无数等待着此次评酒会结果的人们内心早已沸腾，他们热切期待着来自泸州的白酒品牌能够再次荣登"中国名酒"席位。

其实，他们心里早已有答案，"泸州老窖必定再次入选。"作为全国久负盛名的名酒品牌，酒城的人们笃信这一点。

▲ 这些珍贵的旧报纸、老照片和旧书籍，仿佛具有穿透时间的力量，引领人们重温当年名酒评选的严肃与庄重

事实确实如此，最终，泸州老窖特曲上榜第五届全国评酒会"十七大名白酒"之列。至此，泸州老窖也成为全国唯一蝉联五届"中国名酒"称号的浓香型白酒。

当时的国家评委对泸州老窖此次获奖同样笃信，"泸州老窖的酒体品质，和它在全国的市场影响力，在行业的领先地位都无可争议。"

若从1989年的第五届全国评酒会再向前追溯37年，时光来到1952年。

眼前展陈的这些珍贵的旧报纸、老照片和旧书籍，会带你一起检索、探寻历届全国评酒会的脉络、内核，也就让你更容易理解酒城人和国家评委的这种"笃信"来自哪里。

名酒之开创

走进展厅，右手边就是第一个单元，陈列着佐证泸州老窖首获"中国名酒"荣耀的书籍和照片。

而在左手侧的墙壁上，颇具古韵的纱幔上，以书法、寄语、照片、山水画等方式若隐若现地展示着泸州老窖深厚的酒文化。

1952年，对中国酒业是一个有着"永恒"意义的时间节点，而泸州老窖的名酒时刻，自那时起就已经上演。

那一年，为提高酒类产品质量，推动酿酒产业发展，中国专卖事业公司决定在全国开展一次酒类质量检评活动，史称"第一届全国评酒会"。

根据展厅陈列的一份由著名酿酒专家王秋芳先生执笔的《中国名酒分析报告》原件显示，第一届全国评酒会"中国名酒入选条件"为：

（1）品质优良，并合乎高级酒类标准及卫生标准者。

（2）在国内外获得好评，并为全国大部分人民所欢迎者。

（3）历史悠久，已在全国有销售市场者。

（4）制造方法特殊，具有地方特点，他区不能仿制者。

▲ 颇具古韵的纱幔上，诸多名人书法作品若隐若现展示着泸州老窖深厚的酒文化

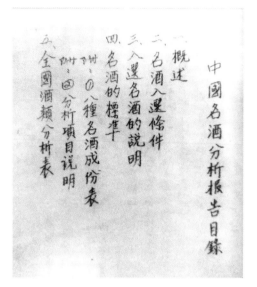

▲ 全国第一届评酒会专家王秋芳执笔的《中国名酒分析报告》目录

泸州将举办名酒节

本报讯 有2000多年酿酒历史、素有"中国酒城"之称的四川泸州，将于今年9月20日举行名酒节。泸州市常务副市长曹锡森，7月4日在北京发布了这条消息。

泸州酒具有悠久的历史，在北宋年间就有"万户赤酒流霞"的美名，1915年9月20日，泸州老窖荣获巴拿马万国博览会金奖。解放后，在全国历届评酒会上，泸州老窖都被评为国家名酒，去年在泰国曼谷参加国际展览会，该酒又获得大会唯一的金奖——金鹰杯。

现在，泸州有1400多家酒厂，生产的各种酒类多达141种，名优之多，曲酒产量之大，均居全国首位。泸州已形成了以酿酒业为基础、化工、机械俱全的新兴城市。今年的名酒节将开展具有地方特色的各种文体和经济贸易活动。 （泰波）

▲ 1987年首届泸州名酒节是中华人民共和国成立后的第一届全国名酒节，经过30多年发展，如今已演变为具有世界水准和国际表达的中国国际酒业博览会

这份报告作为建议稿上报给中国专卖事业公司及第二届全国专卖会议审定，后经会议和领导讨论，同意该报告的内容与结论，八大名酒由此确立。

在这份报告中，泸州老窖入选评语为：四川泸州老窖酒（西南区四川泸州）——泸州老窖酒窖之建立已具三百年以上历史……与普通一般白酒迥然不同……他处鲜有此种名贵美酒……绝非他处所能仿制者……

展厅中陈列的1957年和1961年的两份发黄的《文汇报》，以及一本刊发于1959年的《食品工业》杂志，均刊载了"中国名酒"，泸州老窖大曲名列其中。

而另一张1962年的《中国糖业烟酒公司四川省成都市公司价格调整通知单》则显示，1962年11月1日之前，茅台酒零售价为每斤12元，泸州老窖特曲零售价为每斤10元，普通五粮液零售价为每斤4.5元，西凤酒零售价为每斤6元，汾酒零售价为每斤8元。

彼时谁能想得到，几十年后的"2021阿里拍卖全球老酒节"拍卖之夜上，一瓶来自1953年1斤装的泸州老窖大曲能够拍出118万元的天价。

但有一点毋庸置疑，从第一届全国评酒会开始，泸州老窖与茅台酒、汾酒、西凤酒一道，成为了中国名白酒的开创者。

而泸州老窖则代表浓香，发挥起巨大的榜样力量与引领作用，推动中国白酒质

量的快速提升和行业稳步发展。

1952年之后，全国又先后举办了四届全国评酒会，泸州老窖都无一例外地当选"中国名酒"。

在展厅中，许多泸州老窖获评历届"中国名酒"的老酒照片、获奖证书、获奖公布通知、报纸、价格调整通知单、杂志、评酒会现场老照片等，都是行业首次展示。

《人民日报》也曾报道，1987年9月3日，泸州市举办了第一届名酒节，这是泸州开创、全国首次举办的名酒节，成为酒博会的鼻祖。

首届名酒节上，酒类交易成交额达到8亿多元。当时的泸州，已经有1400多家酒厂，生产的酒类之多，名优之多，曲酒产量之大，均居全国首位。

人们有理由相信，泸州酒业的繁荣，中国浓香型白酒的繁荣，与泸州老窖的开拓与引领作用不无相关。

浓香鼻祖，为什么是泸州老窖

在标准制定者——以"泸香"定义"浓香"单元，最引人注目的就是一张相框，里面展示着一张扩印的由轻工业出版社出版的《泸州老窖大曲酒》封面图片。

事实上，这也是泸州老窖历史上极具科研突破意义的一本书。

1957年，国家科委下达继承和发扬优秀民族遗产的十年科研规划，中央食品工业部制酒局指示四川省糖酒研究室和中国专卖事业公司四川省公司，在四川省成立了"泸州老窖大曲酒操作法总结工作委员会"。

泸州老窖的这次查定总结，是为了

▲ 中华人民共和国成立后第一本白酒酿制技艺教科书——《泸州老窖大曲酒》

整理、总结泸州老窖曲酒操作法，巩固提高名酒质量。

这是中国名酒的首次查定总结，是为"泸州老窖查定试点"。1959年，这次试点成果被编撰成《泸州老窖大曲酒》一书出版。

这是中华人民共和国成立以来第一次规范中国白酒酿制技艺，形成了当时乃至现在整个白酒酿造行业最全面、最权威、最先进的酿酒技艺标准，并将此成果标准面向全国白酒企业推广。

展厅里的黑白老照片，见证了泸州老窖试点时的峥嵘岁月。

以泸州老窖查定试点为发端，国家相继在茅台和汾酒开展试点，成为名垂中国白酒行业青史的"三大试点"。

而在1963年召开于汾酒的第一届名白酒技术协作会，以及1964年于西凤酒厂召开的全国名白酒技术协作会第二次代表大会上，泸州老窖担负起浓香型白酒标准化的起草与制定工作，以及名酒标准化的审定工作。

▲ 泸州老窖大曲操作总结工作委员会全体合影

这是浓香型白酒理论标准的起点。

1965年，泸州老窖开启第二次试点工作。此次试点是又一次规模超大、规格超高的"国家战略工程"，为中国白酒产业逐渐进入现代化、标准化、国际化和"微生物学范畴"，开辟了一条崭新的科学之路。

此后直到20世纪80年代，泸州老窖一直是浓香型白酒标准的制定者，其浓香型白酒工艺理论为行业之垂范，中国浓香型白酒主要依靠泸州老窖制定的理论标准去指导生产。

但一直有个现实问题是，这一标准有文字理论而无实物相佐证。

直到1987年，受国家相关部门委托，泸州曲酒厂研制成功750件浓香型大曲酒标准样酒，并发到各大监督部门和大型酿酒企业用于指导生产，成为浓香型白酒的实物标准。

1989年，经修订的浓香型白酒标准由部颁标准正式上升为国家标准，其高度与低度产品国家标准（GB10781.1—1989）《浓香型白酒》、（GB11859.1—1989）《低度浓香型白酒》分别于1989年3月31日及同年11月7日批准发布。

至此，泸州老窖成为中国浓香型白酒理论和实物两大标准的唯一制定者，"浓香鼻祖"，名副其实。

浓香天下，从这里开枝散叶

如果说五届"中国名酒"成就了泸州老窖广泛的品牌和市场影响力，精湛深厚的酿造工艺奠基了泸州老窖领先行业的权威标准。那么，将浓香技艺传遍天下，则彰显出泸州老窖"为往圣继绝学"、以"浓香天下"为己任的高远格局。

20世纪50年代的中国，各行各业百废待兴，将粮食用于酿酒仍是一件极为奢侈之事。全国白酒产量也因此处于极低水平，远不足以满足群众需求。

四川省专卖公司国营第一酒厂（泸州老窖前身）三名酿酒技师李友澄、张福成、赵子成组成"李友澄小组"，发明总结出"三成操作法"，既节约粮食，又增加产量。

1953年，四川省专卖事业公司总结出版《李友澄小组操作法》一书，将这种操作法推广全国。

张福成、赵子成、李友澄也因此相继被评为轻工系统的全国劳动模范，赵子成更是受到了国家领导人的亲切接见。

自此以后，新疆建设兵团酒厂（如今的伊力特）、北京牛栏山酒厂、江苏洋河酒厂双沟酒厂、安徽古井贡酒厂、内蒙古河套酒厂等全国各地酒厂纷纷派人到泸州老窖学习技术工艺，或是去函索要技术资料。

1972年，《泸州老窖大曲酒工艺操作流程》更是在行业内广泛推广。

20世纪70～90年代，泸州老窖编写了150多万字教材，由四川省专卖局印刷成册作为商业部、轻工业部、农牧渔业部、四川省酿酒培训班教材，并开设"浓香型白酒生产工艺""理化分析与生产""制曲工艺与质量""勾调尝评技术"等培训班。

在这几十年的所有学员中，共产生了40多名国家级酿酒大师，50多位国家级评酒委员，还有无数的省级评酒委员。

1980年6月10日至7月5日，轻工业部全国勾调尝评技术训练班在成都举办，泸州老窖高级工程师赖高淮被聘请为授课教师，来自洋河、古井贡、牛栏山、双沟、

◀ 张福成、赵子成、李友澄被称为"酒城三成"，他们所发明和总结的酿酒技艺"三成操作法"是中华人民共和国成立后泸州老窖和全国众多酒厂采用的白酒酿造技艺。图中张福成（左一）与赵子成（右一）正在品评大曲酒

邯郸酒厂等近百人参加。

1981年10月，第二期勾调尝评培训班在江苏泗洪县双沟酒厂举行，近50位学员均来自轻工业部所属大中型白酒企业，授课老师为赖高淮。随后，轻工业部又在黑龙江省哈尔滨举办了第三期培训班。

与此同时，商业部也组织多次大曲酒勾调技术训练班和浓香型曲酒工艺培训班。

商业部技术协作会议是当时最出色、最有成效、最受欢迎的协作会，每年召开一次。泸州老窖作为首届组长单位，先后在昆明、泸州、成都、万县、邛崃、大连、西安、广州、洛阳、顺德、伊犁、乌鲁木齐、武威、广汉、彭州、陇南、上饶、北海、习水等地开会，传播浓香型白酒酿制技艺。

1980年3月，由泸州曲酒厂编著的《四川省名曲酒尝评、勾兑、调味技术培训班资料》正式发行。其后，这份资料被全国各地多个酒厂陆续翻印。

在此期间，泸州老窖在泸州、宜宾等川内各地举办培训班近30期，泸州老窖的酿造技艺、曲酒理论、勾调尝评等各项技艺更是以出版物、培训班等各种形式传向全国。

1987年《四川日报》以《一花引出百花开》为题报道了泸州曲酒厂传授全国各地酒厂浓香型白酒酿制技艺。

几十年时间里，泸州老窖像一棵参天大树，在全国各地播撒下浓香技艺的种子。

在其不遗余力地浇灌下，方才成就了浓香型白酒产销量占据白酒市场七成江山的"浓香天下"。

引领行业，定义中国荣耀

谈到泸州老窖，人们总是津津乐道于这里得前人眷顾而遗留下的文化资产——1573国宝窖池群。

作为"中国第一窖"，国宝窖池群固然举足轻重，但如前文所述，自中国名酒诞生的70年里，泸州老窖为白酒行业所做出的贡献，却绝不是仅靠这些古老的窖池就能达成的。

450年的窖池群是活态国宝，历经24代、传承700年的传统酿制技艺是活态国

▲ 2018年，泸州老窖·国窖1573封藏大典首登中国文化展示交流的最高平台——北京太庙

宝，而泸州老窖这70年里所展现出的名酒之担当、传续之精神，当也配得上"国宝"二字，甚至更值得后来者学习之、推崇之。

为什么在时隔70年的今天，我们仍要反复提及名酒的精神与担当？

回望中国酒行业过去70年来的发展，作为个体的名酒，几乎无一不是品质的佼佼者和市场的强者。而合为整体的中国名酒，则成为一个产业的脊梁乃至中国品牌在世界的荣耀。

而这背后，五届全国名酒评选对中国白酒行业的发展有着不可磨灭的功劳，名酒对于白酒行业的带动作用，也远远高于名酒自身的光环与荣耀。

1994年，泸州老窖在深圳证券交易所挂牌上市，成为四川省第一家白酒上市企业，自此引领酒业迈入现代化之路。

2008年，泸州老窖恢复祖制，首创封藏大典，成为中国白酒行业祭祖仪式典范。

再后来，泸州老窖建成乾坤酒堡，诠释新时期的白酒定制文化。

组建行业唯一国家固态酿造工程技术研究中心，首创国内规模最大的酿酒技改项目……

从中国浓香型白酒名酒时代的开创者，到连续在时间跨度长达37年的五届国家名酒评比中，保持浓香型白酒唯一历届金奖蝉联者。

从浓香型白酒理论和实物标准的制定者，到浓香型白酒酿酒技艺的传授者和浓香品类的持续引领者。

70年来，泸州老窖从未止步。既为鼻祖，亦是典范，更是标杆。

面向未来，在酒业现代化的前行之路上，泸州老窖仍将会以名酒的精神与担当，持续引领着行业，也由此不断定义着新的中国荣耀。

中国名酒 70 年，
藏着一部泸州老窖的品牌进击史

尽管中国酒史可以追溯到大约9000年前，但从1952年—2022年的这70年间，仍可称得上是一段波澜壮阔的华章。

这是中国酒业从品牌觉醒，到大规模迎来品牌崛起的荣耀进程。

自1952年起，中国白酒历经五届名酒评选，先后评出四大名酒、老八大名酒、新八大名酒、十三大名酒、十七大名酒，由此构建了系统而严密的白酒品牌体系。

70年来，以中国名酒为引领的酒业品牌阵容不断壮大，品牌影响力不断增强。

在由英国品牌评估机构Brand Finance最新发布的"2022年全球最具价值烈酒品牌50强"榜单中，中国白酒坐拥十席，品牌价值达到976亿美元，占榜单总价值的68.4%。

而在排名前十的全球烈酒品牌中，中国白酒占得六席，并包揽了前四强，白酒的品牌价值正不断在全球舞台上得以彰显。

对任何一个行业而言，品牌都至关重要，但很少有哪一行像白酒这样，在漫长的历史演进中形成了悠久而清晰的品牌脉络，并释放出强大的品牌势能。

而那些突破历史重围闪耀至今的品牌，也成为盛放在时间中的玫瑰。

1952，首开中国名酒时代

回望中国的品牌发展史，最早可追溯至远古时代。

早在上古三皇时期，人们已会在陶器上刻画出花纹线条用以标记，这些标记符号可看作是品牌的历史源头。

"宋人有酤酒者，升概甚平，遇客甚谨，为酒甚美，悬帜甚高。"

这是战国末年《韩非子·外储说右上》中的描写，说明当时的卖酒商人为了招揽生意，已会悬挂标帜来宣传自家的美酒。

而在唐宋时期，人们逐渐形成明确的品牌意识。

在中国国家博物馆，藏有一块宋代的广告铜版，铜版上方标明"济南刘家功夫针铺"，名称下方刻有一只正在捣药的白兔，两侧还有"认门前白兔儿为记"字样。

这是中国目前发现最早的印刷广告，基本已具备了现代品牌的全部样貌。

尽管中国的品牌历史非常久远，但真正意义上大规模的品牌发展，是在改革开放后才开始的。

彼时随着计划经济向市场经济过渡，品牌在市场竞争中的作用逐渐凸显，由此极大激发了各个行业对品牌的追求。

而相较于其他很多领域，中国酒的品牌之路起步要更早一些。

1952年，第一届全国评酒会在北京举办，评选出中国最早的八大名酒，其中四大名白酒分别是：茅台酒、泸州老窖大曲酒、汾酒、西凤酒，中国名酒时代由此开启。

在泸州老窖股份有限公司党委副书记、总经理林锋看来，"中国名酒是计划经济时代伟大的市场品牌，意味着所有酒类品牌体系的起始。"

首届中国名酒的入选条件包括：

（1）品质优良，并合乎高级酒类标准及卫生标准者。

（2）在国内外获得好评，并为全国大部分人民所欢迎者。

（3）历史悠久，已在全国有销售市场者。

（4）制造方法特殊，具有地方特点，他区不能仿制者。

也就是说，这届评酒会是对全国酒类产品的一次海选和普查。能够入选者皆是在全国销售，有很高知名度且历史悠久、品质优良，有着独特酿造工艺的全国性品牌。

比如泸州老窖，若追溯明晰的技艺传承脉络，其品牌历史源自公元1324年泸州郭怀玉首创"甘醇曲"，历经24代传承，至今已700年。

在泸州老窖历史发展长河中，包括有舒聚源、温永盛、天成生、爱仁堂、大夫第等36家明清酿酒老作坊，都是不同时期名噪一方的作坊品牌。

早在1915年，泸州老窖特曲第一代产品——温永盛三百年老窖大曲酒就远渡重洋获得巴拿马太平洋万国博览会金奖。

获奖之后，温永盛等作坊的品牌地位进一步提升，成为20世纪30～40年代重庆、全川乃至全国曲酒市场的绝对翘楚。

1948年，四川土产公司已在上海销售真大曲酒（三百年老窖大曲）和真茅台酒。

20世纪50年代，《大公报》报道泸州老窖温永盛作坊已有370多年历史，久负盛名。

在泸州老窖入选第一届中国名酒的档案资料中，也留下了这样一段评语："四川泸州老窖酒（西南区四川泸州）——泸州老窖酒窖之建立已具三百年以上历史……与普通一般白酒迥然不同……他处鲜有此种名贵美酒……绝非他处所能仿制者……"

正是基于品质、市场、历史、工艺等诸多优势，以泸州老窖为代表的四大名白酒最终脱颖而出，携手开创了中国名酒的荣耀时代，也由此奠定了中国白酒产业品牌格局的基础。

直到20世纪80年代末期，全国评酒会共举办五届，从四大名酒，到老八大名酒、新八大名酒、十三大名酒、十七大名酒，名酒阵营不断扩充。

泸州老窖作为唯一蝉联历届中国名酒的浓香型白酒，始终是酒行业的一块金字招牌。

期间伴随着时代更迭，泸州老窖也历经"白塔牌""工农牌""泸州牌"等品牌阶段，成为中国计划经济向市场经济转变的一个缩影，也见证了一个时代向另一个时代的跨越。

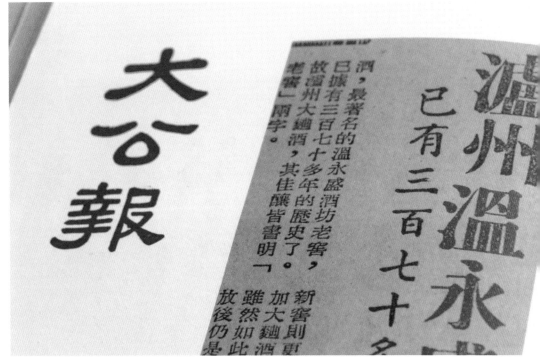

▲ 20世纪50年代，《大公报》报道泸州老窖温永盛作坊已有370多年历史，久负盛名

以传奇，缔造新的传奇

20世纪90年代初的中国，仿佛被按下了一个快进按钮。方兴未艾的市场经济，如一匹平原烈马，引领着中国一路飞奔向前。

酿酒行业也在改革开放的浪潮下，开始了百花争艳。

作为计划经济时代提振酿酒工业的重要举措，全国评酒会在举办五届之后，已完成了最初的历史使命，五届之后便不再举办，由此成为"绝唱"。

而由第五届全国评酒会评选出的十七大名酒，则作为中国白酒品牌体系的中流砥柱，引领着整个行业竞逐市场。

特别是蝉联五届中国名酒的泸州老窖、茅台、汾酒，分别成为浓、酱、清三大主流白酒香型的开创引领者，并缔造了后来白酒行业的繁荣景象。

彼时嗅到市场先机的泸州老窖，在1992年推出了一款形似古炮台的泸州老窖金爵士超豪华特曲酒。其上市之初2000元左右的定价，让业界惊呼"天价"，被誉为"东方第一瓶"。

这是白酒行业率先向高端市场进发的一次尝试，也成为另一款经典高端白酒诞生前的预演。

时至1994年，泸州老窖股份有限公司正式成立，"泸州老窖"（000568）股票在深圳证券交易所挂牌上市，成为川酒第一家上市酒企，也是深交所第一家白酒上市企业。

随着市场经济逐步走向深入，泸州老窖也对企业经营机制进行了大刀阔斧的改革。上市后的泸州老窖，经济效益以每年40%的增速持续上升，多次被评为深交所上市公司综合经济效益前三名。

与此同时，泸州老窖品牌发展史上也迎来了一个重要事件。1996年，1573国宝窖池群被国务院批准为"全国重点文物保护单位"，这是行业首家获此殊荣。

之后在1573国宝窖池群附近，文物专家们又发现了距今千年的古窖遗址。

泸州老窖丰厚的历史文化资源引起了当时企业高层的深深思考。时任总经理袁

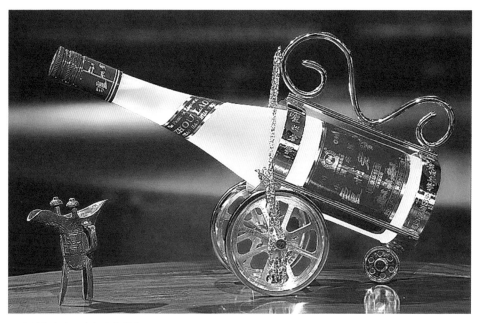

▲ 泸州老窖金爵士超豪华特曲酒

▲ 泸州老窖国窖酒"世纪出酒大典"

秀平预判，未来统治酒类消费的将是文化。

"国宝窖池既然是世界酿造史上的奇迹，是酒界的唯一，那么国宝窖池酿造的酒就应该是民族工业的精品，是振奋民族精神的兴奋剂。"

一切似乎水到渠成。紧接着，一场围绕文化、品质、包装、创意等诸多元素力求极致的品牌变革呼之欲出。

1999年9月9日，第二届四川名酒文化节暨第九届泸州国际名酒节期间，成百上千双眼睛紧紧盯着正在举行的"出酒大典"。

从国宝窖池酿出的美酒被分装成1999瓶，每瓶1999毫升，逐一编号。其中编号为0009、0099、0999、1999的四瓶国窖酒被公开拍卖，拍卖所得40余万元，全部奖励给四川省10名有杰出贡献的科学家。

更激动人心的一刻，出现在2001年3月的成都。在来自全国各地经销商的注视下，伴随着经典的"你能品味的历史"广告语，国窖1573一炮而红。

顶级的酒体品质，深厚的文化内涵，别具一格的产品包装，意味隽永的广告创意，国窖1573的问世，树立了全新的超高端白酒价格标杆，也成为真正意义上可以与茅台、五粮液一较高下的超高端白酒品牌。

2006年，泸州老窖酒传统酿制技艺入选国家级非物质文化遗产名录，成为白酒行业唯一拥有"活态双国宝"的企业。

"双国宝"的加持，不仅成就了中国白酒的品质巅峰，也让国窖1573拥有众多酒企难以匹敌的高端品牌基因。即便历经市场沉浮，国窖1573始终牢牢占据白酒行业的金字塔顶端，被誉为"中国白酒鉴赏标准级酒品"。

伴随着国窖1573的大放异彩，在改革开放的第三个十年，泸州老窖确立了"双品牌"塑造的品牌战略——即以国窖1573彰显"活态双国宝"的高端稀缺价值，以泸州老窖系列展现中国名酒的品牌厚度。

国窖1573的问世和取得巨大成功，也成为泸州老窖品牌发展史上极具里程碑价值的重要事件。

而其孕育、诞生和成长，并非横空出世，乃是泸州老窖长达700年酿制技艺和450余年国宝窖池的厚重结晶。

像国窖1573那样做品牌

白酒行业长期流传着这样一句话："像国窖1573那样做品牌"。

作为牢牢占据金字塔顶端的中国三大超高端白酒之一，国窖1573的经久不衰固然源于其先天基因，也得益于后天的品牌塑造。

或者说，是五届中国名酒的品牌底蕴和独一无二的"活态双国宝"资源，赋予泸州老窖强大的使命感，进而贡献了行业教科书级的品牌建设。

白酒是独属于中国的特有酒种，但白酒文化应是超越国度的，品牌塑造的最高境界，便是文化的认同。

正如泸州老窖当年的预判，未来统治酒类消费的将是文化。推动白酒文化走向世界，让世界品味中国，也成为泸州老窖的品牌使命。

自2008年开始，每年农历二月初二，泸州老窖·国窖1573封藏大典都会登临泸州凤凰山，以正统的祭祀之礼祭祀先祖，同时将当年的春酿原酒入洞封藏。

这一活动至今已持续举办十多年，是泸州老窖的代表性文化活动之一，也成为行业各类文化典礼的引领者。

　　2018年，国窖1573封藏大典首登太庙，将这一传统白酒的祭祀和封藏典礼推向社会，吸引了全世界的目光，更传达出让世界品味中国的气韵和愿望。

　　多年来，从全国各地及海外到泸州现场观礼者达到10多万人，通过媒介传播进而影响的受众群体高达数千万。

　　以"文化先行、品牌引领"为原则，泸州老窖还面向全球举办了一系列文化宣传、品牌推广活动。

　　由泸州老窖承办的国际诗酒文化大会，已连续举办多年，吸引了来自60多个国家和地区的160多位国外诗人、数千位国内诗人、数十万名诗歌爱好者，成为国内外具有广泛影响力的文化盛事。

　　而由泸州老窖·国窖1573联合中国歌剧舞剧院推出的大型民族舞剧《孔子》，也被《纽约时报》誉为"中国文化的名片"。

　　截至目前，泸州老窖·国窖1573"让世界品味中国"全球文化之旅已经开展了数十场，先后走进纽约、布鲁塞尔、巴黎、东非、莫斯科等世界各地。

▲ 国际诗酒文化大会已成为向全球弘扬中国诗酒文化的重要载体

通过文化艺术这一国际通用语言，泸州老窖不仅向全世界诠释和传播了中国酒文化，也进一步推动中国白酒融入全球酒类饮料的市场格局。

在"2022年全球十大烈酒品牌"榜单中，泸州老窖除了位居烈酒品牌前三外，也是前十强中唯一名次较去年有所提升的白酒品牌。

而在另一份"2022年度凯度Brandz最具价值中国品牌100强"榜单中，国窖1573与泸州老窖同时上榜，分列酒类品牌第三、四位。

在这些榜单背后，泸州老窖的市场布局已经遍及全球70多个国家和地区，成为海外能见度最高的中国白酒品牌之一，在欧洲国家的出口额保持着快速增长。

长期的文化战略之下，品牌的力量正在泸州老窖身上不断得以释放。

2017年泸州老窖营收突破百亿，2021年营收又迈进200亿。这相当于，短短4年"再造"了一个泸州老窖。

其间，国窖1573在2019年单品销量突破百亿，并牢牢站稳中国超高端白酒品牌前三。

诚如财报中说，"在充满竞争和不确定性的市场环境中取得了较为优异的成绩。"这份稳健与笃定，正是来自泸州老窖不断释放的品牌力和溢价能力。

文章开头曾提到，对任何一个行业而言，品牌都至关重要，但很少有哪一行像白酒这样，在漫长的历史演进中形成了悠久而清晰的品牌脉络，并释放出强大的品牌势能。

而那些突破历史重围闪耀至今的品牌，也成为盛放在时间中的玫瑰。

泸州老窖的品牌之路，便是这两段话最佳的印证。

70年，名酒再出发

2021年10月8日，泸州老窖集团（股份）公司党委书记、董事长刘淼，泸州老窖股份有限公司党委副书记、总经理林锋分别发了一条朋友圈，内容都指向一款即将上市的新品。

刘淼的配文是："5届中国名酒蝉联，24代匠心传承，70年浓香引领，站在中国名酒70年的历史荣耀上，泸州老窖国窖人将掀开新的历史篇章，实现发展从量变到质变的发展飞跃，开创新的名酒时代。"

林锋则写道："让品牌价值和营收体量回归中国名酒地位，重塑中国白酒品牌前三格局，实现泸州老窖品牌全面复兴的战略目标！就是我对这款产品的厚望！"

随后，这款被寄予厚望的新品——泸州老窖1952正式揭晓。

产品首发现场的隆重程度，让很多陪伴泸州老窖多年的老经销商，回想起了20年前国窖1573的上市盛况。

作为蝉联五届中国名酒的"超级符号"，泸州老窖1952的强势推出，或许意味着在国窖1573稳居塔尖之外，泸州老窖这一品牌体系将迎来新一轮战略升级。

而在中国名酒70周年这样一个特殊节点，将1952这个对中国酒业意义非常的数字融入一款酒中，其中的深意也不言而喻。

正如中国酒业协会理事长宋书玉所言，泸州老窖1952的诞生，不仅是泸州老窖实现伟大复兴的又一战略单品，更是泸州老窖开创中国名酒新时代的战略布局。

在泸州老窖集团（股份）公司党委书记、董事长刘淼看来，泸州老窖发布"泸州老窖1952"，就是要面向世界开创属于中国白酒的名酒时代。

2022年8月30日，一场于长城之巅上演的风云际会，正式拉开了中国名酒新时代的序幕。

当晚，泸州老窖、茅台、汾酒、西凤四大名酒，在时隔70年后再度集结于北京，共同发出"名酒再出发"的宣言。

林锋在出席活动时表示，名酒品牌生而肩负四大使命——民族品牌振兴之使命、民族文化复兴之使命、民族工艺锻造之使命、民族产业创新之使命。

在过往70年的发展历程中，中国名酒引领白酒行业从全凭经验到遵循科学，从百废待兴到百花争"香"，从良莠不齐到高质量发展。

以蝉联五届中国名酒的泸州老窖、茅台、汾酒为代表的名酒企业，从未辜负"中国名酒"的荣誉和担当，这或许才是名酒荣耀和名酒精神的要义所在。

"70年前，四大名酒携手开创了中国名酒的荣耀时代。70年后的今天，我们迎来了名酒历史发展的新起点。"

在林锋看来，未来十年将是中国名酒体系最重要的时代，泸州老窖仍将勇担时代使命，创领名酒价值，续写名酒辉煌。

而在泸州老窖的诸多使命中，品牌培育仍是重中之重，这也被视为未来中国在

▲ 泸州老窖集团（股份）公司党委书记、
董事长刘淼

▲ 泸州老窖股份有限公司党委副书记、
总经理林锋

全球和所有竞争中最关键的核心。

"品牌是一个企业乃至国家的宝贵资源。品牌强则企业强，拥有品牌才具备企业的核心竞争力。品牌强则国家强，品牌崛起是大国崛起的重要标志。"

站在中国名酒历史发展的新起点，品牌再一次成为泸州老窖和这个时代的选择。

行业首次，
这本书究竟曝光了白酒行业哪些秘密档案

泸州老窖在引领中国白酒行业发展的历程中大致经历了三次跨越。

一是发明"甘醇曲"，引领中国白酒迈入大曲酒时代；二是始建1573国宝窖池群，开创浓香型白酒酿造中最为关键的"泥窖生香，续糟配料"工艺；三是蝉联历届"中国名酒"称号，写就中华人民共和国成立后第一本白酒酿造技艺教科书，普及浓香工艺，引领产业步入现代化。

2022年，在中国名酒70周年的历史节点上，泸州老窖出版《浓香何以香天下——中国名酒七十周年档案报告》一书，以大量珍贵的历史档案、报纸、照片，详细全面地展示了泸州老窖的70年发展历程。

这本书以收藏于泸州老窖名酒七十年主题展厅中的大批翔实的史料实物为佐证，在行业内首次揭秘了泸州老窖在70年里无数光辉荣耀的瞬间。

旧闻里的泸州老窖

中华人民共和国成立前，泸州老窖的名声就已蜚声国内外。除了泸州老窖博物馆珍藏的巴拿马太平洋万国博览会金奖奖牌之外，还有更多文献记录了泸州老窖的荣耀。

▼《浓香何以香天下——中国名酒七十
周年档案报告》

浓香
何以香天下
中国名酒七十周年档案报告

李宾 景俊鑫 主编

名酒七十年 荣耀开新篇
纪念泸州老窖荣获中国名酒七十周年

早在1907年，泸州老窖就在"成都商业劝工会"荣获褒奖；1910年，在南洋劝业业会上，泸州大曲酒荣获甲等大奖章；1915年，泸州老窖温永盛大曲酒代表中国白酒第一次走出国门，荣获巴拿马太平洋万国博览会金奖。

此后，泸州老窖又在伦敦、巴黎以及中华国货展览会、四川劝业会等多次斩获奖章。

1936年，《国民公报》记述泸州已经成为川东南唯一的酒业中心。20世纪40年代，泸州大曲酒牢牢占据着全国曲酒市场的绝对主角地位，远销京沪、南洋一带。

中华人民共和国成立以后，泸州老窖开创中国名酒时代，荣获历届"中国名酒"称号，还在国家各级评奖中获得国家金质奖章、部优、省优等多项殊荣。

1987年，泸州市举办第一届名酒节。这是由泸州开创、全国首次举办的名酒节，成为后来酒博会的"鼻祖"。

历届全国评酒会上的泸州老窖

1952年，由周恩来总理亲自批准，第一届全国评酒会掀开了中国名酒时代的崭新篇章。

中华人民共和国刚刚建立，经过三年经济恢复期，国民经济得到全面恢复和初步发展。作为传统民族制造业和民生经济的重要构成，酿酒业的快速恢复也提上了日程。

对于当时的酒业生产来说，白酒种类繁多，多以私家作坊为主，行业缺少统一的操作规程，品质也没有统一的标准。

名酒评选的目的，就是评选出国家名酒和地方名酒，作为国家专卖制度下全国调拨或仅限于地方调拨的"通行证"。同时，评选出来的名酒操作工艺，也将作为工艺普及的样本。

第一届全国评酒会根据"品质优良、广受好评、历史悠久、制造方法特殊"等标准，对全国数以万计酒厂选送的产品酒样，筛选出103种酒进行评比，最终选出"中国四大名白酒"：茅台、泸州老窖、西凤酒、汾酒。

首届评酒会在全国引起极大反响，促进酒类产品声誉提高，行业生产掀起高潮。

1963年，第二届全国评酒会在北京举行，白塔牌泸州老窖大曲酒荣获第二届"中国名酒"称号。

彼时，众多烧锅、作坊经过公私合营，改组为国营酒厂，由国家有计划地指导、发展名酒生产。这被看作是国家对各酒企的一次质量"大阅兵"。

如今回过头看，1979年对中国白酒行业的影响显得尤为深远。

这一年，我国进入"以经济建设为中心"，全面实行改革开放时代。经济的突飞猛进也带来了酒业的百花齐放，在此之前，泸州老窖、茅台、汾酒三大查定试点科学总结了名酒生产工艺，各类培训班推动了整个白酒行业的整体繁荣。由泸州老窖、茅台、汾酒带来的查定试点经验为白酒香型阵营划分奠定了基础。

◀ 1989年，《四川日报》报道泸州老窖蝉联五届"中国名酒"荣誉称号

在此基础上，1979年8月，第三届全国评酒会在大连举行。这届评酒会正式对中国白酒进行了香型划分，对中国白酒历史有着划时代的里程碑意义。

在这届评酒会上，行业内将采用泸州老窖工艺生产的酒称为"浓香型"，将茅台工艺生产的酒称为"茅香型"，将汾酒工艺生产的酒称为"汾香型"。

香型的划分推动着中国白酒的发展，后来的香型都是这一年的香型基础上发展而来，推动了后来各类香型的创新，带动了白酒品类的繁荣与百花齐放。

这届评酒会准备充分、组织严密、方法科学、评定合理，确定了白酒香型的风格特征。

自此届评酒会以后，泸州老窖作为浓香型白酒的典范和标杆，将浓香工艺普及全国，推动形成了"浓香天下"的白酒行业格局。

1984年，第四届全国评酒会在山西太原举行，评出包括泸州老窖特曲在内的十三种中国名白酒。

20世纪80年代中期，改革开放持续深化，经济转型加速，人们的品牌意识逐渐觉醒。在白酒行业，科学技术被广泛应用于白酒酿造，带动了白酒行业呈现出百花齐放的香型格局。

1989年，第五届全国评酒会在安徽合肥举行，参选样品酒362种，其中浓香型198个。本届评酒会评选出包括泸州老窖特曲在内的十七大名白酒。

20世纪80年代末期，中国以企业为主体，以市场为中心，以品牌为主导的市场经济格局逐步形成。

名烟名酒价格放开，企业定价自主权扩大，大批从业者入局白酒行业。以泸州老窖为代表的浓香型白酒企业成就了广阔的白酒市场，造就了浓香天下的行业格局。

浓香型白酒的泸州老窖标准

1957年，国家科委下达继承和发扬优秀民族遗产的十年科研规划，在四川省成立了"泸州老窖大曲酒查定总结工作委员会"。

次年，查定总结工作圆满结束，这次查定总结工作是中国名酒史上的第一次。

1959年是泸州老窖历史上极为重要的一个时间节点。

这一年，在泸州老窖大曲酒查定总结的基础上，轻工业出版社出版发行《泸州老窖大曲酒》一书，这是中华人民共和国成立以来第一次规范中国白酒酿制技艺，形成了当时整个白酒酿造行业最全面、最权威、最先进的酿酒技艺标准，并面向全国白酒企业推广。

在此之后，泸州老窖成为浓香型白酒酿制技艺理论标准的制定者。

1963年，在第一届名白酒技术协作会上，泸州老窖负责浓香型白酒（泸型酒）标准化起草工作。

1964—1965年，中国轻工业部同时在泸州老窖、茅台、汾酒进行试点工作。

其中，泸州老窖试点是又一次规模超大、规格超高的"国家战略工程"，为中国浓香型白酒产业逐渐进入现代化、标准化、国际化和"微生物学范畴"，开辟了一条崭新的科学之路。

1987年，泸州老窖受四川省标准计量管理局、省酒类专卖事业管理局委托，为浓香型白酒制定标准酒样。经过两个多月的努力，成功生产出750件浓香型白酒样品，并发到各大监督部门和大型酿酒企业用于指导生产。

泸州老窖从此成为中国浓香型白酒理论和实物两大标准的唯一制定者。

2005 年 12 月 1 日

《四川工人日报》报道："原轻工业部发酵工业科学研究所所长秦含章感言泸州老窖代表了中国酿酒工业的最高水平。"

1987年的《四川日报》以《泸州特曲再次夺魁》为题报道了泸州老窖特曲的优质品质，文中报道：在驰名中外的川酒之中，最引人注目的是荣获国家金奖的五大名酒，人们把它称为"五朵金花"。在这五朵金花中，又数泸州老窖大曲资格最老、出名最早。

2005年，《四川工人日报》刊载了中国酒界泰斗、原轻工业部食品发酵工业科学研究所所长秦含章的署名文章。

文章中称："泸州老窖有四百多年的悠久历史，一直以来，知名度很大，它原料的出酒率一直都是很高，积累的经验和文化都很丰富。所以，从酒文化的角度告诉我们，泸州老窖从历史到现在，代表了中国酿酒工业的最高水平。""方法的建立，标准的建立，首先是从泸州老窖出发，所以说它是鼻祖。"

2021年3月11日，国家标准化管理委员会发布"2021年第3号中国国家标准公告"，GB/T 10781.1—2021《白酒质量要求 第1部分：浓香型白酒》国家标准正式发布，本标准代替GB/T 10781.1—2006《浓香型白酒》，实施日期为2022年4月1日。

泸州老窖，成就中国浓香

泸州老窖在白酒行业发展历程中的贡献，不仅在于其自身酿造技艺的研发和传承，更体现在其主动担当，肩负起将浓香型白酒技艺推广至全国的重任，推动浓香型白酒成就"浓香天下"格局。

20世纪50年代后，泸州老窖白酒酿造技艺开始向全国普及推广。

1953年，《李友澄小组酿酒操作法》出版，面向全国推广泸州老窖先进酿酒技术操作法，其最大的意义在于既能节约粮食又能增加白酒产量。

1964年5月15日至7月20日，新疆兵团酒厂李祖功等人到泸州曲酒厂学习酿酒技艺，回厂后建立了浓香型白酒试制小组，并注册"伊犁牌"商标，后发展为现在的新疆伊力特酒。

20世纪70年代，泸州老窖编写了150多万字的教材，印刷成册作为商业部、轻工业部、农牧渔业部、四川省酿酒培训班教材，并开设"浓香型白酒生产工艺""理化分析与生产""制取工艺与质量""勾调尝评技术"等培训班。

▲ 泸州老窖技工学校授课现场

在这几十年的所有学员中，共产生了40多名国家级酿酒大师，50多位国家级评酒委员，还有无数省级评酒委员。

商业部白酒技术协作会议是20世纪80～90年代最出色、最有成效、最受欢迎的协作会。

泸州老窖作为首届组长单位，先后在昆明、泸州、成都、万县、邛崃、大连、西安、广州、洛阳、顺德、伊犁、乌鲁木齐、武威、广汉、彭州、陇南、上饶、北海、习水等地开会，传播浓香型白酒酿制技艺。

20世纪80年代，由四川省专卖局组织，泸州老窖授课，举办了勾调尝评和工艺培训班近30期，在成都、广汉、彭山、渠县先后举办五期，在万县举办两期，梁平、重庆、宜宾举办多场。

在第四届全国白酒评委中，三分之一的评委在泸州老窖参加过系统培训，其中包括当年评委选拔考试的第一名金凤兰。

第五届全国白酒评委中，共有40名，其中21名在泸州老窖参加过系统培训，其中包括当年的第一名李静。

20世纪80年代，泸州老窖专门为宜宾地区各大酒厂举办过多场关于制曲、化验分析、勾调等专项培训班。由泸州老窖技师周德明率队，泸州老窖科研所酿酒、制曲、勾调等多位技师参与授课。

1987年，《四川日报》以《一花引出百花开》为题报道了泸州曲酒厂帮助全国各地酒厂传授浓香型白酒酿制技艺。

文章讲述："三十多年来，他们不断把自己的技术介绍到全国各地，为浓香型白酒的发展作出了贡献。"

1985年，泸州老窖建立了职工校，1988年改名为技工校，面向全国招生。

泸州老窖技工校成为全国第一所专门的酿酒技工学校，在全国培训了8000多名酿酒科技人才，学成后有相当建树的酿酒工程师达5000余人，如今分布于各大酒企。

几十年来，泸州老窖既是浓香型白酒的开创者，也是浓香型白酒标准的制定者，更是浓香型白酒技艺的传授者，为行业培养了大量酿酒技术专业人才。

1989年4月，中国著名酿酒专家、酒界泰斗周恒刚为泸州老窖题写"浓香正宗"。

从百废待兴到百花争"香"，从全凭经验到遵循科学，白酒行业走过了热血奋进的70年。泸州老窖的70年，则成为这段光辉岁月的最佳注解。

70年来，泸州老窖始终坚守着民族文化和民族产业，以勤奋谦谨的姿态，呵护着"名酒"荣耀，续写着"名酒"辉煌。

作为行业公认的酒界技术"黄埔军校"，泸州老窖专注于酿酒技艺的改进和创新，并将最先进的酿制技艺毫无保留地传播给行业，为行业培养了大量酿酒技术专业人才。

在中国名酒的70年征程中，泸州老窖的发展代表着名酒最纯粹的一面，其创新、引领、无私奉献，折射出了中国名酒的深厚内涵。

以泸州老窖为代表的中国名酒，是中国白酒最高品质的代言，也是中国白酒引领世界的标杆，并以名酒的行业价值与行业担当，深刻演绎了不断升级白酒品质、传承创新酿造工艺、探索白酒科技与生态酿造、塑造白酒品牌形象与品鉴创新的中国名酒精神。

而泸州老窖出品的《浓香何以香天下—中国名酒七十周年档案报告》一书，既是对名酒历史的见证，也是对名酒价值的一次系统梳理。

作为中国近现代白酒文化的缩影，这本书将带领更多人了解泸州老窖、了解中国名酒，对于传承、弘扬中国白酒文化意义深远。

致敬先辈的开拓精神，传续名酒酿造中的匠人力量，是档案报告的应有之义。

梳理前人留下的宝贵遗产，也将为今天的白酒从业者提供启迪，由此建立起更为坚定的文化和产业自信。

中国名酒70周年，亦是名酒奋进的新征程。以此为起点，沿着先辈的足迹，白酒行业将在时间的长河中，开启下一个更为辉煌的70年。

不为人知的泸州老窖

无论是镌刻于历史中的考古发现，或是仍活跃于世不的酿造基地和酿制技艺，都可见泸州三千年酿酒历史的完整有序。这些历经千年仍保持活力的白酒背后隐藏的价值与秘密，令今人以敬畏与好奇交织的科学探索目光审视，从一方窖泥、一则文物、一壶酒中寻求答案。

"冰饮"真相

1978年，湖北随州出土了两件形制、纹饰相同的战国时期青铜器具，造型华丽精巧，引发了考古界广泛关注。

这件器具高63.2厘米，口径63厘米，重量达到170千克，全身为青铜铸造。其构造分为双层，外层为方鉴，内层为方尊缶，内外层之间留有较大空间。

配套的还有一把长柄铜勺，勺的长度足以探到尊缶内底。

原来，这是一件古代的大型"冰箱"——青铜鉴缶，又称"冰鉴"，是古人用来冰酒的。内层尊缶装酒，鉴、缶之间的空间放置冰块，这样在炎炎夏季就能喝到冰爽的美酒了。

如此精巧的设计，在2000多年前的战国，是只有贵族才能享用的奢华器物。如今时光流转，这些古老的物件，已作为国家宝藏，只得在博物馆中一见。

不过，对酒进行冰镇的饮用方式，却是古今不变的共同追求。随着冰镇方法更迭不断，人们对冰饮的兴致也愈发浓烈。

古已有之的冰饮

人类早期的生活是逐水草而居，直至学会大量保存食物不变质时才得以安定。在漫长的岁月里，冰，是最好的保鲜材料。

中国是世界上最早利用储冰制冷的国家之一。

周代便有专门制冰、掌冰的职务，称为凌人。每年大寒季节开始凿冰储藏，将冰块存于建在苦寒深山中的冰窖（周人称为"凌阴"）中，等大热时再取出使用。

而冰饮之说几乎与冰窖同岁，《楚辞》中就提及"挫糟冻饮，酎清凉些"，以此称赞冰镇后的糯米酒清凉醇香。

《周礼·天官·凌人》也有记载："凌人掌冰。正岁，十有二月，令斩冰，三其凌。春始治鉴，凡外内饔之膳羞，鉴焉，凡酒浆之酒醴，亦如之。"

这说明周人斩冰、藏冰并建立完善的藏冰制度，其作用之一便是宴饮用冰。

在南京博物院还有一件战国时期的原始青瓷冰酒器，其底部的承盘内可放置冰块，上面的圆孔器中能加水，将酒杯放入圆孔，便可起到冰镇的效果。

前文提及的冰鉴，则是另外一种冰酒神器。

可见从春秋战国起，古人便有了冰饮的习惯，但当时由于冰价昂贵，冰饮几乎只存在于贵族间。

唐代《云仙杂记》曾有记载："长安冰雪，至夏日则价等金璧。"

一直到唐代末期，硝石的出现让制冷市场逐渐繁荣，冰饮才进入百姓家。

至宋时，冰饮已进入全盛时期。

《清明上河图》中就画下了卖冰饮的小贩。一把青布大伞下摆着几副桌椅，桌面上放着雪泡梅花酒等冰镇"饮子"，大批专门的贮冰专业户出没于市井间，以贩冰为业。

▼《清明上河图》局部 故宫博物院藏

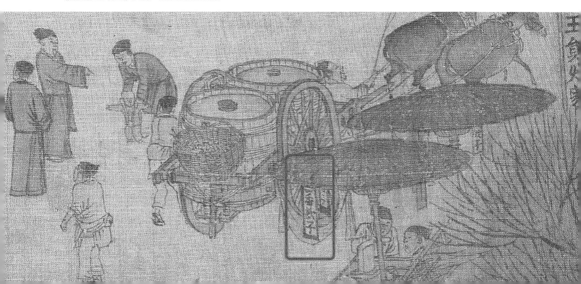

而在泸州出土的宋代石刻中，也有大量侍者手持执壶，或桌上摆放着果盘、茶盏的形象。

在惯用冰镇爽口之物度过夏日的宋代，当时作为"西南要会"的泸州，想必也不会错过这股潮流。

对于讲究精致生活的泸州人来说，将食物、茶饮，包括盛产的美酒用于冰镇，以解酷暑之苦，是再自然不过。

遥想那个文化极致繁荣的时代，文人墨客举杯对饮、吟诗作画，再配上冰酒器中的醇香美酒，是何等快意。

白酒是否都适合冰饮？

虽然冰饮习惯自古有之，但白酒冰饮则是近百年的事情。

自公元1324年泸州老窖第一代宗师郭怀玉发明"甘醇曲"以来，中国白酒大曲时代已有700年历史。

不过，在初代蒸馏酒时期，白酒并不适合冰饮，反而常常是加热饮用。

四川大学锦江学院白酒学院院长张文学对此解释道，"因为白酒是开放式发酵，产生的风味物质非常丰富，特别是高级脂肪酸酯类物质比较多，这部分物质过多会对风味产生影响，以前就通过加热让有些物质挥发掉，风味会更协调。"

对白酒而言，并不是风味物质越多就越好，而是讲究比例合理，进而让酒体更协调，口感更柔和。

在张文学看来，如今白酒可做冰饮，是因为在数百年发展中，白酒发酵工艺和生产技术得到了很大提升，加上白酒低度化发展，现在的白酒中易浑浊成分比以前会少一些，清爽度也更高，"主要是高级脂肪酸酯含量得到了控制，不太容易浑浊了。"

由于酿造技艺传承久远，泸州老窖对冰饮的探索也开启较早。

在泸州老窖博物馆的旧档案里，珍藏着一封来自南洋的酒类收藏家寄来的信笺，上面写着："在长年酷暑的南洋，在泸州老窖大曲酒内和以少许冰块饮用，香沁脾胃，醇酣肌肉，妙不可言。"

到了2009年，国窖1573率先提出"白酒冰着喝"的品鉴新主张，并以此开创中国白酒的12℃冰饮风尚。

从本身而言，并非所有白酒都适合冰饮，因为以加冰实现白酒冰镇的方式，实际上是降度的另外一种形式。

通常高度白酒降度后会出现浑浊、寡淡、水解现象，这与白酒中含有的微量成分相关。

已故白酒专家沈怡方在20世纪70年代末曾撰文表示，高度白酒降度产生的白色絮状沉淀，主要是高沸点棕榈酸乙酯、油酸乙酯和亚油酸乙酯的混合物。

由于白酒是纯粮固态发酵，粮食原料在微生物发酵中会生成高级脂肪酸乙酯。这些物质都溶于醇，但不溶于水。当高度白酒加浆降度后，这些水溶性低的物质就会析出，从而导致白色絮状物产生。

不过，随着白酒科研的进步，白酒降度的浑浊问题，早在20世纪80年代就已经得到有效解决，这也是低度白酒能够兴起的重要基础。解决的途径，包括冷冻过滤法、活性炭吸附法等。

但是由于这些高级脂肪酸乙酯也是白酒风味的成分之一，去除后酒中的香味物

▲ 国窖1573自2009年起掀起了中国白酒的
　冰饮风尚

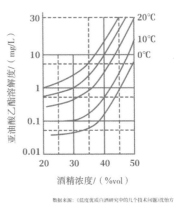

数据来源：《低度优质白酒研究中的几个技术问题》沈怡方

▲ 亚油酸乙酯温度及酒精度不同的溶解度

▲ "冰饮"别有味道

质也会减少，如何做到"低而不淡"，就成为低度白酒的一个很大挑战。

而与低度白酒相比，直接在高度白酒中加冰饮用，对白酒品质的挑战要更大。也因此，鲜少有高度白酒能够尝试加冰饮用。

国窖1573在推出冰饮主张前，曾做过酒体加冰的实验。

将包括国窖1573在内的6款酒同时加入30%～40%的冰，结果有三款酒表现出轻微浑浊、轻微失光或失光。

加冰40%以上时，仅有国窖1573酒体轻微失光，其余酒体皆有不同程度的浑浊。

口感上，国窖1573加冰降度稀释后依然保持香气幽雅细腻、醇香绵甜、柔和协调等特点，其他酒则出现不同程度的尾涩、味短等。

而另外一组与新型白酒的对比实验中，由于新型白酒受其生产工艺的影响，酒中呈香呈味物质远没有自然发酵的粮食酒丰富，加冰后饮用的劣势凸现。

因此，粮食酒比新型酒更适合加冰饮用。

为何国窖1573适合冰饮？

毫无疑问，酒的品质首先是"酿"出来的。

可能很多人并不知道，作为中国大曲酒的开创者，泸州老窖不仅是"浓香鼻祖"，还有另一个称誉——"天下第一曲"。

早在1996年，泸州老窖就建立了行业首个专业化、规模化制曲生态园。

2003年，"久香"牌泸州老窖大曲通过国家原产地标记注册保护认证，是目前国内唯一获得原产地地理标志认证的大曲品牌。

2020年，泸州老窖黄舣酿酒生态园制曲中心建成投产，成为行业首个智能化制曲生态园。

作为中国最大的专业化酒曲制作基地，泸州老窖年产大曲10万吨，成品合格率100%，产能规模位居行业第一。

不只是规模大，作为大曲最早的研制者，泸州老窖的制曲发酵微生物种群，受泸州独特土壤、水质、气候等长期滋养，早已形成了不可多得的稀缺制曲环境。

国窖1573采用的中温大曲，因此具备甚为丰富的微生物菌体和酶系，以及丰富的复合曲香香味物质。

用该曲发酵，窖内酒醅产酒能力适中，生香能力较强。酿成的酒体香、甜、净、爽、绵，呈现出粮香、糟香、窖香、曲香等协调柔和幽雅的复合香气。

第二个关键因素是发酵容器。

所谓"千年老窖万年糟"，窖池越老，有益微生物就越多，酒醅发酵产酒的酒质就越好。

泸州老窖现有连续使用百年以上的老窖池1619口，占全国"国宝单位"老窖池总量的90%以上，现存1573国宝窖池群已经无断代使用了450年。

泸州老窖曾针对不同窖龄的窖泥微生物做过研究，显示老窖池的菌群总数是新窖池的3.1倍，是中龄窖的2.6倍。

这些酿酒微生物经过长期驯化富集，酿出的酒体窖香、粮香、陈香等复合香气饱满浓郁、主体香突出，从而在加冰稀释后依然能保持醇香绵甜、幽雅细腻。

此外，泸州老窖采用的"续糟配料"工艺，也使得酒体中累积了更为丰富的香味成分。

所谓"万年糟"，就是每完成一次发酵周期，都去掉四分之一面层糟，再重新投入新的四分之一粮食和辅料，让新料和老糟代代循环。

这种巧妙的部分替换酒糟工艺，不仅始终保留了最优质的酒糟香味成分，而且随着时间推移，酒糟中积累的香味成分匹配度也会更高，最终实现"以窖养糟，以糟养窖"的良性循环。

由此酿出的优质原酒，再经过"看花摘酒"，选取最为精华的中段酒，才能成为国窖1573原酒，被送进天然藏酒洞，精心洞藏五年以上。

再由国家级酿酒大师进行精心勾调，以此确保国窖1573酒体品质的优越性。

除此之外，在酒源后处理工艺过程中，酒源加浆降度后，部分醇溶性大分子杂醇油、高级脂肪酸、高级脂肪酸酯等会再度析出。

之后采用活性炭吸附、硅藻土、高分子过滤等方式进行处理，可使酒体呈现清澈透明、晶莹剔透状态，并保留部分优质性、舒适性的口感成分。

正是上述诸多工艺环节的精细打磨，让国窖1573在面对加冰即饮的严格考验时，也能做到不浑浊、无水味，由此引领12℃的冰饮风尚。

冰饮，开创白酒饮用新表达

如果不是冰饮，可能白酒行业很难意识到，原来白酒也可以如此年轻时尚。

在众多酒企还在争论"年轻人到底喝不喝白酒"时，国窖1573开启冰饮先河已有10多个年头。

每年夏天，在传统认知中的白酒饮用淡季，一场场由冰饮掀起的时尚风潮，如同打开一个新世界，成为年轻人追逐白酒饮用体验的乐场。

你甚至很难想象，这是一个有着700年酿艺传承的老字号酒企所做出的大胆尝试。

除了场景创新外，国窖1573在饮用方式上也做了诸多突破。

白酒冰饮在温度上，有着不同于其他烈酒的需求。

威士忌常用冷冻过滤的方法，将经过熟成的威士忌温度冷却到-10～4℃区间后，通过物理处理，将酒液中的天然脂肪酸、芳香酯及蛋白质等成分过滤去除。

而纯粮食发酵的白酒特别注重风味品饮体验，需要最大限度保留酒体的香味物质。

人体对白酒风味物质的感受，除了与酒体中风味物质的浓度有关外，还与消费群体的感受阈值相关。

阈值，就是人们对某种香味成分能够感受到的最低浓度，阈值大小会随溶液的温度变化而变化。

因此，国窖1573针对"冰饮风尚"也做了严格的温度测试，通过不同初始酒温、不同酒度、不同加冰量等一系列重复对比实验，对冰饮最佳条件进行科学论证。

根据实验论证的结果，国窖1573酒在10～20℃饮用口感较好，尤其在12℃时，香气幽雅、窖香浓郁、醇甜柔和、丰满细腻、尾净香长。

一般而言，国窖1573冰饮可使用两种模式，一种直接加冰，另一种是冰镇，二者在使用过程中也各有"指标"。

加冰饮用时，25%左右的冰块便可让酒体达到12℃。52%vol国窖1573加冰量不超过36%，60%vol国窖1573加冰量不超过60%，酒精度可降至35%～47%vol，达到国窖1573冰饮的最佳条件。

冰镇时，52%vol国窖1573冰镇到12℃所需时间为14～21分钟，60%vol国窖1573则需要14～27分钟，当初始温度较低时，冰镇时间也可随之缩短。

冰镇至12℃的国窖1573，酒体芳香味增大，醇甜柔和感更为明显，进喉舒适

样品名称	评语	清澈度	
		加冰30%～40%	加冰40%以上
国窖1573	香气幽雅细腻，醇香绵甜，柔和协调，回味舒适	清澈	轻微失光
泸州老窖特曲	酒体柔和，香甜较协调，味略短	清澈	轻微浑浊
某浓香型名酒	香甜，青菜生味突出，落口苦	轻微浑浊	很浑浊
某浓香型名酒	香气幽雅，香味较协调，味短淡	清澈	轻微浑浊
某浓香型名酒	醇香绵甜，柔和味较短	轻微失光	浑浊
某酱香型名酒	酱香减弱，酸味增大，酸涩，略带醛味	失光	浑浊

参考来源：《国窖1573——新时代的领饮者》沈才洪，吴晓萍，黄燕飞等，酿酒科技，2003

▲ 中国白酒知名品牌加冰尝评结果

度高，净爽适口。

为了让冰镇更为方便，泸州老窖还特意在传统分酒器的基础上，设计了专为白酒冰饮定制的冰·JOYS随心酒器。将冰块放入随心酒器中空位置，便可实现冰镇效果。

这一巧妙设计，与藏于博物馆里的曾侯乙铜鉴缶异曲同工，仿佛穿越时空，达到古今相通的默契。

也可见，无论是2000多年前的战国，还是21世纪的今天，对于一杯好酒的极致饮用体验，从古至今，始终没有改变。

低度白酒养成记

低度白酒的高光时刻，始于20世纪80年代。

1975年，中国第一瓶低度白酒问世。随后在1979年第三届全国评酒会上，低度酒首次被纳入国家优质酒评选。

仅仅过了10年，到1989年第五届全国评酒会时，低度酒样已增加到了128个。当年评出的17种国家名酒中，有15种包含了降度及低度白酒。

值得关注的是，低度白酒自研制成功以来，就一直以浓香为主流。

比如在第五届全国评酒会的128个低度酒样中，浓香型占到82个。同期评选出的15种降度及低度国家名酒中，有9种为浓香。

时至今日，50%vol以下的降度和低度白酒，已占到白酒消费市场的90%以上，其中仍以浓香作为主导。

以低度酒全国样板市场河北唐山为例，38%vol国窖1573经典装长期位居当地乃至华北区域低度高端白酒第一品牌。

为何在低度白酒的发展浪潮中，浓香能够始终占据大半壁江山？

第五届全国评酒会
17种国家名酒（国家金质奖）获奖名单一览

泸州牌泸州老窖特曲	大曲浓香60%vol、52%vol、38%vol、	四川泸州曲酒厂
飞天、红星牌茅台酒	大曲酱香53%vol	贵州茅台酒厂
古井亭、汾字、长城牌汾酒	大曲清香65%vol、53%vol	山西杏花村汾酒厂
汾字牌汾特佳酒	大曲清香38%vol	
五粮液牌五粮液	大曲浓香60%vol、52%vol、39%vol	四川宜宾五粮液酒厂
洋河牌洋河大曲	大曲浓香55%vol、48%vol、38%vol	江苏洋河酒厂
剑南春牌剑南春	大曲浓香60%vol、52%vol、38%vol	四川绵竹剑南春酒厂
古井牌古井贡酒	大曲浓香60%vol、55%vol、38%vol	安徽亳县古井酒厂
董牌董酒	小曲其他香58%vol	贵州遵义董酒厂
飞天牌董醇	小曲其他香38%vol	
西凤牌西凤酒	大曲其他香65%vol、55%vol、39%vol	陕西西凤酒厂
全兴牌全兴大曲	大曲浓香60%vol、52%vol、38%vol	四川成都酒厂
双沟牌双沟大曲	大曲浓香53%vol、46%vol	江苏双沟酒厂
双沟特液	大曲浓香39%vol	
黄鹤楼牌特制黄鹤楼酒	大曲清香62%vol、54%vol、39%vol	武汉市武汉酒厂
郎泉牌郎酒	大曲酱香53%vol、39%vol	四川古蔺县郎酒厂
武陵牌武陵酒	大曲酱香53%vol、48%vol	湖南常德市武陵酒厂
宝丰牌宝丰酒	大曲清香63%vol、54%vol	河南宝丰酒厂
宋河牌宋河粮液	大曲浓香54%vol、38%vol	河南省宋河酒厂
沱牌沱牌曲酒	大曲浓香54%vol、38%vol	四川省射洪沱牌酒厂

备注：17大名酒中，有13种为上届国家名酒经本届复查确认，新增加4种。

同一种酒的降度、低度酒，经纵向和横向对比，质量优良者予以确认为系列酒，可使用国家名酒标志。

▲ 第五届全国评酒会17种国家名酒（国家金质奖）获奖名单一览

低度白酒"三道坎"

尽管如今低度白酒已坐拥行业半数以上份额，但在20世纪80年代之前，其行业占比尚不足1%。

究其原因，主要是当时的低度白酒，在技术上存在浑浊、寡淡、水解"三道坎"。

已故白酒专家沈怡方曾在1979年撰文探讨如何解决高度白酒降度出现的问题。

他指出，高度白酒降度产生的白色絮状沉淀，主要是高沸点棕榈酸乙酯、油酸乙酯和亚油酸乙酯的混合物，多来自粮食原料中所含的成分，经微生物发酵合成。

这三种高级脂肪酸乙酯都溶于醇，但不溶于水。当高度白酒加浆降度后，这些醇溶性高、水溶性低的酯类物质就会析出并产生沉淀，从而导致白色絮状物产生。

由于这些酯类物质也是白酒风味的成分之一。当它们被去除掉之后，酒中的香味物质也会随之稀释，从而出现口感变淡、容易水解等问题。

于是，"低而不淡"便成为判断一款低度白酒品质的最主要标准。

经过长期的科研发现，要实现低度白酒"低而不淡"，关键在于提升基础酒的品质。在优质基酒的基础之上，再经过降度和精心勾调，便可解决低度酒香小味淡的问题。

也就是说，只有更加优质的酒才能生产出好的低度酒。

为什么浓香会长期占据低度白酒的主流？则是跟浓香型白酒的生产工艺有关。

江南大学原副校长徐岩曾谈及，中国十二大香型白酒的酿造生产，有三分之二都和窖池相关。窖泥中的厌氧微生物，为白酒发酵提供了更多样的功能菌，进而贡献了丰富的风味物质。

作为最依赖于窖池发酵的浓香型白酒，从窖池中获取的风味物质也更为丰富。

特别是百年以上的老窖池，窖池中的酿酒微生物经过长期驯化富集，酿出的酒体窖香、粮香、陈香等复合香气饱满浓郁，主体香突出，从而在降度之后依然能保持"低而不淡"。

那么，窖池、风味物质和低度浓香之间，究竟是如何发生作用的？梳理出其中的科学机理，或对低度酒发展意义重大。

老窖池与生物菌群之谜

地处中国西南部的四川盆地，西依横断山脉，南临大娄山，东近巫山，北向秦巴山脉，俯瞰如同一口天然大窖池。

得天独厚的自然优势，让这里以盛产美酒而闻名。

如果将川酒"六朵金花"的产地连到一起，在地图上会呈现一个U形结构，而泸州正位于U形底部。

特殊的地理位置，加上受长江、沱江等水系和四川盆地边缘山脉共同作用，泸州气候温和，终年不下零度。

即使是在比较寒冷的明清"小冰期"，地处川南的泸州依然生长着大片喜热畏寒的桂圆、荔枝等。

如今，泸州江阳区仍保留着中国北回归线附近最大、最古老的桂圆林——张坝桂圆林。

"滩平山远人潇洒，酒绿灯红水蔚蓝。只少风帆三五叠，更余何处让江南。"

清代大诗人张问陶曾写过三首泸州诗，在他笔下，山川灵秀的泸州要远胜江南。

温暖湿润的气候条件，不仅为酿酒微生物提供了适宜的生长环境，也让泸州避免出现冻土带。"泥窖生香"工艺最早发源于泸州，奥秘也正在于此。

在中国，生态环境优美之地众多，但要真正酿出好酒，老窖池必不可少。

泸州老窖现有连续使用百年以上的老窖池1619口，占行业老窖池总量的90%以上，现存明代窖池已无断代使用了450余年。

这些老窖池里，目前能够提取检测和认识的微生物多达1000余种，形成了一个庞大的微生物群落，且每天仍在繁衍生息。

在这上千种微生物中，厌氧芽孢杆菌是老窖窖泥中的优势微生物群落。

正是这些厌氧菌，体现了浓香型白酒老窖窖泥独特的微生物特征，也影响着酒醅的发酵和原酒品质。

白酒行业向来有"千年老窖万年糟"的说法，意思是窖池越老，有益微生物就越多，酒醅发酵产酒的酒质就越好。

泸州老窖筑窖的黄泥，是从城外十多里地的五渡溪专门运来。其色泽金黄、绵软细腻，不含砂石杂土，特别富有黏性。

▲ 泸州老窖现有连续使用百年以上的老窖池，占行业老窖池总量的90%以上

　　新窖使用一年，黄泥开始逐渐从黄变乌。用上两年，渐渐变成灰白色，泥质也由绵软变得脆硬，酒质便随窖龄增长而提高。

　　等到窖龄达到30年，窖泥会呈现一片乌黑，泥质又重新变软，脆度却进一步增强，黏性消失。

　　此时窖泥内层开始出现一层红绿色，在阳光下会闪烁着五彩，并产生一种浓郁的香味。由此，便初步形成了"老窖"。

　　以后年复一年，窖香会越来越浓，酒质也越来越好。

　　泸州老窖曾针对不同窖龄的窖泥微生物进行研究，结果发现：老窖窖泥中的菌群总数是新窖的3.1倍，是中龄窖的2.6倍。

　　其中，厌氧芽孢菌的数量，也是老窖多于新窖和中龄窖，分别是后两者的2.6倍和2.2倍。

　　可见"千年老窖万年糟"这一流传甚广的酿酒口诀背后，实际蕴含着极为讲究且被时间验证过的科学机理。

　　独特的"泥窖"工艺，也成为低度浓香占据市场主流最为核心的品质基因。

而正如数十年乃至上百年时光方能修得一口老窖，从一口老窖池，到终成一瓶"低而不淡"的优质低度浓香型白酒，仍需要经历自然的更迭和时间的转化。

酿、藏、养、调

一瓶"低而不淡"的低度浓香型白酒，首先是酿出来的。

只有在优质基酒的基础之上，才有可能成就优质的低度浓香。

浓香型白酒的生产工艺，主要分为"原窖法""跑窖法"和"老五甑法"三种类型。

其中，"原窖法"是在老窖生产的基础上发展起来的一种传统工艺方法。

之所以泸州老窖能保持数百年无断代酿造生生不息，便是得益于其"原窖法"酿造工艺。

所谓"原窖"，就是在酿酒的循环往复过程中，每一窖的酒醅经过配料、蒸馏取酒后，仍返回到本窖池。

由此可保持本窖母糟的风格，避免不同窖池，特别是新老窖池母糟的相互串换，对稳定基酒品质作用巨大。所谓"千年老窖万年糟"，便由此而来。

从原粮发酵、固态蒸馏到洞库贮存和精心勾调，一瓶国窖1573的完整酿造过程，耗时至少是在6年以上。

在看花摘酒环节，通常出酒分为酒头、中段和酒尾，只有中段才符合国窖1573原酒的质量要求。

至于什么时候摘取中段，则全凭酒师的多年经验，而不是单纯地察看酒度计。

之后，国窖1573原酒会被送进天然藏酒洞中，在一年四季近乎恒温恒湿的环境下进行洞内贮存，从而让酒分子和水分子达到最佳缔合。

每一滴国窖1573原酒都会严格洞藏5年以上，而用于画龙点睛的调味酒，则会贮存长达10年以上。

当原酒经过洞藏而达到自然老熟后，就会由调酒师进行勾调。国窖1573的调酒师，都是经验极为丰富的国家级白酒评委。

这是一群用时间创作的舌尖艺术家。他们使用的调味用酒，皆是存放了10年以上的洞藏陈酿年份酒。

▲ 浓香型白酒滴滴香浓

　　勾调的过程则是既复杂又神秘。一坛100斤的原酒，通常只需注入几毫升调味酒，其风格、口味就会迅速按照调酒师的设想发生变化。

　　正是这不到千分之一的点睛之笔，赋予了白酒以灵魂。

　　一瓶38%vol国窖1573的养成，同样要历经酿、藏、养、调的四重修炼。且在优质低度白酒的酿制中，精心勾调是极为重要的一环。

　　作为中国顶级低度白酒的代表，38%vol国窖1573除了是泸州老窖酒传统酿制技艺的集大成，也浓缩了泸州老窖长达半个多世纪的勾调技艺精华。

舌尖上的"奇遇"

　　白酒勾调技艺的诞生，本身就是一场"奇遇"。

　　20世纪50年代，泸州老窖酿酒技师陈奇遇在偶然间，将不同陶坛中剩余的酒混合倒进了同一酒坛，发现口感竟格外甘醇，由此开创了中国白酒在尝评勾调技术上的探索。

随后，泸州老窖首开白酒勾调先河，成为行业内第一家展开尝评勾调技术研制和应用的企业。陈奇遇也被奉为中国白酒的"尝评宗师"。

尝评勾调作为酿酒过程中至关重要的一个环节，是白酒行业从"散酒零卖"走向规模化、品质化、品牌化发展的先决条件之一。

在白酒酿造过程中，由于生产季节不同、作坊不同、窖龄不同、贮存空间不同等，都会导致酒体的味道和口感各有不同。

也就是说，在现实生产中，几乎找不到两坛品质、口感基本一致的酒体。而要保证不同批次白酒在口感上的稳定性，就需要通过勾调来实现。

勾调的价值，不仅仅是为了追求瓶装酒体的口感一致性，更是通过不同基酒的合理配比和调味酒的加入，实现酒体在口感上的升华。

因此，勾调技艺也被称为"舌尖上的艺术"。

早在20世纪70年代，勾调就作为一门技艺被正式提出，并广泛运用于生产。不仅大大提高了优质酒率，更丰富了酒的独特风格。

半个多世纪以来，泸州老窖在敞开大门，将尝评勾调技艺向全国推广的同时，也培养出了一支行业顶尖酒体设计大师团队。

一个白酒企业拥有多少技术人才，很大程度上反映了该企业产品质量水平的高低。

目前，泸州老窖拥有行业最强大的高端人才矩阵，其中国务院特殊津贴专家7名，四川省学术和技术带头人及后备人选12名，正高级职称人才13名，高级职称人才94名，博士27名、博士后51名，为公司科研、品控及创新提供了强大人才支撑。

在低度酒的研发上，泸州老窖曾按照原酒度和分别降度至62%vol~68%vol、52%vol~58%vol、42%vol~48%vol、32%vol~38%vol等5个不同酒度进行基础酒贮存，再按4个不同贮存期（0个月、3个月、6个月、12个月）进行低度白酒勾调试验。

结果发现，降度至42%vol~48%vol，再经过12个月贮存的基础酒，组合勾调出的38%vol成品酒得分最高，具有陈香舒适、醇厚醇甜、诸味协调、口味低而不淡等特点。

▲ 泸州老窖酒传统酿制技艺第18代传承人陈奇遇（前排中）

之所以38%vol国窖1573能长期占据华北区域低度高端白酒第一品牌，便得益于其长期科研基础上形成的酒体优势。

低度白酒，好酒的试金石

在徐岩看来，中国白酒有浓香、酱香、清香、米香等多种香型，在低度化过程中，各种风味物质在水和乙醇中的溶解情况会发生变化，降度后的香气和口感也会随之变化。

不同香型因为工艺不同，降度后香气和口感变化的情况也各不相同，由此呈现百花齐放，各有千秋。

而人体对白酒风味物质的感受，存在一个最小浓度值的"阈值"，酒中乙醇含量越少，阈值就越低。

由于低度酒阈值较低，其优缺点都很容易被消费者感知，这对低度酒的酿

▲ 泸州老窖打造出行业顶尖酒体设计大师团队

造、品评、勾调都提出很高要求。同时也从另一个角度证明，低度酒一定是以好酒作为基酒。

换言之，低度白酒不仅自成一格，也成为检验一款酒能否真正称得上是好酒的试金石。

比如说，38%vol国窖1573作为华北区域低度高端白酒第一品牌，背后是国窖1573长期稳居中国高端白酒代表品牌，同时也是白酒冰饮创新饮用方式的开创者。

38%vol泸州老窖特曲早在1989年便被评为"国家名酒"，背后则是泸州老窖特曲连续五届蝉联"国家名酒"的稳定实力。

如果把高度酒比作"浓妆"，低度酒比作"素颜"，只有真正的好酒才能实现"淡妆浓抹总相宜"。

白酒泰斗梁邦昌曾谈及，如何判断一款酒是不是好酒？

他认为有两个简单的标准：一是三杯之后，菜味不改酒味，酒香不掩菜香；二是开餐时的一杯酒，有着刺激和打开味蕾的作用。

也就是说，真正的好酒应是"高而不烈，低而不淡"。

针对低度酒，徐岩认为，无论从工艺特点或发展前景看，白酒低度化都大有前途，未来仍将迎来高速发展。

在日本，酒精度16%vol~18%vol的清酒大行其道。一支720毫升的十四代售价350000日元左右，折合人民币21245元，价格远超中国顶级白酒。

在韩国，19%vol的真露占据烧酒市场54%份额，产品销往80多个国家。

而在中国，1995年后出生的Z世代正逐渐成为酒饮主力。随着自饮、微醺场景大幅度增加，未来低度白酒将拥有广泛的消费基础。

中国白酒期盼国际化，消费者追求健康化，低度白酒便成为连接二者的纽带和桥梁。

▼ 泸州老窖黄舣酿酒生态园

藏家眼中的泸州老窖收藏酒，有多"贵"

在老酒收藏界，人们有一个普遍共识：能够收藏到与自己出生年份相同的老酒是一大幸事，能够收藏到与自己同生日的老名酒，则更是可遇不可求的"福缘"。

老酒收藏家焦健的"福缘"，是一瓶1975年的工农牌泸州老窖特曲（圆柱瓶），"这是我的生日酒，也是幸运酒。"

这瓶经历了47年岁月的老酒，被焦健小心翼翼地珍藏在办公室座椅后的酒柜上，也曾与他一道，多次出现在媒体的镜头前。

有时候一个人静坐在办公室时，焦健会转过身去看看酒柜上珍藏的这些老酒，"像老友，也像情人，每一瓶酒都有一段故事，那些年扫街寻酒的画面犹在眼前。"

▲ 焦健与他收藏的一瓶1975年工农牌泸州老窖特曲

与多数老酒收藏与投资者不同，焦健对于每一瓶老酒的态度就像亲人一样，一瓶老酒到了他这里就像回到了家，"再不会四处流浪"。

"这辈子最大的收获就是两样东西，满屋子的老酒和满世界的藏友。"焦健说。

初代老酒人与他眼中的泸州老窖

焦健收藏的部分川酒品牌老酒，被集中展示在位于成都万寿桥路的川酿白酒体验馆里，这是他收藏的近十万瓶老酒中的"九牛一毛"。

"这其中有以泸州老窖为代表的川酒'六朵金花'，更有泸州产区、宜宾产区、邛崃产区、绵阳产区、成都产区等各个产区的名优老酒。"焦健介绍。

在泸州老窖酒柜里，年代最早的是一个生产于20世纪50年代的泸州老窖大曲酒空瓶，瓶身酒标上的"国营中国专卖事业公司上海市公司经销"展示了这瓶酒的沧桑。

老酒收藏之初，大都是从收藏酒瓶开始，光是这个泸州老窖大曲酒的酒瓶子，就花费了焦健数万元。

1952年，泸州老窖荣膺首届全国评酒会"中国四大名酒"称号，开创了中国白酒名酒时代。

直到1989年，泸州老窖特曲连续五届蝉联"中国名酒"称号，也是唯一蝉联此殊荣的浓香型白酒品牌。

从1952年至今的70余年间，以泸州老窖为代表的中国名酒引领了中国白酒产业发展，为消费者带来了众多优质白酒产品，也留下了无数珍贵的名优老酒。

在老酒收藏者眼中，这些历经岁月、饱含历史的名优老酒，也是他们竞相追捧的"珍宝"。

中国老酒收藏的萌芽大致起始于20世纪90年代末、新千年初，主要市场集中在一线城市，其中广州、北京是老酒行业的风向市场。

彼时，刚刚大学毕业的焦健已经对各个品牌的小酒版产生了浓厚的兴趣。27年前，在成都街头偶遇红旗商场陈列的一套小版川酒6朵金花，开启了焦健与老酒的结缘之路。

"这些小酒版制作精致可爱，是各大酒企在不同时期产品线的'缩小版'，我

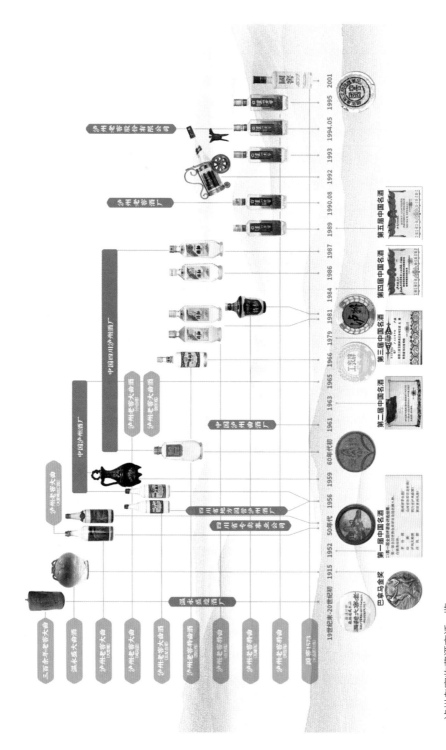

▲ 泸州老窖收藏酒受证一览

最初接触的小酒版大部分都是泸州老窖的产品。"焦健说。

一瓶老酒，是时代发展的见证，更是历史文化的传承。在收藏老酒的同时，焦健对泸州老窖品牌的文化历史有了更深的了解，也让他对中国白酒和中国酒文化近现代历史产生了更为浓厚的兴趣。

在焦健看来，收藏老酒既是一种志趣，也是对于中国白酒文化的传承。

"像泸州老窖这样的中国名酒品牌，兼具高水准的酿造技艺、高品质的名酒产品和深厚的名酒企业文化，每一瓶泸州老窖特曲老酒都是其在某一时期文化、历史、经济社会价值的集中展示。"

在焦健收藏的老酒酒柜里，时常可以看到许多酒标残缺、品相不好的藏酒，"残缺本身就是历史的真相，是岁月的见证。"

对焦健来说，这些老酒再不会被交易出去，所以即便品相不好也没那么重要。

川酿白酒体验馆里有一个专门的房间，收藏着焦健入行初期收集的各大酒企的小酒版，其中的泸州老窖酒版占据了整整一个酒柜。

作为初代老酒收藏者，从20世纪90年代末的酒版收藏，到2005年左右的老酒器具、老酒瓶的收藏，再到2010年后的老酒收藏与投资交易兴起，焦健见证了中国老酒收藏的整个历程。

入行之初，焦健的眼前还是一片空白的老酒江湖，收藏老酒全凭爱好与情怀。2000年之后互联网的兴起，让为数不多的收藏爱好者们有了在烧酒网、BBS、淘宝旺旺等平台上交流的场所。

老酒的"觉醒"

在老酒江湖里，泸州老窖是为数不多的率先对老酒价值认知和挖掘表现出兴趣的生产企业之一。

1999年，泸州老窖在泸州举办了"99国窖酒拍卖大典"，四瓶编号为0009、0099、0999、1999的精品绝版国窖酒的拍卖，正式开启了中国白酒收藏的先河。

在那之后的近十年时间里，老酒市场上涌现出越来越多的收藏爱好者，老酒的价值逐渐被大众所关注。

尤其是在经济较为发达的广东，一部分高端消费者开始关注老酒、饮用老酒，带动了一波"北方买，南方卖"的老酒交易热潮。

2010年，泸州老窖为纪念获得巴拿马万国博览会金奖95周年，先后在广州、郑州、石家庄、济南、成都、重庆举行"见证中国荣耀 老酒中国寻"活动，带动了老酒收藏和消费市场持续升温。

在这次系列活动中，收藏者可携带1990年1月1日以前出品的泸州老窖特曲老酒，换取一枚千足纯金纪念金牌。

这枚金牌由泸州老窖集团推出，由中国印钞造币总公司成都印钞公司特别出品，价值万元，而换回的这些珍贵老酒，也被永久封存展示在"泸州老窖中国酒文化博物馆"。

那时的焦健，还一直醉心于小酒版，对大瓶的老酒并没有太多投入。

正是在这次系列活动中，焦健得知，广东一位80多岁的张姓老伯手里有一瓶20世纪70年代的"工农牌"泸州老窖特曲，已经被泸州老窖官方确认为真酒，可以参加活动换取金牌，但那位老人将这瓶老酒视若珍宝，坚决不愿置换。

好奇心驱使下，焦健托人联系到张伯，认识了这位真正的老酒收藏者。

张伯自20世纪60年代开始参加工作，是一家国营单位的销售人员，经常需要到全国各地出差，有机会接触到各地名酒。

自那时起，张伯每到一地就会买两瓶一模一样的名酒，一瓶收藏，一瓶自己品鉴，并撕下标签，将买酒的故事记录在本子上。

认识张伯，让焦健完成了从酒版、酒瓶到老酒收藏的跨越。他萌生了新的想法，想要成为"将老酒作为'液态文物'纯收藏品，挖掘老酒历史、传播老酒文化"的真正的老酒收藏家。

2010年以后，以泸州老窖为代表的各大名酒企业表现出老酒意识的"觉醒"。他们开始重视老酒价值，陆续举办各类展示老酒收藏价值、展示酒企文化实力的拍卖会和老酒收藏活动。

2012年，在"歌德秋拍会·泸州老窖五届金奖年份老酒"拍卖专场上，1952年泸州老窖金奖年份老酒拍出最高价格，创下白酒拍卖场上单一标的物成交额历史新高。

2013年，泸州老窖携手上海嘉禾拍卖公司，精选1963年—1998年陈年老酒专场拍卖，其中一年份老酒再次刷新白酒拍卖场上单一标的物成交额历史新高。

2014年12月，泸州老窖与中国酒业协会名酒收藏委员会联合举办的"中国首届名酒收藏拍卖会"，成为白酒投资收藏界史无前例的盛会。

越来越多的拍卖会、老酒交易会，激发了市场上老酒投资与收藏意识的觉醒，吸引了更多老酒爱好者加入老酒收藏队伍中来。

出生于1985年的年轻人申航与焦健就这样走到了一起，他们在老酒收藏网站"烧酒网"上互相交流老酒鉴别经验、学习老酒知识，成为圈内藏友。

线下，焦健会带着申航一起到泸州、宜宾等各大名酒产区，到全国各地的老街巷、白酒批发市场去寻找老酒。

"我们一起坐火车、坐大巴，一起住破旧的招待所，用口袋里不多的工资去换一瓶自己中意的老酒。"申航回忆。

申航最为得意的一件藏品，是一瓶20世纪50年代的"白塔牌"泸州老窖大曲酒，这瓶酒被他珍藏在保险柜中，从不轻易示人。

申航讲述，这瓶酒是深圳一位收藏家"忍痛"割让给他的，除了老酒本身，这瓶酒也见证了两人深厚的友情。

而为了得到这瓶老酒，申航花费了十年时间，"从2012年第一次见到这瓶酒，就一直念念不忘。十年里，每次到这位朋友家里，都会专门去看一眼这瓶酒，仿佛是自己离散多年的亲人，总想着什么时候可以带它回到四川。"

2021年，申航再次见到这瓶酒时，这瓶酒的品相已经越来越不好，"那位朋友住在海边别墅，潮湿的空气环境极不利于老酒保存。"

申航终于忍不住向这位朋友正式表达了请其转让这瓶酒的想法。后来，在"2021阿里拍卖全球老酒节"拍卖之夜上，这瓶1斤装的"白塔牌"泸州老窖大曲拍出了118万元的天价。

泸州老窖，老酒收藏先行者

酒企对老酒价值的重新认知，带动起更多从业者投身老酒收藏领域。

拍出天价的泸州老窖大曲酒，以其稀缺性和高品质彰显了极高的文化价值、收藏价值，也成为收藏者眼中跨越时代的永恒经典。

在申航看来，像泸州老窖这样的中国名酒，即便是拍出更高的价格也并不意外。这些稀缺的传世老酒是物质与精神、产区与文化、品质与品牌的深厚沉淀，在

▲ 申航收藏的"麦穗牌"泸州老窖大曲酒

藏家眼中，他们是无价之宝。

焦健深刻认同这一说法，他认为，价格只是评估老酒价值的表现之一。在过去，老酒价值一直被低估，也一定程度上抑制了老酒市场的活跃度。

"作为老酒收藏者，我们要做更多的事情，要投入更大的力量来助力不同老酒品牌的活动推广，将老酒文化价值传播得更广更远。"焦健说。

2014年，中国酒业协会名酒收藏委员会成立，为老酒行业的发展注入了新鲜血液，同时也成为了老酒行业发展的一个里程碑事件。

2019年，中国酒业协会首次针对老酒市场发布了权威性报告《中国老酒市场指数报告》，预判未来老酒市场将达到千亿以上规模。

中国酒业协会名酒收藏委员会成立后，已经连续开展四届"家有老酒"系列活动，对老酒消费和投资收藏产生了积极影响。

最近几年，焦健开始频繁与名酒企业展开合作，试图推动老酒收藏领域迈入新的发展阶段。

"对老酒收藏来说，收藏的是老酒产品，展示的是酒企的历史文化，是某一特定时期社会经济、历史文化的浓缩，当然离不开生产企业的参与。"焦健说。

在众多名酒企业中，泸州老窖是老酒收藏与老酒文化推广的积极参与者。

从首开中国白酒收藏先河到开启老酒拍卖时代，从实施成品酒年份化定价到开展老酒全国巡回鉴评，泸州老窖在老酒收藏与推广领域一直走在行业前列。

2016年，泸州老窖首创瓶储年份酒概念及定价策略，全面下发《关于国窖1573经典装52度成品酒实施年份化定价的通知》，成为行业首个制定瓶储年份酒定价标准的企业。

2017年，泸州老窖再次全面下发《关于国窖1573经典装瓶储年份酒2017年度价格体系的通知》及《瓶储年份酒新零售价格的通知》，并携手中国白酒产品交易中心"名酒收藏交易平台"，引领瓶储年份酒新航向。

2022年7月16日，中国酒业协会名酒收藏委员会与泸州老窖股份有限公司在泸州联合举办"名酒七十年，荣耀鉴新篇"家有老酒泸州老窖专场鉴评会。

在这场老酒鉴评会上，泸州老窖面向广大消费者、陈年酒收藏爱好者和收藏家征集陈年酒，进行专业、权威鉴定，与市场和消费者携手共寻陈年酒的时间价值。

中国酒业协会名酒收藏委员会副主席胡义明指出，作为蝉联历届全国评酒会"中国名酒"称号的历史文化名酒，每一瓶泸州老窖陈年老酒都是唯一的存在，具有卓尔不凡的品质，代表着历久弥新的中国白酒文化。

"我们从一瓶泸州老窖老酒，可以探索到时间的秘密，看见时间的价值，享受岁月的荣耀。"

▲ 泸州老窖藏品标签集锦

值得一提的是，在这次鉴评会上，泸州老窖系统梳理旗下产品的《泸州老窖藏典》重磅发布。

这本书以历史图片勾勒出泸州老窖自20世纪50年代至2001年间，200余款老酒的历史变迁，包括厂名、瓶盖、瓶型、商标等的演变。

对老酒收藏者来说，这是一部历史跨度长、内容丰富、具有科学性和权威性的泸州老窖老酒百科全书，也是中国近现代白酒文化的缩影，对于传承、弘扬中国白酒文化意义深远。

作为四大名酒之一，泸州老窖既是浓香鼻祖，也是将浓香技艺传向全国各地的浓香型白酒文化历史的奠基者。

在藏家眼里，泸州老窖酒在展现浓香技艺品质价值，展示白酒文化厚重历史价值，展示稀缺的老酒时间价值等方面，都有着无可比拟的优势。

泸州老窖的每一瓶老酒都见证了中国白酒的辉煌历史，岁月的痕迹或许让这些老酒不再光彩照人，却又赋予了每瓶老酒非比寻常的时间的力量。这种力量让老酒价值愈显珍贵，足以传世。

正如中国酒业协会理事长宋书玉所说，"那些遗落于民间的老酒正因为在岁月的长河中洗尽铅华，又在日常生活的烟火气中沉淀升华，才能化茧成蝶、历久弥香。"

老酒，是物质与精神的深厚沉淀，是特定时期社会历史的浓缩，也是历经岁月的时间珍宝。

这家大隐于市的博物馆，藏着浓香之源

若以水系看泸州，会发现长江在这里拐了一个大大的"几"字。

沱江由"几"字左上角汇入，泸州老窖明清酿酒作坊、老窖池群、天然藏酒洞，密集分布在两江之畔，隐匿于泸州的大街小巷。

国窖大桥横跨"几"字左侧腰部，桥下的三星街从江边延伸至泸州老窖旅游景区。

溯于先秦　始于秦汉
兴于唐宋　成于元代
盛于明清　耀于民国
发展在新中国

▲ 泸州老窖博物馆入口处文字"天之美禄，浓香圣地"

始建于公元1573年的国宝窖池群就位于此处，面朝长江水，背倚凤凰山。

如今这里是被誉为"中国第一窖"的浓香朝圣之地。紧邻国窖酿酒车间，最靠近泸州老窖"心脏"的地方，就是泸州老窖博物馆。

博物馆门口，矗立着白酒泰斗周恒刚的塑像。一旁的"浓香正宗"石碑上，镌刻着他当年留下的墨宝。

每年5月18日是国际博物馆日，今年的主题为"博物馆的力量"。

作为时间长河的微缩，每座博物馆都是一段旷古历史的凝练。而在泸州，我们借由博物馆的力量，看到了浓香之源。

浓香圣地

一进泸州老窖博物馆，入口照壁书写有八个大字："天之美禄，浓香圣地"。

这不只是一句宣言。

事实上，泸州老窖博物馆堪称是一座"活"着的博物馆。因为博物馆所在的泸州南城"营沟头"，正是中国浓香型白酒的发源地。

关于"营沟头"的称呼，民国27年出版《泸县志》曾有记载。当时的"营沟头"分为上营街、下营街和水巷子。

"营沟头"自古酒坊林立，是泸州曲酒的主要出产地。后来合并为泸州老窖的多家老酿酒作坊，就位于此处，包括温永盛、春和荣、洪兴和、永兴诚、鼎丰恒等。

1999年2月，营沟头一带曾发掘出一座古窖址。后经考古专家研究发现，这座古窖址的出土器物以陶瓷酒具为主，时代跨度为晚唐至元初，窖址的兴盛时代，则在两宋时期。

由于大量酒具的出土，考古专家们认为，泸州在唐宋时期，酿酒业已比较发达。

《宋会要辑稿·食货》也有记载，北宋神宗熙宁十年（1077年），泸州的酒税额已超过6000贯。

2007年，四川省文物考古研究院组织专业考古队，对位于营沟头一带的温永盛（舒聚源）等老酿酒作坊进行勘探，发掘出土了一大批宋代至清代各个时间段的遗迹遗物。

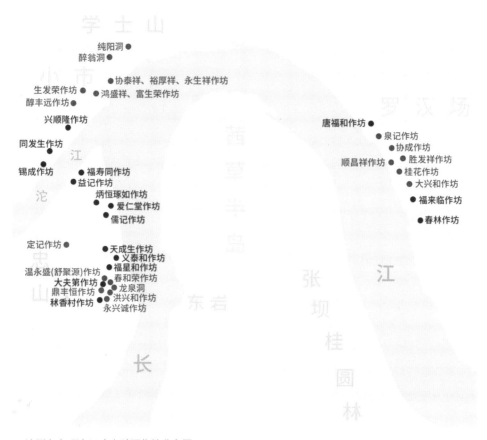

纯阳洞 ●
醉翁洞 ●

● 协泰祥、裕厚祥、永生祥作坊
生发荣作坊　● 鸿盛祥、富生荣作坊
醇丰远作坊 ●

兴顺隆作坊 ●

同发生作坊 ●

锡成作坊 ●
　　　● 福寿同作坊
　　　● 益记作坊
　　　● 炳恒琢如作坊
　　　　● 爱仁堂作坊
　　　● 儒记作坊

唐福和作坊 ●
　　　　　● 泉记作坊
　　　　　● 协成作坊
顺昌祥作坊　● 胜发祥作坊
　　　　　● 桂花作坊
　　　　● 大兴和作坊
　　　　● 福来临作坊

　　　　● 春林作坊

定记作坊 ●
　　　● 天成生作坊
　　　● 义泰和作坊
温永盛(舒聚源)作坊　● 福星和作坊
大夫第作坊　● 春和荣作坊
鼎丰恒作坊　● 龙泉洞
林香村作坊　● 洪兴和作坊
永兴诚作坊

▲ 泸州老窖明清36家老酿酒作坊分布图

　　之后在2018年，四川省文物考古研究院针对古窑址又做了进一步发掘，出土了大量汉砖、唐末至宋陶瓷残件，还发掘出清末民初温永盛大曲酒酒罐器型口沿残片。

　　诸多考古发现，证实营沟头一带自汉代至今，拥有完整的历史沿革和文化延续。

　　而距离古窑址仅60米的1573国宝窖池群，则是营沟头作为浓香圣地的最鲜活体现。

　　"外地人来泸州，第一个要看的就是我们的窖池，老窖池是泸州老窖的根和魂。"泸州老窖博物馆馆长杨辰告诉我们。

作为泸州老窖博物馆"十大镇馆之宝"之首，这些最早由明代舒承宗于营沟头兴建的老窖池，至今已连续使用了450余年。

早在1996年，1573国宝窖池群就被国务院评定为白酒行业首家全国重点文物保护单位。

2013年，泸州老窖1619口百年以上老窖池群、三大天然藏酒洞及16处36家明清古酿酒作坊，一并入选成为全国重点文物保护单位。

这些历经数百年岁月沉淀的酿酒"活文物"，也让泸州老窖成为浓香型白酒的朝圣之地。

值得一提的是，除了营沟头的国宝窖池群，泸州老窖还有更多的老窖池分布于泸州的老城区，与城市生活水乳交融。

这些老窖池大多沿长、沱两江之畔分布。比如长江"几"字两侧的罗汉酿酒生态园和小市街道，至今仍保留大量百年以上的老窖池，不断演绎着酒与城的相融共生。

▼ 泸州老窖博物馆展陈的酒器文物

一步一个世纪

从泸州老窖博物馆历史馆的入口到出口，游览时间大约只需要几刻钟，却在酒的世界里徜徉了数千年。

据馆长杨辰介绍，建于1996年的博物馆在2022年1月份完成展陈升级。馆内现由"传统""传续"和"传世"三大部分九个单元构成，展陈着历代酒器、文献、老酒等大量珍贵的藏品。

作为浓香型白酒的发源地，早从古江阳开始，泸州就是著名的酒城，其酒史可以追溯到先秦时期。

从商周时的"巴乡清酒"，到秦汉时以酒祭祀的"巫术祈祷图"，这片古老的土地早已被酒香浸润。

唐代，泸州出现"荔枝春酒"。宋代，黄庭坚赞道，"江安食不足，江阳酒有余"。

此时的泸州，已成为全国26大商税城市之一。泸州地区也出现了"大酒"和"小酒"之分，前者被认为是中国蒸馏酒的雏形。

直至元代，泸州人郭怀玉于公元1324年发明"甘醇曲"，大曲酒由此问世。泸州老窖酒传统酿制技艺也正式诞生，至今已薪火相传700年，传承24代。

明代舒承宗于营沟头兴建窖池，至此国窖开宗。

再往后，就是泸州老窖作为浓香鼻祖，不断引领浓香型白酒技术进步、人才培养、科技创新，直至开启浓香天下。

倘若按照泸州老窖仍在使用的酿酒基地来作梳理，则可以看到一部脉络清晰、从未断代的酿造传承史诗。

位于营沟头、三星街等地的国宝窖池群，是泸州老窖酿酒底蕴最为厚重的地方，泸州3000年文化脉络也在此得以具现。

地处泸州小市区域的老作坊、老窖池，则可佐证300年来的泸州酒史。

沿着长江，走到罗汉酿酒生态园，这里不仅有大量近现代作坊群，还有协成、泉记、大兴和、胜发祥、桂花等清代老作坊，都是全国重点文物保护单位，百余年来持续酿造，生生不息。

而以智能酿造水平闻名酒业的黄舣酿酒生态园，则展示出当代泸州老窖的科技引领。

▼ 泸州老窖博物馆

泸州老窖 博物馆
LUZHOU LAOJIAO MUSEUM

　　无论是镌刻于历史中的考古发现，或是仍活跃于当下的酿造基地和酿制技艺，都可见泸州3000年酿酒历史的完整有序。

　　而承载这样一段宏大历史的最佳载体，或许就是一座真正的博物馆。

博物馆的力量

　　虽偏居西南小城，身为一家企业博物馆，泸州老窖博物馆的目光却在远方。

　　作为国家文明发展程度的一把标尺，博物馆事业也是文化强国的重要部分。我国提出到2035年，要基本建成世界博物馆强国。

　　泸州老窖博物馆希望成为其中的一束微光，所以每一处，都极尽水平。

　　"我们希望每一位进入泸州老窖博物馆的本地人，能够为泸州感到自豪。而每一位走进泸州老窖博物馆的外地人，能够为中国酒文化的深厚与丰富感到欣慰。"杨辰说。

　　秉承着"展品为王"的核心理念，历史馆千余平方米的展厅内展陈了300多件展品。展厅之外，泸州老窖的库房里还存放着数千件藏品。

　　"博物"二字在这里体现得淋漓尽致。

　　细说起博物馆里的展品，杨辰的声音与神情里都透露着自豪。

　　"级别最高的青铜器是刻有文字的，其次是有纹饰的。"

　　刻有天黾家族铭文的商周青铜器，全球仅存118件。而在泸州老窖博物馆，就藏有一件刻有"天黾父庚"铭文的商代青铜觚。

　　馆内年代最久远的展品要数新石器时代的小口尖底瓶，距今5000～3000年。

▲ "天黾父庚"铭文的商代青铜觚
泸州老窖博物馆藏

每讲到专业之处，比如古墓的结构、器皿的辨别、文物的价值、各朝代文物的差异等，杨辰不仅能逐一深入展开介绍，甚至对全国各大知名博物馆的酒器重器也如数家珍。

过去十多年来，为了学习专业的文博知识，泸州老窖博物馆团队走遍了全国很多地方的博物馆，还到过中国台湾的故宫博物院。国外博物馆也去了不少，包括法国的卢浮宫、美国国家博物馆、柬埔寨国家博物馆等。

他们用做专业博物馆的态度打造这里，而非仅仅将其当成一家酒企的附属。

在布展形式上，泸州老窖博物馆采用传统展陈+场景艺术+多媒体技术等多种展陈手段，呈现了一部宏大、细致、真实而生动的中国酒史。

而位于黄舣镇中国酒谷内的乾坤酒堡，作为泸州老窖博物馆的另外一大重要构成，则被专业文博人评价为"完全开创了博物馆的一种新的展陈方式"。

作为泸州老窖浓香国酒定制中心，乾坤酒堡是目前国内最大的地下酒堡，也是以科技感探索酿酒艺术的崭新世界。

▲ 泸州老窖乾坤酒堡——沉浸式剧目

这里也是泸州老窖博物馆团队按照体验馆定位，打造的泸州老窖定制酒艺术博物馆。

进入酒堡中庭的巴洛克建筑空间内，你会欣赏到一场将创意与空间融为一体的五维沉浸式大剧。

而一条浓缩了诸多酿酒老作坊和泸州非遗技艺的老酒街，则借由中国画作的"白描"手法，辅以西方画作的"透视"角度，在光线和投影的不同层次中，呈现传统与现代交织的体验感。

如果说博物馆极尽了泸州老窖的传统和厚重，那么乾坤酒堡则完全释放了泸州老窖的时尚与创新。

将传统策展与创新策展相结合，泸州老窖文博人希望借由博物馆的力量，找到一条酒文化展示与传播的新途径。

此时，这家博物馆所承载的意义，已经不局限于泸州老窖这家企业和泸州这座酒城。

事实上，正是源于泸州老窖的开放和包容，源于其对历史与文化的重视，才能衍生出这样一座极具专业水平的博物馆。

也只有这样一座真正的博物馆，才能将这部浓香型白酒的源流史诗，一并浓缩其中。

蝉联五届中国名酒，为何只有这"三香"

2022年7月中旬，"泸州老窖荣获中国名酒七十周年主题展览"正式对外开放。在泸州老窖企业文化展厅内，许多珍贵的老照片、报纸、文献等资料都是首次公开。

继首次亮相后，7月23日，该主题展又走进杭州，将名酒70年的记忆温度从酒

▼ 泸州老窖荣获中国名酒70周年主题展

城泸州延伸到了西湖之畔。

透过这些静默的历史见证，"中国名酒"的70年光阴故事也变得清晰而厚重。

70余年前的1952年，由中国专卖事业总公司主办的第一届全国评酒会在北京举行，期间评选出了中国四大名白酒：泸州老窖、茅台、汾酒、西凤酒。

中国白酒的名酒时代由此开启。

此后直至今天，70年时间里，国家名酒评选先后举办过五届，泸州老窖、茅台、汾酒则蝉联五次"中国名酒"。

"巧合"的是，这三家酒企也正是中国白酒浓、酱、清三大主流香型的鼻祖，并持续引领着各自品类领跑行业。

为什么是这三家酒企？为何只有这"三香"？

首开先河："三香"引领名酒时代

70年前的评酒会，书写了中国名酒辉煌70年的序幕，也开启了中国白酒的品牌时代。

▼ 泸州老窖是中国最早的四大名酒之一，也是唯一蝉联五届"中国名酒"称号的浓香型白酒

透过"泸州老窖荣获中国名酒七十周年主题展览",回望70年前的首届全国评酒会,激荡澎湃之情油然而生。

为什么蝉联五届国家名酒的,只有这"三香"?为什么这"三香"能够引领时代,成就白酒行业百花齐放?

历史最能检验真相,在尚没有香型、品牌之说的年代,这三家酒企已从众多白酒样品中脱颖而出,成就70年来的辉煌与荣光。

曾有媒体评价称,"(第一届全国评酒会)不但促进了酒类产品市场销售声誉的大幅提升,还树立了榜样,在全行业掀起了生产新高潮,对推动白酒生产、提高白酒产品品质起到了重要作用。"

回溯历史,在不同时代,不同香型的崛起皆有其客观因素,但都少不了"三香"企业的引领作用。

特别是作为中国第一大主流香型,在浓香崛起的故事里,泸州老窖的白酒酿造工艺理论标准和实物标准均成为国内浓香型酒企的技术标杆。

泸州老窖还开办各类培训班,整理出版各类酿酒工艺理论书籍,将浓香型白酒酿造技术推广全国。

时至今日,不论香型品类如何轮转,由泸州老窖奠基并在此基础上开花结果的浓香市场,始终占据白酒行业半壁以上江山。

70年时间里,随着"三香"引领名酒时代,白酒行业逐步从分散落后的传统作坊,进入品牌集中、产区化发展的稳定发展期,诞生出一大批具有全球影响力的优势产区和优秀品牌。

中国白酒产业,也由此形成了今天各美其美、美美与共的产业格局。

标杆引领:行业标准制定者

中国白酒香型的正式确立,始于1979年的第三届全国评酒会。

在这届评酒会上,以泸州老窖特曲酒为浓香型白酒的代表,被誉为"泸型酒";以贵州茅台酒为酱香型白酒的典型代表,誉为"茅型酒";以山西汾酒为清香型白酒的典型代表,被誉为"汾型酒";以桂林三花酒为米香型白酒的典型代表;以陕西西凤酒为其他香型的代表。

单从香型名称就可以看出，泸州老窖、茅台、汾酒在各自香型品类中的重要地位。

其中以泸香型代表泸州老窖对浓香型白酒的行业贡献最当为行业所铭记。

"泸州老窖荣获中国名酒七十周年主题展览"的珍贵资料中，记述了泸州老窖对行业发展的奠基作用。

20世纪50年代，泸州老窖率先在全行业传导泸型酒工艺操作法、白酒尝评与勾调技术、窖泥培养技术、双轮底发酵技术等先进生产工艺技术，并培养了大批白酒权威技术人才，为现今白酒市场的"浓香天下"做出了重要贡献。

▲ 1965年，轻工业部泸州老窖查定项目组合影。这是继1957年首次对泸州老窖进行查定总结之后的第二次试点，为浓香型白酒产业开启了一条科学之路，对日后浓香型白酒的全国流行产生了深远影响

1957年，国家组织专家对"泸香型"典型代表泸州老窖酒传统酿制技艺进行查定总结，并出版了中华人民共和国成立后第一本酿酒教科书《泸州老窖大曲酒》，规范了全国泸香型（浓香型）白酒的生产工艺。

这次技艺查定起到了两个方面的作用：

一方面，奠定了泸州老窖在中国酒界、学术界的崇高地位。

另一方面，泸州老窖也肩负起发展浓香型白酒的责任。从中华人民共和国成立至今，泸州老窖在推动我国浓香型白酒的发展上，做出了巨大贡献。

故有了后来专家、学者、社会各界人士把泸州老窖誉为"浓香鼻祖，酒中泰斗"的称赞，甚至酒界泰斗周恒刚先生亲笔题写了"浓香正宗"赠予泸州老窖。

这次查定总结也被称为泸州老窖第一次试点，比汾酒试点和茅台试点还要早上几年。

▼ 20世纪60～80年代前后，泸州老窖曾面向全国开办培训班，培养的技术人才不计其数，遍布全国各大酒厂和科研机构。这里的每一张照片背后，都是一段热血往事和历史风华

　　1964年，汾酒试点和茅台试点（茅台在1959年先进行了为期一年的实操查定总结）也先后开展起来。

　　可以说，泸州老窖进行的查定总结，拉开了中国白酒史上三大基本香型工艺试点的序幕，并首开中国名白酒科学化研究与发展的先河。

　　此后，泸州老窖又担负起浓香型白酒标准化的起草与制定工作，以及名酒标准化的审定工作，为中国浓香型白酒产业逐渐进入现代化、标准化、国际化和"微生物学范畴"，开辟了一条崭新的科学之路。

　　从那时起，中国浓香型白酒主要依靠泸州老窖制定的理论标准去指导生产。

　　而在1987年，受国家相关部门委托，泸州曲酒厂研制成功750件浓香型大曲酒标准样酒，并发到各大监督部门和大型酿酒企业用于指导生产，成为浓香型白酒的实物标准。

技术引领："中国白酒黄埔军校"

　　在白酒三大主流香型的发展进程中，泸州老窖除了在工艺品质上树立起浓香型白酒的标杆，更将浓香技术广播天下，带领着整个浓香品类百花齐放。

　　"泸州老窖荣获中国名酒七十周年主题展览"里，展出了中华人民共和国成立后第一本白酒操作教科书《泸州老窖大曲酒》的封面照片，这也是泸州老窖科研技术突破的见证者。

　　"在泸州老窖特曲之前，中国没有特曲。"

　　1956年，泸州老窖开始区分类别，将酒体分出"特曲、头曲、二曲、三曲"四种级别，大曲酒中质量特级的曲酒被定为"特曲"。

　　从此，泸州老窖特曲成为业内首家以"特曲"为名的白酒产品。

　　除了以技术进步创新品类外，1959年，泸州老窖在中华人民共和国成立后第一本酿酒教科书《泸州老窖大曲酒》出版之时，还将自主开创的中国白酒勾调技艺、窖泥培养技术等无私奉献给全国同行，泸州老窖的酿酒技艺也由此被行业奉为"圣典"。

　　泸州老窖对行业的引领作用，更多还体现于浓香型白酒技术的传承与推广，比如：

（1）"温、粮、水、曲、酸、糠、糟"量比关系的先进技术在全国白酒行业推广应用；

（2）窖泥培养技术、成品酒勾调等先进技术和理论，毫无保留地在全国白酒厂推广，技术支援的规模较大酒厂达数百家，其中数十家获得部优或者国优产品，促进了中国白酒的科技进步，推动了泸（浓香）型大曲酒业的发展；

（3）响应国务院"提高名酒质量"的号召，在全国开办酿酒科技技术培训班，为全国20多个省市的酒厂培养了数千名酿酒技工、勾调人员和核心技术骨干；

（4）1988年，泸州老窖在全国成立了第一所专门的酿酒技工学校，在全国培训了8000多名酿酒科技人才，学成后有相当建树的酿酒工程师已达5000多人，如今分布于全国各大酒企。

同时，包括《泸州老窖大曲酒操作法》《浓香型白酒生产工艺》《制曲工艺与质量》《白酒勾兑调味技术》《浓香型白酒化验方法》《酿酒微生物的培育与利用》《泸型酒技艺大全》等浓香型白酒技术，成为指导浓香型白酒酿造的范本。

正因此，泸州老窖也被行业誉为"中国白酒黄埔军校"。

我们还应看到，泸州老窖一直沿着前人的道路，延续着前人的精神，在传承与创新中不断发扬着名酒精神。

依托1573国宝窖池群和传承700年的泸州老窖酒传统酿制技艺，泸州老窖率先推出高端产品国窖1573，成为白酒行业唯一的"双国宝"酿造，引领了中国顶级白酒独具文化魅力和品质魅力的价值表达。

品类引领：赓续名酒担当与荣耀

70年过去，以浓香为首的三大基础香型，依然是白酒行业的中流砥柱。无论是品质影响力，还是市场占有率，"三香"都在白酒行业拥有稳固的地位。

"三香"引领之下，中国白酒足以傲视世界。

纵观如今的白酒十二大香型，大部分香型也都是在浓、清、酱三个基础香型上组合演绎而来。比如：兼香型多是浓、酱复合的香型，凤香型是浓、清两种香型的复合香型；馥郁香型和芝麻香型都是浓、酱、清三者复合的香型，前者具有前浓、中清、后酱的特点，后者带有炒芝麻的香气；董香型从香气上更接近于浓香酒，同

▲ 泸州老窖在第一届全国评酒会就被评为中国四大名白酒，无愧于名酒开创者名号

时带有淡淡的药香；特香型的发酵容器虽是红褚条石垒制，窖底却运用了近似浓香工艺的窖泥。

毫不夸张地说，在70年的发展历程中，这"三香"深刻地影响着整个行业的发展。

其中，泸州老窖更是以品质标准、技艺传承、品牌影响等各个层面，推动着浓香型白酒成为白酒市场的稳固基石。

从白酒发展历史来看，泸州老窖已经引领中国白酒实现了三次跨越：一是发明"甘醇曲"，引领中国白酒迈入大曲时代；二是始建1573国宝窖池群，开创浓香型白酒酿造中最为关键的泥窖生香工艺；三是首获"中国名酒"，铸就中华人民共和国成立后第一本白酒教科书，引领产业步入现代化。

而从当今白酒产业发展态势来看，以浓香为主流的"三香"格局仍将赓续"中国名酒"的担当与荣耀。

作为浓香鼻祖和唯一蝉联历届"中国名酒"称号的浓香型白酒，泸州老窖正力争实现民族白酒产业走出酒巷、享誉全球的突破，或将引领中国白酒迈入全球时代。

在流动的博物馆，触摸"浓香的底子"

2023年暑假期间，泸州市博物馆的镇馆之宝——麒麟温酒器，到全国各地"出差"。

一同出发的，还有泸州老窖博物馆的商周青铜匙、汉代《巫术祈祷图》拓片、唐宋时期的若干酒器、来自1573国宝窖池群的珍贵窖泥、见证泸州酒文化历史的老照片和手写资料……

2023年7月以来，泸州老窖·流动的博物馆走过重庆、无锡、南昌、泉州、北京、青岛等10余座城市，开展50余场次活动。文物们串联起泸州的酒文化脉络，"流动"到广大酒文化爱好者、博物爱好者和消费者身边。

站在白酒行业文化表达的角度，"出差"的文物背后，又是一次"泸州老窖式"创新。

▼ 泸州汉画石棺上的"巫术祈祷图"

文物也"出差"

"泸州老窖属于小酒还是大酒?"

熙熙攘攘的展厅中,当主讲人抛出问题,合围的观众迅速给出正确答案。在此之前,大家流连于展厅各处,透过一件件文物、一页页资料,感触中国酒史的演进之路。

当泸州老窖·流动的博物馆走进一座新的城市,相似的情景总会上演。无论嘉陵江畔,还是太湖之滨,豫章故郡抑或初秋的北京,人们都可以在家门口触摸来自川蜀大地的泸州酒脉。对大部分人而言,"这是一种新奇的体验。"

"一件展陈品就是一个故事,讲述的是一个时代美好的生活。"

那些"出差"中的文物,都是串联泸州酒史的关键。

一把来自商周时期的青铜匙,拥有细长的柄和圆鼓鼓的容器,形似酒吊子,但做工更为考究。古时,它常出现在祭祀礼器中,可用于舀酒。

一幅汉代《巫术祈祷图》拓片,再现了巫师以酒为祭品、行祈祷之事的场面,进一步揭示酒在古代祭祀中的作用。这幅画存在于泸州麻柳湾崖墓内出土的第9号汉棺画像石上,于1984年被发现。

除了庄严的祭祀场景,泸州酒的

▲ "出差"的文物们

社会功能在先秦时期便已显现。

东晋成书的《华阳国志》记载，秦昭襄王与巴人刻石为盟："秦犯夷，输黄龙一双；夷犯秦，输清酒一钟。"巴人用清酒作为外交信物，充分体现了酒的社会功能。

在历史演进中，泸州酿酒业不断走向日常生活。

在展陈中心区域，可以看到憨态可掬的麒麟温酒器（麒麟温酒器的年代，学界有汉代和明代之说）。

温酒器，顾名思义，是饮酒时用来温酒的用具，以吉祥物麒麟为基本造型，它的腹腔是炉堂，尾部是炉门，饮酒时打开尾部炉门，在炉堂内放木炭，将酒杯盛酒置于麒麟腹部两侧盛水的圆鼓内温酒，酒随水温而升温，前胸和臀部通联，水汽可循环从口腔喷出。

学界认为泸州麒麟温酒器造型精美独特，关于其温酒的方法，也有不同的说法。有学者认为，在两边圆鼓中直接加入酒，经中间的炉膛加热后，通过麒麟腹部通往口中的通道，可以将温好的酒倒出。

作为泸州市的身份象征，这一款温酒器包含了太多泸州酒城文化的意蕴——多美酒、善饮酒，以饮酒为乐。

通过"流动的博物馆"这种形

式，泸州老窖还展出了唐、宋等不同历史时期的酒器，以器物之美，打开关于唐宋酒风的想象空间。

泸州凤凰山的龙窑遗址，曾出土200多件青瓷酒器，从小巧的劝杯到大型酒樽，应有尽有，是至今出土酒具最多的窑址，可视作唐代泸州酒风兴盛的一个注脚。

除了器物，文人墨客的吟咏，是了解泸州酒史的窗口之一。

"百斤黄鲈脍玉，万户赤酒流霞"，这是宋代诗人唐庚对泸州的描绘，足见当时酿酒业的繁荣。

黄庭坚曾因贬谪有过一小段泸州生活经历，吟出"江安食不足，江阳酒有余"。

在《山谷全书》里，他进一步描绘泸州的酿酒盛况："州境之内，作坊林立，村户百姓都自备糟房，家家酿酒。"

将蒸馏技术用于酿酒，是中国酿酒科技史上的一场革命。

《宋史·食货志》记载了关于"小酒"和"大酒"的区分："自春至秋，酤成即鬻，谓之小酒。腊酿蒸鬻，侯夏而出，谓之大酒。"

用今天的工艺标准来看，"小酒"是发酵酒，而大酒则是蒸馏酒的雏形。

一个有趣的现象是，透过泸州老窖博物馆展陈的各类酒器、酒具，可以看到从古至今，饮酒器从大到小趋于精致，而这也与酒的度数从发酵酒到蒸馏酒，所呈现出由低度到高度的发展脉络相互印证。

在元代，泸州因地理区位原因，躲过了严苛的酒政，酿酒技术在探索中不断发展。

这期间，泸州人郭怀玉是一个代表性人物。历经30多年的摸索与试验，他成功研制出"甘醇曲"，奠定了块状大曲的雏形，改变了之前中国酿酒只有小曲、散曲的历史。

明清时期，蒸馏酒已经得到充分普及，泸州酿酒业走向新的高峰。那些今天仍在用于酿酒的古老窖池，开始出现在小市、罗汉场等繁荣地带。

触摸"浓香的底子"

"一个博物馆就是一眼千年，讲述的是中国浓香大成发展之源。"流动的博物馆，就是要将浓香发展的漫长岁月呈现给更多受众。

除了来自不同年代的各式文物，还有一件特殊的展品藏于展厅一角。

那是一块窖泥，来自泸州老窖1573国宝窖池群。从这块特殊的泥巴开始，人们一步步被吸引进入浓香深处。

那些源于明清的老窖池，何以穿越不同历史时期、实现长达数百年的连续使用？这既有一方水土庇佑的关系，更与一代又一代酿酒人的保护传承息息相关。

今天，全行业还在产酒的国家级文物保护窖池，有90%以上在泸州老窖。

泸州老窖·流动的博物馆，展出了一张民国二十七年（1938年）的酒票。酒票来自重庆万县武陵春酒，上面写着"泸州大曲酒，记八角整"。可见那时的泸州大曲酒不但维持着正常生产，还将消费市场拓展至外地。

中华人民共和国成立后，泸州老窖如何成就今日之规模和影响？从泸州的博物馆展出的历史物件中，那些开行业先河的事迹也徐徐展开。

一本1953年出版的《李友澄小组酿酒操作法》，揭开了一段工艺创新的往事。

中华人民共和国成立之初，白酒产业凭借经验酿酒，各个环节的温度，全靠足踢手摸来把握。1952年，李友澄任泸州曲酒厂生产组长后，率先试用温度计进行测试。酿酒师傅们对此并不服气，经过一场仪器与经验的较量后，这场变革才受到认可。

次年，李友澄又吸收总结了泸州老窖的传统工艺，创造了一套"匀、透、适"酿酒经验。这与张福成、赵子成的酿酒操作经验，合称"三成操作法"，经国家轻工业部总结推广后，使许多地区的酿酒技术大为提高、粮食消耗明显降低。

另有一本《泸州老窖大曲酒》，出版于1959年，是中华人民共和国成立之后第一本白酒酿造教科书。其诞生要从1957年开始的泸州老窖试点说起。

当时，在食品工业部的组织下，时任四川糖酒工业科学研究室主任陈茂椿、副主任熊子书带队来到泸州曲酒厂，对泸州老窖大曲酒酿造工艺进行科学总结。这是中华人民共和国成立之后"三大白酒试点"中最早的一个。

经过一年多的努力，60多位专业技术人员的劳动成果，汇聚成《泸州老窖大曲酒》，其出版推动了泸州老窖大曲酒酿造技艺在全国的发展。这套工艺也被视作白酒行业当时最全面、最权威、最先进的酿酒技艺标准。

泸州老窖也就自然而然地成为标准制定者。1963年，在第一届名白酒技术协作会上，泸州老窖负责浓香型白酒（泸型酒）标准化起草工作。

此后两年，中国轻工业部同时在泸州老窖、茅台等进行试点工作。其中，泸州老窖试点对泸州老窖大曲酒窖泥、酒曲微生物进行了详细研究，为中国浓香型白酒产业逐渐进入现代化、标准化、国际化和"微生物学范畴"，开辟了一条崭新的科学之路。

长期积累的酿造经验，再加上开行业之先的科学总结和研究，让泸州老窖走在白酒产业前沿。

跟随瓶形的迭代，观众们重温了那段辉煌履历——1952—1989年，在五届全国评酒会上，泸州老窖蝉联五届"中国名酒"称号。

从连续使用的古老窖池，到影响深远的酿造技艺，为什么说"浓香酒的底子在泸州"，人们有了自己的答案。

▲ 泸州老窖创新打造"流动的博物馆"，每一场都有泸州老窖专业讲师带来精彩分享

这很泸州老窖

年代各异、类型多样的文物，展现一家酒企的历史文化底蕴；老照片和旧资料，则记录了其工艺创新的进程。两个维度，无不彰显着一家白酒企业的内功。这是泸州老窖·流动的博物馆诞生的先决条件。

在此基础上，"流动"的形式本身，又彰显了巧力。

对酒业而言，回厂游已经是一种经过试炼的成熟模式。将客户与核心消费者迎回"家中"，的确是种有效的互动和传达。但其覆盖面难称广泛，真正有机会走进酒企的消费者，毕竟是少数。

于是，"流动"的创意诞生了。

"流动"到消费者身边，让大家在自己的城市"走进泸州"，哪怕只是打开一个窗口、形成初步印象，也是文化传播的一次胜利。

回望酒业发展之路，这种"泸州老窖式"创新，一直引领着白酒行业的文化表达。

2008年，泸州老窖首创封藏大典，还原了传统酒礼酒俗中的祭祀先贤、拜师传承、封藏春酒等礼制。10多年来，这个引领酒文化传播浪潮的IP不断引入新元素、新内容，不仅成为展现酒文化的重要窗口，还树立了中国白酒文化传承创新的样板。

除了对传统文化的创新性传承，泸州老窖还通过多元视角深挖酒文化内涵，推出"国际诗酒文化大会""'让世界品味中国'全球文化之旅""泸州高粱红了"等文化活动。

面对年轻消费者，泸州老窖也找到了对话方式。倡导"万物皆可酒"的百调酒馆，主打"早C晚A，有酒有咖"的经营模式，首创了以轻酒、轻咖、轻食为主的轻生活方式，旨在为消费者打造沉浸式酒咖体验新场景。

除了这些，流动的博物馆这种形式本身，无论在酒行业还是在博物展览行业都是极具创新性和开拓性的，让文物动起来，主动走进酒文化爱好者、消费者、文物爱好者的身边。

在泸州老窖的表达体系中，体验和互动也是至关重要的一环。

"流动的博物馆"以文物为线索，集中展示泸州老窖浓香鼻祖、浓香正宗的风采和泸酒文化发展史，以精练的文物展陈和钩玄提要的讲述，向人们讲述文物背后璀璨夺目的浓香故事。

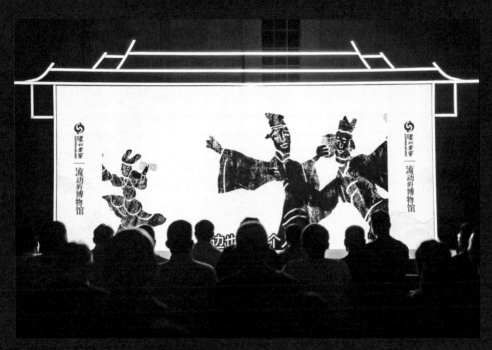

▲ 流动的博物馆活动现场

　　每一站泸州老窖·流动的博物馆，除了常规的文物展示，还会辟出一个氛围松弛的互动分享空间。座位旁的手提袋里，除了资料，还放了一个相框——分享结束后，观众们可以现场体验拓印，然后用它装裱自己的作品。

　　深度体验和互动交流是这个IP的特质，也是泸州老窖连接消费者的方式。其打造的泸州老窖"窖主节"、国窖1573·冰JOYS Bar、泸州老窖特曲中华美食群英榜、百年泸州老窖窖龄研酒所等IP，无不以消费者体验为核心。

　　在流动的博物馆里，泸州老窖将古代宴饮与现代宴请融合创新，令人全身心置身于白酒文化和宴饮礼仪构建的私密空间中，体会穿越时空之感。

　　"一座酒城就是一处圣地，讲述的是薪火相传的中华上下五千年文明"。

　　今天，作为一家营收规模超250亿（2022年数据）的浓香巨头，泸州老窖续写着泸州的辉煌酒史。而不断增长的数据背后，藏着一家酒企丰富、鲜活的历史文化资产，和在文化表达上的持续创新、持续引领。

后记

2022年，"北纬28°的浓香"微信公众号发布第一篇文章《在四川，一方土壤的生命足迹》。

自那天起，我们以泸州为中心，在四川，在中国，在北纬28°线上，探寻和解析中国浓香好酒基因的文化、地理和科学密码。

正如我们在《北纬28°的浓香》一文中所述，"纬度之于酒的神奇，汇集于北纬28°，以此为轴，形成了中国的酿酒龙脉。"

我们以北纬28°的酿酒龙脉为骨，以美酒故事为魂，兼入人文地理，添进书香墨气。我们一直在探寻一瓶浓香好酒与地理风土、酿造工艺，以及历史人文、城市变迁等诸多要素之间的关联。

一瓶好酒，是文化，是历史，更是科学和地理。在叙述风格上，我们努力追求以通俗的语言解读艰深的科学命题，以有趣的表达呈现好酒的奥妙，我们试图将好酒故事化为平实的文字，与美酒一道，融入读者的寻常烟火中。

我们在酒城泸州，在江阳山水之间，了解这片土地上的浓香源流故事；我们走进寻常巷陌，在一间间古老的酿酒作坊里，记录酒与这座城市化不开的情缘；我们走进泸州市博物馆，泸州老窖博物馆、档案馆，走进1573国宝窖池群，对浓香标杆有了更深刻的认知；我们走过山川田野，在漫山遍野的红高粱地里试图破解"单粮酿酒香的奥秘"……

我们将目光聚焦酒城泸州，只为了对浓香之源有一个更清晰的认识。

地理环境上，这是一座被大江大河浸润的城市，包括长江、沱江，这里流淌着76条大大小小的河流，水系发达，雨水充沛。而四川盆地边缘山脉的作用则造就了泸州明显高于同纬度地区的温度、湿度，形成了极为适宜酿酒微生物繁衍栖息的生长环境。

文化底蕴上，这座城市有历史久远的白酒文化脉络，传承有序的白酒技艺传承谱系，并以传统技艺最佳状态为参数，构建出新时代引领行业智能化酿造的新体系。于此，我们得以在北纬28°这条神奇的酿酒龙脉上，探索一瓶浓香好酒的奥秘。

核心工艺上，以泸州老窖为代表的浓香大曲酒酿造自公元1324年传承至今，历经700年持续改良，形成了有别于其他香型的泥窖生香、续糟配料、混蒸混烧、固态蒸馏、看花摘酒、洞藏老熟等关键工艺。老窖池"千年老窖万年母糟"的稀缺性，"不间断发酵、不可复制、不可迁徙"的连续性，"发酵周期从60天到120天"的长周期性，"不同的工艺、不同的季节，要通过不同的馏分、通过酿酒师傅感官的界定来截取最精华的部分"以及"双轮底发酵，单排延长发酵期发酵"的独特性，无不展示着浓香工艺的珍稀与宝贵。

技艺传承中，泸州老窖历经700年、传承24代的酿制技艺形成了完整的传承谱系。历代传承者对好酒品质的追求、对酿制技艺的守正创新、对古老窖池的精心呵护，传递出一杯美酒背后凝聚的好酒精神和大国匠心。

……

透过地理与科学视角，我们以人文温度的叙事风格，讲述浓香美酒背后的影响机理，特别是基于原料、产地、工艺等层面，讲好浓香鼻祖、浓香正宗的品质故事与科学故事。

品一杯浓香美酒，在酒意微醺中细咂慢品唇齿间的原粮本味。我们讲述着从泸州出发，一路上演的浓香国酒故事。

"中国白酒产业后来的蔚然大观，最初的火种就在泸州，就在泸州老窖。"这是我们对泸州、对泸州老窖更深刻的认知，也是行业广为认可的普遍共识。

当然，我们的目光不局限于泸州。从泸州出发，在北纬28°线上，在中国广袤的山川河湖之间，浓香好酒不可胜数，这是浓香之幸，是白酒之幸，更是中国酒业从业者和白酒爱好者之幸。

我们试图以泸州为起点，以北纬28°线为分水岭和空间广度，以中华数千年酒文化的历史纵深，描绘出中国乃至世界美酒江湖的丰满肌理。我们希望解析酿造一杯浓香美酒涉及的自然禀赋、山川地理、匠人匠心，等等。

当然，本书还存有一些不足。

在策划每一期选题的时候，我们都怀着"站在泸州看浓香，跳出浓香看中国白酒"的初心宏愿，尝试以更高格局、更广视角来呈现浓香好酒的内核。

但这并不容易，对白酒行业来说，泸州和泸州老窖是一座取之不尽的富矿，靠得越近方知所学越浅。这种浅薄往往束缚了我们文字的厚度、视野的广度，令我们的文章多有认知或表达上的不足。

在创作这些内容的时间里，中国白酒痛失多位行业的泰山北斗，尤其是为浓香型白酒开枝散叶做出巨大贡献的赖高淮先生、梁邦昌先生已经离我们而去。大师已矣，其风永存，惟愿后来人能沿着大师的足迹，续写酒业新的华章。

本书将系列文章进行甄选分类、集结成书，是一件骄傲而又辛苦的事。对于创作团队来说，看着笔下的文字化为铅字，成为印刷的书页，是十分欣慰的。这也意味着责任与负重，书籍出版的每一步，都让我们如履薄冰又乐在其中。

2024年，值中国浓香技艺传承700周年，此书的出版旨在敬献中国浓香一路走来的7个世纪。

我们要感谢那些为中国酿酒技艺开创、技术传承与传播孜孜奉献的人们，是你们的开创、研究和传播为本书内容提供了源源不断的宝藏。

我们要感谢本书中所有的受访者和研究文献撰写者，是你们的努力，让中国酒业更加丰富多彩，也让这本书变得丰满和生动。

我们要特别感谢北京云酒传媒有限公司，以高度的专业和敬业精神，与泸州老窖合作构建起了"北纬28°的浓香"微信公众号，正是团队每一位成员的悉心付出，才让那些积淀已久的想法和思路，最终化成一篇篇可以触摸的动人文章。

我们还要感谢为本书的构建、创作与出版做出贡献的领导、专家和同仁们，是你们让中国酒业山川富足、江海辽阔，酒文化丰饶璀璨，酒业精神鲜活不朽。

相比于浓香白酒的厚重历史，本书所述所言显然还很单薄，但我们的努力尚在继续，也希望翻阅这本书的人们，能透过这些文字有所思、有所悟、有所得。

七百载匠心酿作酒，余生浓香不复休。让我们沿着北纬28°，从中国浓香起源地——泸州出发，探索更多浓香奥秘！

编　者

二○二四年一月十日

参考文献

［1］陈传意. 中国泸州老窖文明史［M］. 纽约：世界汉学书局，2022.

［2］陈科，郑佳，李杨华，等. 酿酒专用高粱研究进展［J］. 食品工业，2023，44（3）：256-261.

［3］陈卫东，周科华. 略论川东地区的巴国［J］. 四川文物，2018（4）：54-63.

［4］程俊英. 诗经译注［M］. 上海：上海古籍出版社，2004.

［5］代小雪，张宿义，姚瑶，等. 白酒冰饮最佳条件的分析探讨［J］. 酿酒科技，2019（6）：132-135.

［6］董永梅，吴海敏. 小麦品种对大曲质量影响的初探［J］. 中小企业管理与科技（下旬刊），2012（10）：317-318.

［7］杜妮. 创新发展 融合发展打造"中国龙文化旅游目的地"——专访四川省泸州市泸县旅游局局长游富荣［J］. 中国西部，2015（11）：50-53.

［8］范广璞，张安宁，王传荣，等. 论浓香型白酒的流派［J］. 酿酒科技，2004（1）：81-83.

［9］范文来. 我国古代烧酒（白酒）起源与技术演变［J］. 酿酒，2020，47（4）：121-125.

［10］范文来. 中国古代制曲技术［J］. 酿酒，2020，47（5）：111-114.

［11］冯尕才. 《水浒传》"千载第一酒赞"——"河阳风月""醉里乾坤大，壶中日月长"考述［J］. 菏泽学院学报，2019，41（1）：6-10.

［12］傅金泉. 古今论酿酒用水［J］. 酿酒科技，2010（8）：98-101.

［13］高月明. 浓香型白酒的发展离不开泸州老窖［J］. 酿酒，2000（2）：109.

［14］郭正吾，邓康龄，韩永辉，等. 四川盆地形成与演化［M］. 北京：地质出版社，1996.

［15］海明威. 流动的盛宴［M］. 汤永宽，译. 上海：上海译文出版社，2016.

［16］韩昭庆，韦凯. 近70年来中国河湖水系变迁研究述评［J］. 中国历史地理论丛，2022，37（1）：127-139.

［17］何方迪. 30年前的糖酒会长这样 成都摄影发烧友用影像记录变迁［EB/OL］. 2018-03-19［2024-01-04］. https://www.thecover.cn/news/RrmZ1PsXtx8=.

［18］胡晓龙. 浓香型白酒窖泥中梭菌群落多样性与窖泥质量关联性研究［D］. 无锡：江南大学，2015.

［19］黄兴成. 四川盆地紫色土养分肥力现状及炭基调理剂培肥效应研究［D］. 重庆：西南大学，2016.

［20］贾思勰，石声汉. 齐民要术［M］. 北京：中华书局，2015.

［21］蒋晓春，林邱. 宋代泸州神臂城城防体系分析［J］. 中国国家博物馆馆刊，2017（9）：59-73.

［22］泸州老窖. 解密浓香型白酒"516"酿造工艺［J］. 中国酒，2021（5）：54-55.

［23］孔令升.《水浒传》所反映的酒俗及其对人物塑造的作用［J］. 戏剧之家，2016（22）：288.

［24］赖高淮，李恒昌，游定国. 论浓香型白酒"原窖分层酿制工艺"［J］. 酿酒，1990（5）：13-14.

［25］李宾，景俊鑫. 浓香何以香天下——中国名酒七十周年档案报告［R］. 泸州：泸州老窖有限公司，2022.

［26］李宾，牟雪莹. 北纬28度的联想［M］. 西安：陕西师范大学出版社，2020.

［27］李宾，牟雪莹. 问酒家：酿酒大师们的酒道人生［M］. 成都：四川大学出版社，2023.

［28］李宾，杨建辉. 窖主说：漫画中国白酒（精华版）［M］. 成都：成都时代出版社，2020.

［29］李炳元. 中国基本生态地貌类型划分［C］//中国地理学会地貌与第四纪专业委员会. 地貌·环境·发展——2004丹霞山会议文集. 北京：中国环境科学出版社，2004：87-91.

［30］李维青. 浓香型白酒流派［J］. 酿酒科技，2009（12）：112-116.

［31］李勇. 中国古代小麦种植研究［D］. 郑州：郑州大学，2022.

［32］李志勇. 酱香型白酒的工艺技术研究［J］. 边疆经济与文化，2013（1）：178-179.

［33］梁敏华，赵文红，白卫东，等. 白酒酒曲微生物菌群对其风味形成影响研究进展［J］. 中国酿造，2023，42（5）：22-27.

［34］刘斌，曹鸿英，练顺才，等. 白酒加浆水对酒质的影响及处理方法研究进展［J］. 酿酒科技，2019（12）：73-76.

［35］刘回春. 中国品牌的历史和发展之路［J］. 中国质量万里行，2018（5）：9-10.

［36］刘梅，牟科. 长江古战场："铁打泸州"青山依旧在［N］. 泸州日报，2022-06-13
（1）.

［37］刘淼，林锋. 国窖1573藏典［M］. 成都：巴蜀书社，2023.

［38］刘盛源. 我眼中的美学大师王朝闻［EB/OL］. 2021-12-15［2024-01-04］.
https://baijiahao.baidu.com/s?id=1719182482635979306.

［39］刘廷远. 因为泸州高粱，泸州成为著名的"中国酒城"［N］. 华夏酒报，2019-09-
10（C21）.

［40］刘晓莉，蔡静平，黄淑霞，等. 粮食吸湿过程中微生物活动与品质变化相关性的研究
［J］. 河南工业大学学报（自然科学版），2006（5）：33-35.

［41］泸州市地方志编纂委员会. 泸州市志［M］. 北京：方志出版社，1998.

［42］吕庆峰，张波. 考证世界最早的葡萄酒文化中心［J］. 宁夏社会科学，2013（3）：
133-135.

［43］马加军. 包包曲生产工艺的实践［J］. 酿酒科技，2003（1）：35-36.

［44］彭方均. 仪式感不输东京临安，瞧瞧宋代泸州人的精致生活［N］. 川江都市报，
2022-06-21（2）.

［45］齐慧，邓依，张磊，等. 窖泥和黄泥微生物分离分析的培养基选择及评价［J］. 酿酒
科技，2009（1）：58-61.

［46］邵燕，张宿义，周军，等. 降度贮存基础酒对勾调低度浓香型白酒质量的影响研究
［J］. 酿酒科技，2020（9）：44-49.

［47］沈才洪，张宿义. 泸州老窖藏典［M］. 成都：巴蜀书社，2022.

［48］沈怡方. 试论浓香型白酒的流派［J］. 酿酒，1992（5）：10-13.

［49］沈志忠. 先秦两汉粱秫考［J］. 中国农史，1999（2）：100-109.

［50］唐玉明，沈才洪，任道群，等. 酒曲理化品质指标相关性探讨［J］. 酿酒科技，2006
（7）：37-41.

［51］唐玉明，沈才洪，任道群，等. 老窖池窖泥特性研究［J］. 酿酒，2005（5）：
24-28.

［52］陶敏，李正涛，吴卫宇，等. 浓香型大曲微生物群落结构及功能微生物研究进展［J］.
中国酿造，2023，42（3）：8-12.

［53］王科岐. 凤香复合型白酒与凤型酒工艺特点及其风格特征［J］. 酿酒科技，2008
（6）：85.

［54］王倩倩. 三星堆古蜀考古发现与农业变迁［J］. 农业考古，2022（6）：42-48.

［55］王永亮. 贾湖文化与贾湖白酒的勾调［J］. 酿酒科技，2007（8）：114-115.

［56］王治禹，刘刚治，何庆，等. 浓香型白酒生产工艺与质量关系的思考［J］. 轻工标准
与质量，2021（3）：54-56.

［57］我国七大水系［J］. 中国水能及电气化，2022（2）：69-70.

［58］吴珍，程时锋. 陆地植物起源研究的新进展［J］. 自然杂志，2021，43（3）：225-
231.

［59］谢玉球，谢旭. 浓香型白酒"淡雅"与"浓郁"流派的差异分析［J］. 酿酒科技，
2007（9）：112-114.

［60］熊子书. 中国第一窖的起源与发展——泸州老窖大曲酒的总结纪实［J］. 酿酒科技，
2001（2）：17-22.

［61］徐明徽.《城市的秉性》：为同质化城市发展开一剂良药［EB/OL］. 2021-03-30
［2024-01-04］. https://www.thepaper.cn/newsDetail_forward_11954469.

［62］许超. 最古老的青铜"冰箱"——曾侯乙铜冰鉴缶［J］. 大众文艺，2013（9）：271.

［63］许德富，张宿义，杨平，等. 探秘泸州老窖酒的高贵品质内涵［J］. 酿酒，2019，46
（2）：9-11.

［64］许德富. 泸州老窖酿造之独特优势［J］. 酿酒科技，2005（5）：114-117.

［65］杨辰，田积. 一壶老酒喜相逢——泸州老窖老酒收藏与鉴赏［M］. 成都：四川美术
出版社，2019.

［66］杨辰. 可以品味的历史［M］. 西安：陕西师范大学出版总社，2012.

［67］杨梦秋. 先秦至唐代蜀酒文化的历史脉络［J］. 文史杂志，2020（2）：62-65.

［68］杨新. 近看《清明上河图》［J］. 紫禁城，2013（4）：19-43.

［69］张国强. 水质对白酒的影响［J］. 酿酒，2005（4）：1-4.

［70］张良，任剑波，唐玉明，等. 泸州老窖窖泥物理特性及矿物元素含量差异研究［J］.
酿酒，2004（4）：11-13.

［71］张平，周荣兰. 酒城泸州酒业兴［J］. 酿酒，1987（6）：47-49.

［72］张士康，沈才洪，王旭烽. 中国茶酒文化［M］. 北京：中国轻工业出版社，2022.

［73］张宿义，刘淼，沈才洪，等. 泸香型白酒窖泥微生物生态功能研究进展［J］. 酿酒科
技，2021（1）：71-76.

［74］张宿义，许德富. 泸型酒技艺大全［M］. 北京：中国轻工业出版社，2011.

［75］张宿义. 白酒酒体设计工艺学［M］. 北京：中国轻工业出版社，2020.

［76］张秀传. 周代藏冰及用冰制度考［J］. 兰台世界，2010（23）：70-71.

［77］张应刚，许涛，郑蕾，等. 窖泥群落结构及功能微生物研究进展［J］. 微生物学通报，2021，48（11）：4327-4343.

［78］赵永康. 苏东坡与泸州的诗缘［J］. 乐山师专学报（社会科学版），1993（1）：71-73.

［79］周菁. 穿回宋朝，泸州人人可以跟武松拼酒十八碗［N］. 川江都市报，2022-06-17（2）.

［80］McGovern P E. Uncorking the past：Alcoholic beverages as the universal medicine before synthetics［J］. Abstracts of Papers of the American Chemical Society，2018，255.